SCHÄFFER
POESCHEL

Michael Heinhold

Buchführung
in Fallbeispielen

11., überarbeitete Auflage

2010

Schäffer-Poeschel Verlag Stuttgart

Verfasser:

StB Prof. Dr. *Michael Heinhold*, Lehrstuhl für Betriebswirtschaftliche Steuerlehre, Universität Augsburg

Bibliografische Information der Deutschen Nationalbibliothek
Die Deutsche Nationalbibliothek verzeichnet diese Publikation in der Deutschen
Nationalbibliografie; detaillierte bibliografische Daten sind im Internet
über <http://dnb.d-nb.de> abrufbar.

Gedruckt auf chlorfrei gebleichtem, säurefreiem und alterungsbeständigem Papier

ISBN: 978-3-7910-2967-2

© 2010 Schäffer-Poeschel Verlag für Wirtschaft · Steuern · Recht GmbH
www.schaeffer-poeschel.de
info@schaeffer-poeschel.de
Einbandgestaltung: Melanie Frasch
Satz: Johanna Boy, Brennberg
Druck und Bindung: CPI – Ebner & Spiegel, Ulm
Printed in Germany
September 2010

Schäffer-Poeschel Verlag Stuttgart
Ein Tochterunternehmen der Verlagsgruppe Handelsblatt

Vorwort zur elften Auflage

Seit der zehnten Auflage 2006 haben zahlreiche Änderungen im Buchführungs- und Bilanzrecht stattgefunden. Die größten Neuerungen für die handelsrechtliche Bilanzierung hat das 2009 in Kraft getretene sog. Bilanzrechtsmodernisierungsgesetz (BilMoG) gebracht. Da viele dieser Neuerungen auch auf die laufende Buchführung durchschlagen, mussten die einzelnen Lerneinheiten dieses Lehrbuches überarbeitet und ergänzt werden. Wegen der zunehmenden Bedeutung latenter Steuern für alle Kapitalgesellschaften und bestimmte Personengesellschaften wurde eine neue Lerneinheit 20 »Latente Steuern« eingefügt. Selbstverständlich wurden auch der Anhang mit seinen Übersichten über die Bilanzierungsvorschriften und den Gesetzestexten zu Buchführung und Bilanzierung an die neue Rechtslage angepasst.

Augsburg im April 2010   *Michael Heinhold*

Auszug aus dem Vorwort zur zehnten Auflage

Durch die Verabschiedung des Haushaltsbegleitgesetzes 2006 hat der Gesetzgeber den allgemeinen Umsatzsteuersatz mit dem 1.1.2007 von 16 % auf 19 % angehoben. Mit voller Absicht wurde in dieser zehnten Auflage nicht dieser gerade aktuelle Steuersatz in den Buchungsbeispielen verwendet. Vielmehr habe ich sämtliche Beispiele mit einem Umsatzsteuersatz von 20 % gerechnet.

Dies hat zwei Gründe:

Zum ersten ist zu erwarten, dass die Bundesregierung den Steuersatz aus schierer Finanznot in absehbarer Zukunft noch einmal anheben wird – voraussichtlich auf 20 %. Da mehr als die Hälfte aller Staaten der Europäischen Union USt-Sätze um bzw. über 20 % haben (19,6 % in Frankreich, 20 % in Italien, Österreich, Slowenien und Slowakei, 21 % in Belgien und Irland, 22 % in Finnland, Polen und Tschechien, 25 % in Dänemark, Schweden und Ungarn), dürfte dies mit dem Hinweis auf die Steuerharmonisierung in der EU problemlos durchzusetzen sein.

Zum zweiten – und das ist der für ein Lehrbuch wichtigere Grund – soll das Buch die Systematik und die Technik der kaufmännischen doppelten Buchführung in didaktisch eingängiger Weise vermitteln. Das gilt auch und gerade für Buchungen im europaweit einheitlichen System der Netto-Allphasen-Umsatzsteuer. Durch die Verwendung eines einfachen Steuersatzes von 20 % können die Buchungsbeispiele in nahezu allen Fällen ohne zu Hilfenahme eines Taschenrechners gelöst werden. Damit bleiben die Buchungswege transparent und werden nicht durch unrunde Zahlen unnötig kompliziert gemacht.

Augsburg, Juli 2006   *Michael Heinhold*

Vorwort zur ersten Auflage

Das vorliegende Buch ist aus meinen Vorlesungs- und Übungsveranstaltungen an der Technischen Universität München hervorgegangen.

Es soll sich vor allem an Studenten wirtschaftswissenschaftlicher Fachrichtungen wenden.

Das Hauptargument, das letztlich zu dem didaktischen Konzept der Dreiteilung in Einführung, Aufgaben und Lösungen führte, wurde von Studenten vorgebracht, die an der Vielzahl von Buchführungslehrbüchern bemängelten, dass Aufgaben mit Musterlösungen entweder in zu knapper Form und isoliert im Lehrtext verstreut, oder aber am Ende eines Buches bzw. als gesonderter Band aus dem Sachzusammenhang herausgerissen werden.

Bei der Verfassung habe ich mir das Ziel gesteckt, den Aufbau des Buches entsprechend den Bedürfnissen des Lernenden nach unmittelbar nachfolgender Vertiefung des eben Gelernten anhand praktischer Beispielfälle zu gestalten.

Derjenige, der sich erstmals mit der Materie der kaufmännischen Buchführung befasst, sollte nicht versäumen, zunächst die Lerneinheiten 1-8 in eben dieser Reihenfolge gründlicher zu studieren, denn hier wird das System der Doppik mit Bestands- und Erfolgsbuchungen, dem Zusammenhang von der Eröffnungsbilanz, über die Buchung auf den Konten bis zur Schlussbilanz hergeleitet. Auch die Lerneinheit 6 über die organisatorischen Grundlagen, Lerneinheit 7 über die Abgrenzung des Erfolgs in Betriebserfolg und neutralen Erfolg, sowie Lerneinheit 8 über Umsatzsteuerbuchungen, gehören nach meiner Ansicht zum unentbehrlichen Grundlagenwissen.

Der weitere Stoff ist so aufbereitet, dass jede Lerneinheit eine eigenständige, vollständige und von anderen Lerneinheiten unabhängige Darstellung des jeweils besprochenen Problems gibt. Hierdurch wird ein gezieltes Nachschlagen isolierter Fragen erleichtert, ebenso wie ein individuelles Anpassen an Vorlesungsgliederungen ermöglicht wird.

Um den in jeder Lerneinheit besprochenen Problemkomplex weiter aufzuschlüsseln, sind zu Beginn jeder Einheit Lernziele formuliert.

Die Zusammensetzung und Gewichtung der Lehrinhalte in diesem Buch erfolgte nach eingehender Analyse von Studienplänen und Vorlesungsgliederungen an zahlreichen wirtschaftswissenschaftlichen Fachbereichen deutscher Universitäten.

Bamberg, Juni 1979   *Michael Heinhold*

Inhaltsverzeichnis

Tätigkeiten bei der Inventur, Inventurarten, Gliederung und Erstellung des Inventars, Ermittlung des Reinvermögens (Eigenkapitals) aus dem Inventar, Berechnung des Periodenerfolgs durch Vergleich zweier Inventare

Unterschied zwischen Inventar und Bilanz, Grundform einer Bilanz, Bilanzgleichung, Bilanzveränderungen

Auflösung der Bilanz in Bestandskonten, Buchen auf Bestandskonten, Abschluss von Bestandskonten und Erstellung der Schlussbilanz, Buchungssatz

Unterschied zwischen bestands- und erfolgswirksamen Vorfällen, Aufwendungen und Erträge, Aufwandskonten, Ertragskonten, das GuV-Konto, gemischte Konten, gemischtes Warenkonto, geteilte Warenkonten (Netto- und Bruttoabschluss), nicht erfolgswirksame Eigenkapitalveränderungen (das Privatkonto)

Eröffnungsbilanzkonto und Schlussbilanzkonto, Unterschiede zwischen Bilanzkonto und Bilanz, der Einfluss der Inventur auf die Bilanz, Buchungsablauf von der Eröffnung bis zum Abschluss

Unterscheidung zwischen Grundbuch und Hauptbuch, Durchschreibebuchführung, manuell / maschinell, das amerikanische Journal als Buchführungsform für Kleinstbetriebe, EDV-Buchführung, Außer-Haus-Buchführung, Vereinheitlichung der Kontenbezeichnungen durch Kontenrahmen, IKR oder GKR, Handelskontenrahmen

Betriebserfolg, Kosten und Erlöse, neutraler Erfolg, Abgrenzungssammelkonto und Betriebsergebniskonto, der Ausweis von betrieblichen und neutralen Erträgen in der GuV-Rechnung

Abkürzungsverzeichnis

A	Anhang
a.o.	außerordentlich
AB	Anfangsbestand
Abb.	Abbildung
Abs.	Absatz
Abschn.	Abschnitt
ADS	Adler/Düring/Schmaltz
AfA	Absetzung für Abnutzung
AG	Aktiengesellschaft
AG	Arbeitgeber
AG-Anteil	Arbeitgeberanteil
AK	Anschaffungskosten
akt.	aktiv
AktG	Aktiengesetz
AN	Arbeitnehmer
AO	Abgabenordnung
AOK	Allgemeine Ortskrankenkassen
Art.	Artikel
AV	Anlagevermögen
BÄ	Bestandsänderungen
BAB	Betriebsabrechnungsbogen
BÄ-fE	Bestandsänderungen an fertigen Erzeugnissen
BBG	Beitragsbemessungsgrenze
BE	Betriebsergebnis
BEK	Betriebsergebniskonto
BFH	Bundesfinanzhof
BGA	Betriebs- und Geschäftsausstattung
BilMoG	Bilanzrechtsmodernisierungsgesetz
B-Stoffe	Betriebsstoffe
DATEV	Datenverarbeitungsorganisation des steuerberatenden Berufs in der BRD e.G.
DRS	Deutscher-Rechnungslegungs-Standard
DRSC	Deutsches-Rechnungslegungs-Standards-Committee
DSR	Deutscher Standardisierungsrat
EB	Endbestand
EBK	Eröffnungsbilanzkonto

EDV	elektronische Datenverarbeitung
EK	Eigenkapital
EP	Einstandspreis
ErbSt	Erbschaft- und Schenkungsteuer
ESt	Einkommensteuer
EStG	Einkommensteuergesetz
EStR	Einkommensteuerrichtlinien
EUR	Euro
Fa.	Firma
fE	fertige Erzeugnisse
FGK	Fertigungsgemeinkosten
FK	Fremdkapital
FL	Fertigungslöhne
GE	Gewerbeertrag
GewSt	Gewerbesteuer
GewStG	Gewerbesteuergesetz
ggfs.	gegenenfalls
GKR	Gemeinschaftskontenrahmen
GKV	Gesamtkostenverfahren
GmbH	Gesellschaft mit beschränkter Haftung
GmbHG	GmbH-Gesetz
GoB	Grundsätze ordnungsmäßiger Buchführung
GoBS	Grundsätze ordnungsmäßiger DV-gestützter Buchführungssysteme
GrESt	Grunderwerbsteuer
GrEStG	Grunderwerbsteuergesetz
GrSt	Grundsteuer
GrStG	Grundsteuergesetz
GuV	Gewinn- und Verlust
h	GewSt-Hebesatz
H	Haben
HAÜ	Hauptabschlussübersicht
HB	Handelsbilanz
HGB	Handelsgesetzbuch
HK	Herstellungskosten
HS	Halbsatz
H-Stoffe	Hilfsstoffe
i.d.R.	in der Regel
IKR	Industriekontenrahmen

kalk.	kalkulatorisch
KG	Kommanditgesellschaft
KiSt	Kirchensteuer
KSt	Körperschaftsteuer
KStG	KSt-Gesetz
LE	Lerneinheit
LSt	Lohnsteuer
LStR	LSt-Richtlinien
m	GewSt-Messzahl
MGK	Materialgemeinkosten
MwSt	Mehrwertsteuer
NEK	neutrales Ergebniskonto
NK	Nebenkosten
OHG	Offene Handelsgesellschaft
pass.	passiv
per.fr.	periodenfremd
PublG	Publizitätsgesetz
R	Richtlinie
RAP	Rechnungsabgrenzungsposten
RHB-Stoffe	Roh-, Hilf- und Betriebsstoffe
RS	Rückstellungen
R-Stoffe	Rohstoffe
S	Soll
SB	Steuerbilanz
SBK	Schlussbilanzkonto
Sd.	Saldo
SKR	Spezialkontenrahmen
so.	sonstige
SolZ	Solidaritätszuschlag
u.v.m.	und vieles mehr
uE	unfertige Erzeugnisse
US-$	US-Dollar
USt	Umsatzsteuer
UStG	USt-Gesetz

UStR	USt-Richtlinien
UV	Umlaufvermögen
VB	Verbindlichkeiten
verr.	verrechnete
versch.	verschiedene
VL	vermögenswirksame Leistung
VP V	erkaufspreis
VtGK	Vertriebsgemeinkosten
VwGK	Verwaltungsgemeinkosten
WG	Wechselgesetz
WP	Wirtschaftsprüfer
WPH	Wirtschaftsprüfer-Handbuch

Bestandteile und Aufgaben des betrieblichen Rechnungswesens

oder:

Die Buchführung als zentrale Datenbasis des Unternehmens

In jeder Unternehmung finden Tag für Tag zahlreiche Geschäftsvorfälle in den verschiedensten Bereichen statt (z. B. Warenbestellungen, Eingang von Rechnungen, Warenanlieferungen, Ausgang von Rechnungen, Versand von Waren, Lohn- und Gehaltsabrechnungen und -bezahlungen, Abfuhr von Lohnsteuer und Sozialversicherungsbeiträgen, Materialverbrauch, Banküberweisungen, Zins- und Tilgungszahlungen, Steuerzahlungen, Fertigstellung von Produkten, Ausführen von Dienstleistungen, Zahlungen für Porti, Auftanken von Firmenwagen, Bewirtung von Kunden usw.). Oft sind es Tausende von Einzelvorgängen je Tag, die, will man nicht die Übersicht verlieren, zahlenmäßig und systematisch erfasst werden müssen.

Dem Rechnungswesen kommt die Aufgabe zu, die erforderlichen Aufzeichnungen ordentlich und genau zu führen und die gesammelte Informationsfülle zu aussagefähigen Informationsblöcken zu verdichten.

Das betriebliche Rechnungswesen untergliedert sich in drei Bereiche, die in enger Verbindung miteinander stehen:

- Die Buchführung und Bilanzierung,
- die Kosten- und Leistungsrechnung,
- die betriebliche Planungsrechnung.

Zusätzlich wird meist noch die betriebliche Statistik als weiterer Bestandteil des Rechnungswesens genannt. Aufgaben des Rechnungswesens sind vor allem

- den Prozess der Leistungserstellung und -verwertung mengen- und wertmäßig zu erfassen und zu überwachen (Dokumentations- und Kontrollfunktion);
- die Veränderung des Vermögens und der Schulden und damit den Gewinn oder den Verlust des Unternehmens festzustellen (Reinvermögens- und Gewinnermittlungsfunktion);
- die am Unternehmen interessierten Personen (z. B. Anteilseigner, Gläubiger) über das Unternehmensgeschehen zu informieren und über die Verwendung des eingesetzten Kapitals Rechenschaft zu geben (Rechenschafts- und Informationsfunktion);
- zukunftsgerichtetes Datenmaterial als Entscheidungshilfe und Grundlage für die Unternehmensplanung zu liefern (Dispositionsfunktion).

Wichtigster Bestandteil und Datenbasis für alle anderen Teile des Rechnungswesens ist die Buchführung. Während es den Unternehmen freisteht, ob und gegebenenfalls wie sie die übrigen Teile des betrieblichen Rechnungswesens durchführen, sind sie zur Buchführung gesetzlich verpflichtet:

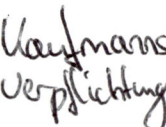

»Jeder Kaufmann ist verpflichtet, Bücher zu führen und in diesen seine Handelsgeschäfte und die Lage seines Vermögens ... ersichtlich zu machen«. (§ 238 Abs. 1 HGB). »Der Kaufmann hat ... für den Schluss eines jeden Geschäftsjahres einen das Verhältnis seines Vermögens und seiner Schulden darstellenden Abschluss...(...Bilanz)« und »eine Gegenüberstellung der Aufwendungen und Erträge des Geschäftsjahres (Gewinn- und Verlustrechnung) aufzustellen« (§ 242 HGB).

Mit dieser Verpflichtung sorgt der Gesetzgeber dafür, dass alle Kaufleute die in ihren Unternehmen anfallenden Geschäftsvorfälle vollständig, systematisch und unter Verwendung einer einheitlichen Aufzeichnungstechnik erfassen. Diese Vorschriften gelten für alle kaufmännischen Unternehmen, in welcher Rechtsform sie auch immer betrieben werden, sei es als Einzelunternehmen, als Personengesellschaft (Kommanditgesellschaft, KG; offene Handelsgesellschaft, OHG) oder als Kapitalgesellschaft (Aktiengesellschaft, AG; Societas Europaea, SE; Gesellschaft mit beschränkter Haftung, GmbH; Unternehmergesellschaft haftungsbeschränkt, UG haftungsbeschränkt).

Die gesetzlichen Vorschriften sollen gewährleisten, dass die Buchführung einen vollständigen Überblick über den Ist-Zustand des Unternehmens geben kann. (Sog. Vollständigkeitsgebot in § 246 HGB: »...hat sämtliche Vermögensgegenstände, Schulden, Rechnungsabgrenzungsposten, Aufwendungen und Erträge zu enthalten«.)

Die Buchführung stellt also denjenigen Personen erschöpfende Informationen zur Verfügung, die an den nach handelsrechtlichen Vorschriften ermittelten Erfolgs- und Vermögensgrößen Interesse haben. Dies sind insbesondere der Fiskus und die Anteilseigner (was den Gewinn und damit die Besteuerungs- und Ausschüttungsmöglichkeiten anbelangt) sowie die Gläubiger (was die Ertragskraft des Unternehmens und die Vermögenssubstanz anbelangt). Auch das Informationsbedürfnis der so genannten interessierten Öffentlichkeit (z. B. Wirtschaftspresse, potentielle Kapitalanleger) wird durch die in Bilanz und Gewinn- und Verlustrechnung gesammelten Buchführungsergebnisse befriedigt.

Die Aussagefähigkeit der Buchführung erfährt für betriebsinterne Zwecke allerdings zwei Einschränkungen:

1. Die in der Buchführung erfassten Daten sind stichtags- bzw. vergangenheitsbezogen. Es werden nur Vorgänge erfasst und in ihren Auswirkungen auf die Vermögens- und Ertragslage festgehalten, die bereits stattgefunden haben. Geplante, zukünftige Aktionen finden noch keinen Niederschlag im gesetzlich vorgeschriebenen System der Buchführung. Deswegen ist es wichtig, die Buchführung durch die betriebliche Planungsrechnung zu ergänzen, die, aufbauend auf den Ist-Daten der Buchführung, zukünftige Entwicklungen vorausplant und -berechnet.

2. Die Buchführung ist an das im deutschen Handels- und Steuerrecht obligatorische Bewertungssystem gebunden. Dies findet z. B. im so genannten Nominalwert- oder Anschaffungswertprinzip seinen Niederschlag. Es besagt, dass Vermögensgegenstände höchstens mit den Anschaffungs- oder Herstellungskosten bewertet werden dürfen, die bei der Anschaffung oder Herstellung tatsächlich entstanden sind. Lesen Sie hierzu

§ 253 HGB im Anhang 3 dieses Buches! Dies hat zur Folge, dass zwischenzeitliche Preissteigerungen sich nicht Wert erhöhend in der Buchhaltung auswirken dürfen. Eine der Hauptaufgaben der betrieblichen Kosten- und Leistungsrechnung ist es hingegen, die Verkaufspreise des Unternehmens so zu bestimmen (zu kalkulieren), dass genug Geld verdient wird, um alle verbrauchten Produktionsmittel (z. B. Rohstoffe, Maschinen usw.) wieder zu beschaffen, die zum Weiterleben des Unternehmens erforderlich sind. Hier müssen Preissteigerungen natürlich einkalkuliert werden. Auch hier ist die Buchführung unverzichtbare Voraussetzung, da sie die Ist-Daten zur Verfügung stellt, auf denen die Kosten- und Leistungsrechnung aufbaut.

Der Buchführung kommt eine zentrale Stellung im Rahmen des gesamten Unternehmens zu.

- Sie liefert die gesetzlich geforderten Informationen für unternehmensinterne und -externe Adressaten.
- Sie stellt die Ist-Daten als Grundinformation für die anderen Bereiche des betrieblichen Rechnungswesens zur Verfügung.

Insofern sind die Zahlen der Buchführung die zentrale Datenbasis des Unternehmens schlechthin.

Lerneinheit 1: Inventur und Inventar

Lernziele

- *Tätigkeiten bei der Inventur*
- *Inventurarten*
- *Gliederung und Erstellung des Inventars*
- *Ermittlung des Reinvermögens (Eigenkapitals) aus dem Inventar*
- *Berechnung des Periodenerfolgs durch Vergleich zweier Inventare*

Einführung

In § 240 HGB wird gefordert, dass jeder Kaufmann für den Schluss eines Wirtschaftsjahres sein Vermögen und seine Schulden feststellen muss. Die hierzu erforderliche Tätigkeit heißt **Inventur**. Bei allen körperlichen Vermögensgegenständen ist eine **körperliche Bestandsaufnahme** erforderlich. Die vorhandenen Wirtschaftsgüter werden ihrer Menge nach durch Messen, Zählen oder Wiegen ermittelt. Die festgestellten mengenmäßigen Bestände sind in Euro zu bewerten. Bei Forderungen und bei Schulden erfolgt eine **wertmäßige Bestandsaufnahme**.

Bei der **Stichtagsinventur** werden die Vermögens- und Schuldposten einmal im Jahr am Bilanzstichtag erfasst. Um zu vermeiden, dass die am Jahresende hohe Arbeitsbelastung im Unternehmen auch noch durch die sehr aufwändigen Inventurarbeiten gesteigert wird, ist es zulässig, die Stichtagsinventur maximal 3 Monate vor bzw. 2 Monate nach dem Bilanzstichtag durchzuführen (sog. vor- bzw. nachverlegte Stichtagsinventur). In diesem Fall muss aber durch Anwendung eines geeigneten Fortschreibungs- oder Rückrechnungsverfahrens sicher gestellt sein, dass sich die Bestände und Werte am Bilanzstichtag rechnerisch ermitteln lassen (§ 241 Abs. 3 HGB).

Auf eine vollständige körperliche Erfassung kann dann verzichtet werden, wenn der Bestand nach Art, Menge und Wert anhand von Stichproben mithilfe mathematisch-statistischer Verfahren ermittelt werden kann (§ 241 Abs. 1). In diesem Fall spricht man von einer **Stichprobeninventur**.

Eine körperliche Bestandsaufnahme ist nicht erforderlich, wenn die Zugänge und Abgänge nach Art, Menge und Wert während des Geschäftsjahres laufend durch geeignete Aufzeichnungen (z. B. Lagerbuchführung) festgehalten und die Bestände laufend fortgeschrieben werden (sog. **permanente Inventur**, § 241 Abs. 2 HGB) Grundsätzlich ist jeder Vermögensgegenstand und jede Schuld einzeln zu erfassen und zu bewerten (Grundsatz der **Einzelbewertung**, § 252 HGB). Lediglich bei gleichartigen und annähernd gleichwertigen Gegenständen sind Sammelbewertungen handelsrechtlich und steuerrechtlich erlaubt (§ 240 Abs. 3 und 4 HGB, z. B. bei Brauereien: Anzahl der gelagerten Bierflaschen mal durchschnittlicher Flaschenpreis).

Bei der Inventur müssen alle Gegenstände, die zum Unternehmen gehören, erfasst werden, auch wenn diese sehr alt sind und ihnen nur noch geringer Wert zuzuschreiben ist (z. B. abgeschriebene Maschinen).

Die Inventur, also die Tätigkeit der Bestandsaufnahme, schlägt sich in einem Verzeichnis, dem **Inventar**, nieder. Im Inventar sind alle Vermögensgegenstände und alle Schulden nach ihrer Art, ihrer Menge und ihrem Wert genau und einzeln aufgeführt.

Das Inventar besteht aus den drei folgenden Bestandteilen:

A. Vermögen
B. Schulden
C. Reinvermögen = Eigenkapital (= Vermögen – Schulden).

Die Vermögenswerte im Inventar sind nach zunehmender Liquidität geordnet. Es beginnt mit dem Anlagevermögen (Grundstücke, Gebäude, Maschinen), es folgt das Sachumlaufvermögen (Vorräte: Rohstoffe, Hilfsstoffe, Betriebsstoffe, unfertige und fertige Erzeugnisse, Handelswaren), abschließend das Finanzumlaufvermögen (z. B. Forderungen, Bankguthaben, Bargeld). Die Schulden sind nach der Fälligkeit in langfristige und kurzfristige Schulden zu unterteilen.

Aus dem Vergleich der Inventare zweier Geschäftsjahre lässt sich der **Jahreserfolg** berechnen:

```
       Reinvermögen am Ende des Wirtschaftsjahres
 ./.   Reinvermögen zu Beginn des Wirtschaftsjahres
  +    Entnahmen des Unternehmers
 ./.   Einlagen des Unternehmers
  =    Jahreserfolg
```

Da sog. Privatentnahmen und Einlagen des Unternehmers zwar das Reinvermögen mindern oder erhöhen, aber mit dem vom Unternehmen erwirtschafteten Erfolg nichts zu tun haben, müssen sie hier entsprechend berücksichtigt werden.

Aufgaben

Der Stuhlfabrikant Anton S. ermittelte bei der Stichtagsinventur zum 31.12.20.. die folgenden Bestände. Erstellen Sie aus seinen Aufzeichnungen ein Inventar gemäß § 240 HGB und ermitteln Sie den Jahreserfolg. Das Reinvermögen (Eigenkapital) des Vorjahres betrug 421.500,-- €. Der Unternehmer hat sich im August des Geschäftsjahres ein neues

Privatauto für 50.000,-- € gekauft, das er mit Firmengeldern gezahlt hat (= Entnahme). Sein altes Privatauto, einen Audi, M-ZZ 991, hat er der Firma als Firmenwagen überlassen (= Einlage), Wert 15.000,-- €.

Bestandsliste als Ergebnis der Stichtagsinventur:

Schreibtischdrehstuhl, 5-beinig:
    Mod. Luxe, 100 Stück je 240,-- €
    Mod. Standard, 250 Stück je 150,-- €

Stahlrohr Stapelstuhl, Mod. »Konferenz«, 300 Stück je 100,-- €

Einfach-Holzstuhl:
    ohne Polster, 200 Stück je 20,-- €
    dto., mit Polster, 200 Stück je 35,-- €

Schreibtischstuhl Mod. »Chef«, Holz mit Armlehne und Sitzpolster, 100 Stück je 50,-- €

Sperrholz:
    25 mm, 1000 qm je 25,-- €
    20 mm, 1500 qm je 20,-- €

Rundholz:
    Ø 80 mm, 800 m je 1,-- €
    dto. Ø 40 mm, 500 m je 0,80 €

Bretter, Fichte, 250 x 30 mm, 200 qm, je 6,-- €

Stahlrohr, verchromt, Ø 20 mm, 800 m, je 4,-- €

Bezugsstoff, 100 Ballen, je 200,-- €

Schaumstoff:
    Qualität I, 300 kg, je 5,-- €
    Qualität II, 400 kg, je 3,-- €

Leim, 300 kg je 4,-- €

Holzlackfarbe, hochglänzend, 8,-- € je kg:
    weiss 200 kg,
    schwarz 50 kg,
    rot 80 kg

Holzlackfarbe matt, 10,-- € je kg:
    weiss 200 kg,
    rot 50 kg,
    grün 150 kg

Sonstige Kleinteile (Nägel, Schrauben usw.) 1.200,-- €

Hobelmaschinen:
    Mod. X3, 12.500,-- €
    1 Mod. X4, 13.000,-- €
    1 dto., 8.000,-- €

Kreissägen:
    1 Mod. Standard 50, 12.000,-- €
    1 dto., 8.000,-- €
    1 Rohrbiegegerät, 1.000,-- €
    4 Lackspritzapparaturen, Airless, neu, je 1.500,-- €

Sonstige Werkstattausstattung (Werkbänke, Schränke, Werkzeug usw. lt. beilieg. Liste)
25.000,-- €

Geschäftsgrundstücke:
    München, Seestr. 12, 100.000,-- €
    München, Baumallee 17, 50.000,-- €

Ausstellungsräume, Stuttgart, Ringstr. 13, 60.000,-- €

Lieferwagen:
    1 Ford Transit, (M – KK 17), 20.000,-- €
    1 VW-Kastenwagen, (M – KI 1307), 6.000,-- €
    1 dto. (M – A 1227), 8.000,-- €
    1 LKW, Mercedes (M – YZ 1007), 30.000,-- €
    1 PKW Audi, (M – ZZ 991), 15.000,-- €

Bürocomputer:
    1 PC X3, 3.000,-- €
    1 dto., 4.500,-- €
    1 dto., 4.000,-- €
    1 dto., 3.000,-- €

Sonstige Büroausstattung (Schreibtische, Schränke etc. lt. beiliegender Liste), 15.000,-- €

Bankguthaben:
    A-Bank, Kto-Nr. 210100, 25.000,-- €
    B-Bank, Kto-Nr.100/17, 8.000,-- €
    Postbank München, Kto-Nr. 111111-800, 4.300,-- €

Kassenbestand, 2.100,-- €

Hypothekenschulden bei Hypobank AG, 80.000,-- €

Darlehensschulden bei A-Bank, 120.000,-- €

Verbindlichkeiten gegen Lieferanten:
    Müller KG, 18.000,-- €,
    Großeinkaufs-GmbH, 15.000,-- €,

Holzkontor OHG, 25.000,-- €,
Bürobedarfs-GmbH, 55.000,-- €

Forderungen gegen Kunden:
Hotelausstattungs-GmbH, 20.000,-- €,
Möbelgroßhandels-KG, 30.000,-- €,
Fa. Mayer OHG, 80.000,-- €,
Fa. Berger GmbH, 50.000,-- €.

Wechselschulden:
Bayer. Sägemaschinen AG, 8.000,-- €,
Fa. Müller, 4.000,-- €

Lösungen

Inventar der Firma Anton S. zum 31.12.20..	€	€
A) Vermögensteile:		
I. Anlagevermögen		
1. Grundstücke und Gebäude		
Geschäftshaus in München, Seestr. 12	100.000,--	
Lagerhalle in München, Baumallee 17	50.000,--	
Ausstellungshalle, Stuttgart, Ringstr. 13	60.000,--	210.000,--
2. Maschinen		
1 Hobelmaschine, Mod. X 3	12.500,--	
1 dto.	13.000,--	
1 dto.	8.000,--	
1 Kreissäge, Mod. Std.50	12.000,--	
1 dto.	8.000,--	
1 Rohrbiegegerät	1.000,--	
4 Lackspritzgeräte, Airless, je 1.500,-	6.000,--	60.500,--
3. Fuhrpark		
1 LKW, Ford Transit, M-KK 17	20.000,--	
1 LKW, VW Kasten, M-KL 1307	6.000,--	
1 dto., M-A 1227	8000,--	
1 LKW, Mercedes, M-YZ 1007	30.000,--	
1 PKW, Audi, M-ZZ 991	15.000,--	79.000,--

	€	€
4. Geschäftsausstattung		
1 Personal Computer	3.000,--	
1 dto.	4.500,--	
1 dto.	4.000,--	
1 dto.	3.000,--	
sonstige Betriebs- und Geschäftsausstattung lt. beigefügter Einzelaufstellung (fehlt hier)	15.000,--	
Werkstattausstattung, lt. beigefügter Einzelaufstellung (fehlt hier)	25.000,--	54.500.--
Summe: Anlagevermögen		**404.000,--**
II. Umlaufvermögen		
1. Fertige Erzeugnisse und Waren		
100 Stück Drehstuhl, »Luxe«, je 240,--	24.000,--	
250 Stück dto., Mod. Standard, je 150,--	37.500,--	
300 Stück Stapelstuhl, »Konferenz« je 100,--	30.000,--	
200 Stück Holzstuhl, o.Polster, je 20,--	4.000,--	
200 Stück dto., m.Polster, je 35,--	7.000,--	
100 Stück Schreibtischstuhl »Chef« je 50,--	5.000,--	107.500,--
2. Rohstoffe		
1000 qm Sperrholz, 25 mm, je 25,--	25.000,--	
1500 qm dto., 20 mm, je 20,--	30.000,--	
800 m Rundholz Ø 80 mm, je 1,--	800,--	
500 m dto. Ø 40 mm, je 0,80	400,--	
200 qm Bretter, Fichte, 250x30 mm je 6,--	1.200,--	
800 m Stahlrohr, verchromt, Ø 20 mm, je 4,--	3.200,--	
100 Ballen, Bezugsstoffe, je 200,--	20.000,--	
300 kg Schaumstoff, Qual, l, je 5,--	1.500,--	
400 kg dto., Qual. II, je 3,--	1.200,--	83.300,--
3. Hilfe- und Betriebsstoffe		
300 kg Leim, je 4,--	1.200,--	
330 kg versch. Farben, hochgl., je 8,--	2.640,--	
400 kg dto., matt, je 10,--	4.000,--	
Kleinteile (Schrauben, Nägel etc.)	1.200,--	9.040,--

Sachanlagevermögen (handschriftliche Randnotiz)

Finanzumlaufvermögen

	€	€
4. Forderungen aus Lieferungen und Leistungen		
Hotelausstattungs-GmbH	20.000,--	
Möbelgroßhandels KG	30.000,--	
Fa. Maier OHG	80.000,--	
Fa. Berger GmbH	50.000,--	180.000,--
5. Bankguthaben		
A-Bank, Kto. Nr. 210100	25.000,--	
B-Bank, Kto. Nr. 100/17	8.000,--	
Postbank, Kto-Nr. 111111-800	4.300,--	37.300,--
6. Bargeld		2.100,--
Summe: Umlaufvermögen		**419.240,--**
Summe der Vermögensteile		**823.240,--**
B) Schulden:		
I. Langfristige Schulden		
Hypothek, Hypobank-AG	80.000,--	
langfristiges Darlehen bei A-Bank	120.000,--	200.000,--
II. Kurzfristige Schulden		
1. Lieferantenschulden		
Müller KG	18.000,--	
Großeinkaufs-GmbH	15.000,--	
Holzkontor OHG	25.000,--	
Bürobedarfs-GmbH	55.000,--	113.000,--
2. Wechselschulden (Akzepte)		
Akzept an Sägemaschinen AG	8.000,--	
Akzept an Fa. Müller KG	4.000,--	12.000,--
Summe der Schulden		**325.000,--**

C) Ermittlung des Reinvermögens:	
Summe der Vermögensteile	+ 823.240,--
./. Summe der Schulden	− 325.000,--
= Reinvermögen (Eigenkapital)	**= 498.240,--**

D) Ermittlung des Jahreserfolgs:	
Reinvermögen am Jahresende	+ 498.240,--
./. Reinvermögen zu Jahresbeginn	− 421.500,--
+ Entnahmen	+ 50.000,--
./. Einlagen	− 15.000,--
= Jahreserfolg (Gewinn)	**= 111.740,--**

Vermögen
− Schulden
─────────────
= Reinvermögen (Eigenkapital)

Lerneinheit 2: Die Bilanz

Lernziele

- Unterschied zwischen Inventar und Bilanz
- Grundform einer Bilanz
- Bilanzgleichung
- Bilanzveränderungen

Einführung

Da im **Inventar** alle Vermögenswerte und Schulden einzeln aufgezeichnet werden müssen, ist es sehr umfangreich und unübersichtlich. Der Gesetzgeber hat deshalb noch eine kürzer gefasste Zusammenstellung vorgeschrieben, die Bilanz. Die **Bilanz** unterscheidet sich vom Inventar formal und inhaltlich.

	Inventar	Bilanz
formale Unterschiede	Sog. **Staffelform**: Die einzelnen Positionen erscheinen untereinander	Sog. **Kontoform**: Gegenüberstellung von Vermögen auf der linken (Aktiv-) Seite und Schulden sowie Eigenkapital auf der rechten (Passiv-)Seite
inhaltliche Unterschiede	Enthält **Mengen- und Wertangaben** Jeder Vermögensgegenstand und jede Schuld werden einzeln angeführt	Enthält **nur Wertangaben** Gleichartige Positionen werden zu Gruppen zusammengefasst (z. B. Grundstücke, Fuhrpark, Maschinen usw.)

Abb. 2.1: Unterschiede zwischen Inventar und Bilanz

Die Bilanz ist also eine verkürzte Form des Inventars. Sie besteht aus zwei Seiten: Die **Aktivseite** zeigt an, welche Vermögenswerte im Unternehmen vorhanden sind. Wie im Inventar ist die Aktivseite nach steigender Liquidierbarkeit der Vermögensteile gegliedert. Die **Passivseite** gibt Auskunft über die Herkunft der investierten Mittel. Sie enthält deshalb das Eigenkapital und das Fremdkapital.

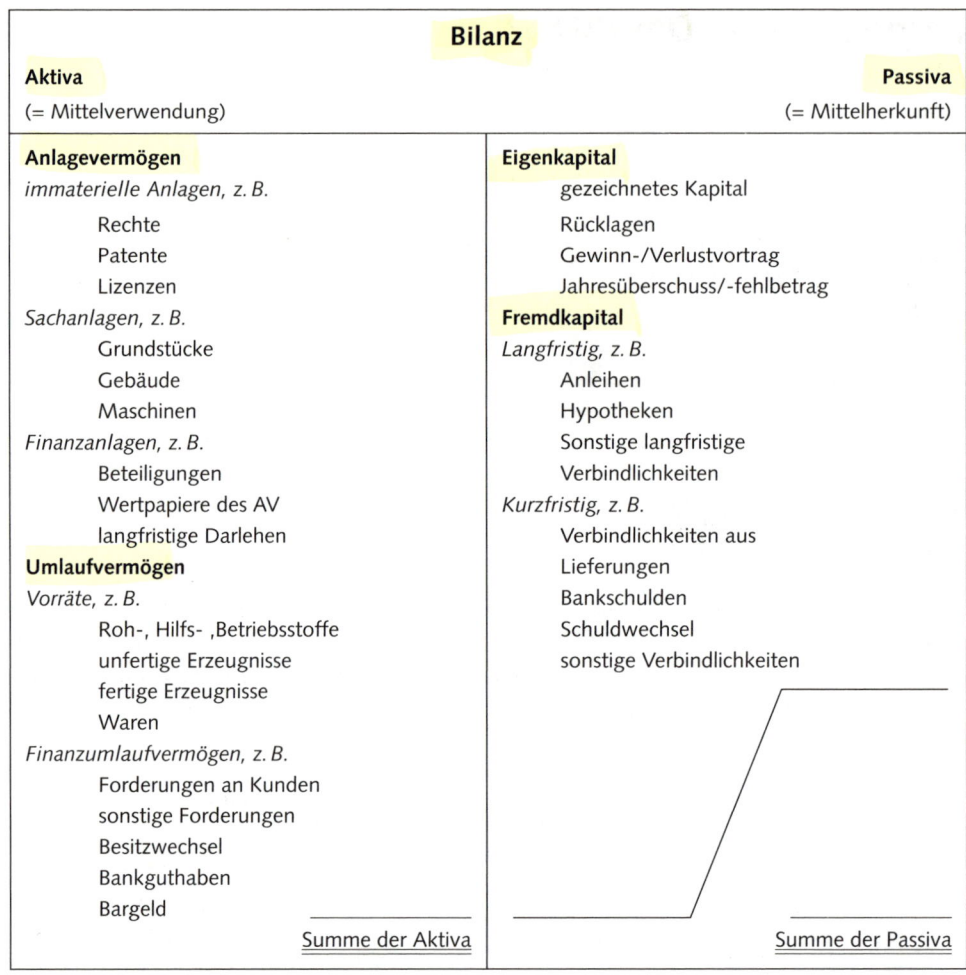

Abb. 2.2: Grundform einer Bilanz

Da sich das Eigenkapital als Differenz zwischen Vermögen und Schulden berechnet, gilt immer:

Summe aller Aktiva = Summe aller Passiva.

Diese sog. Bilanzgleichung kann nie durchbrochen werden. Sie ist ein wesentliches Merkmal des Systems der doppelten Buchführung.

Bilanzveränderungen durch Geschäftsvorfälle:

Jeder Geschäftsvorfall führt zur Veränderung der Bilanz. Gleichgültig, wie kompliziert ein Geschäftsvorfall sein mag, er lässt sich immer auf einen der vier möglichen Bilanzveränderungstypen zurückführen:

Aktivtausch:	Ein (oder mehrere) Aktivposten nimmt zu, gleichzeitig nimmt ein anderer (oder mehrere andere) Aktivposten ab.
	Beispiel: Barabhebung vom Bankkonto.
Passivtausch:	Ein (oder mehrere) Passivposten nimmt zu, gleichzeitig nimmt ein anderer (oder mehrere andere) Passivposten ab.
	Beispiel: Ein Gläubiger wird als Gesellschafter aufgenommen, so dass aus Fremdkapital Eigenkapital wird.
Bilanzverlängerung:	(sog. Aktiv-Passiv-Mehrung): Durch den Geschäftsvorfall nehmen sowohl ein (oder mehrere) Aktivposten als auch ein (oder mehrere) Passivposten zu.
	Beispiel: Wareneinkauf auf Ziel (d. h. auf Kredit).
Bilanzverkürzung:	(sog. Aktiv-Passiv-Minderung): Sowohl auf der Aktiv- als auch auf der Passivseite nimmt ein (oder mehrere) Posten ab.
	Beispiel: Barrückzahlung einer Schuld.

Aufgaben

- Leiten Sie aus dem Inventar von Lerneinheit 1 die Bilanz ab!

- Während des Geschäftsjahres finden die nachfolgenden Geschäftsvorfälle statt. Geben Sie jeweils an, um welche Art von Bilanzveränderung es sich hierbei handelt!

  (1) Barverkauf von Waren (25.000,-- €).

  (2) Eine Lieferantenschuld wird in ein langfristiges Darlehen umgewandelt (10.000,-- €).

  (3) Wir begleichen eine Lieferantenschuld per Bankscheck (5.000,-- €).

  (4) Zielkauf von Rohstoffen (10.000,-- €).

  (5) Ein Kunde zahlt seine Schulden: Bar 20.000,-- € per Bankscheck, 10.000,-- €.

  (6) Wir eröffnen ein neues Postbankkonto und überweisen hierauf von unserem Bankkonto (10.000,-- €).

  (7) Ein Kunde sendet Waren zurück, da sie erhebliche Qualitätsmängel aufweisen (5.000,-- €).

  (8) Wir kaufen aus Spekulationsgründen 100 Aktien zum Kurs von 80,-- € an der Börse. Unsere Bank wickelt diese Transaktion für uns ab.

(9) Der Unternehmer entnimmt aus der Firmenkasse 4.000,-- € zu privaten Zwecken.

(10) Wir heben vom Bankkonto 10.000,-- € ab.

(11) Ein Grundstück wird gekauft, Kaufpreis 200.000,-- €. Wir bezahlen per Bankscheck 80.000,-- €, bar 10.000,-- €. 110.000,-- € finanzieren wir durch Aufnahme einer Hypothek.

(12) Kauf eines neuen LKW für 100.000,-- €. Ein alter LKW, der mit 30.000,-- € zu Buche steht, wird in Zahlung gegeben, die Differenz überweisen wir von unserem Bankkonto.

(13) Der Unternehmer bringt ein Grundstück in das Unternehmen ein. Der Wert des Grundstückes beträgt 80.000,-- €. Es ist jedoch mit einer Hypothek von 30.000,-- € belastet.

(14) Ein Lieferwagen, der mit 8.000,-- € zu Buche steht, wird zum Buchwert verkauft. Der Käufer zahlt per Bankscheck.

Lösungen

Aus dem Inventar von S. 9 ff. leitet sich folgende Bilanz ab:

Bilanz der Firma Anton S.

Aktiva			Passiva		
			zum 31.12.200..		
I.	**Anlagevermögen**		**I.**	**Eigenkapital**	498.240
	Grundstücke und Gebäude	210.000	**II.**	**Fremdkapital**	
	Maschinen	60.500		Langfristiges	
	Fuhrpark	79.000		Fremdkapital	
	Betriebs- und	54.500		Hypotheken-	
	Geschäftsausstattung			schulden	80.000
				Bankdarlehen	120.000
II.	**Umlaufvermögen**	107.500		Kurzfristiges FK	
	Fertige Erzeugnisse	83.300		Lieferanten-	
	Rohstoffe	9.040		schulden	113.000
	Hilfs- und Betriebsstoffe	180.000		Schuldwechsel	12.000
	Forderungen aus Lieferungen				
	Bankguthaben	37.300			
	Kasse	2.100			
		823.240			823.240

Die **Bilanzveränderungen**, die aus den Geschäftsvorfällen resultieren, zeigt die folgende Übersicht:

Geschäfts-vorfall	Darstellung in der Bilanz		Bilanz veränderungstyp
(1)	Waren	–	Aktivtausch
	Kasse	+	
(2)	Darlehen	+	Passivtausch
	Lieferantenschulden	–	

Geschäfts-vorfall	Darstellung in der Bilanz				Bilanz veränderungstyp
(3)	Bank	–	Lieferantenschulden	–	Bilanzverkürzung (Aktiv-Passiv-Minderung)
(4)	Rohstoffe	+	Lieferantenschulden	+	Bilanzverlängerung (Aktiv-Passiv-Mehrung)
(5)	Bank Kasse Forderungen	+ + –			Aktivtausch
(6)	Bank Postbank	– +			Aktivtausch
(7)	Waren Forderungen	+ –			Aktivtausch
(8)	Wertpapiere Bank	+ –			Aktivtausch
(9)	Kasse	–	Eigenkapital	–	Bilanzverkürzung
(10)	Bank Kasse	– +			Aktivtausch
(11)	Grundstücke Bank Kasse	+ – –	Hypothekenschuld	+	Bilanzverlängerung

Geschäfts- vorfall	Darstellung in der Bilanz				Bilanz veränderungstyp
(12)	Fuhrpark	+			Aktivtausch
	Fuhrpark	–			
	Bank	–			
(13)	Grundstücke	+	Eigenkapital	+	Bilanzverlängerung
			Hypothekenschuld	+	
(14)	Fuhrpark	–			Aktivtausch
	Bank	+			

Lerneinheit 3: Konto, Buchungssatz und Abschluss von Bestandskonten

---

Lernziele

- *Auflösung der Bilanz in Bestandskonten*
- *Buchen auf Bestandskonten*
- *Abschluss von Bestandskonten und Erstellung der Schlussbilanz*
- *Buchungssatz*

Einführung

Es wäre zu umständlich, wenn man nach jedem Geschäftsvorfall eine neue Bilanz erstellen müsste. Man sammelt deshalb die Veränderungen der einzelnen Bilanzposten gesondert auf den Konten. Jede Bilanzposition erhält ein eigenes **Konto**. Man kann ein Konto praktisch wie eine eigene Bilanz für eine bestimmte Position auffassen. Je nachdem, ob das Konto für einen Passiv- oder einen Aktivposten eingerichtet wird, unterscheidet man Passiv- und Aktivkonten.

Die Anfangsbestände werden in den Konten auf dieselbe Seite geschrieben wie in der Bilanz. Ebenso wie die Bilanz ist das Konto eine zweiseitige Rechnung. Die **linke Seite heißt Soll**, die rechte Seite heißt Haben. Eine Eintragung (Buchung) auf der linken Seite heißt **Sollbuchung oder Lastschrift**, eine Eintragung auf der rechten Seite heißt **Habenbuchung oder Gutschrift**.

Anfangsbestand und Zugänge werden jeweils auf einer Seite gebucht, Abgänge und Endbestand auf der anderen Seite.

Beim Aktivkonto stehen:

im Soll:	Anfangsbestand und Zugang,
im Haben:	Abgang und Endbestand.

Beim Passivkonto stehen

im Soll:	Abgang und Endbestand.
im Haben:	Anfangsbestand und Zugang,

Die Ermittlung des Endbestandes heißt Saldieren. Man berechnet den Saldo (Endbestand), indem man die kleinere Kontoseite von der größeren subtrahiert und die Differenz (den Saldo) auf die kleinere Seite schreibt. Hierdurch wird das Konto abgeschlossen. Auf diese Weise gilt im abgeschlossenen Konto immer:

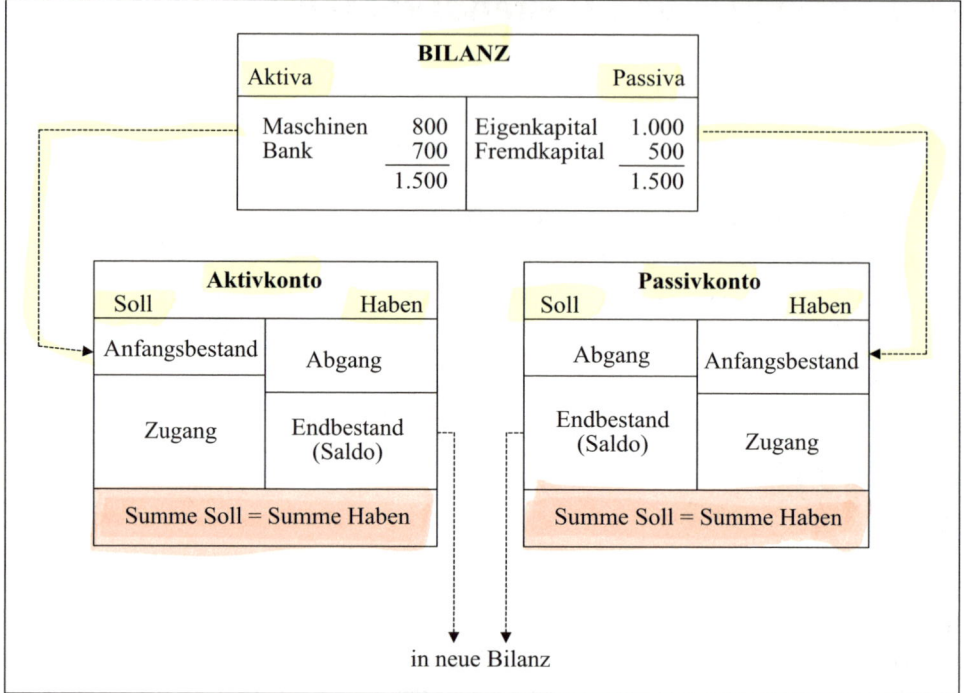

Abb. 3.1: Die Auflösung der Bilanz in Konten

Da von jedem Geschäftsvorfall mindestens zwei Bilanzpositionen betroffen sind, werden zur Buchung mindestens zwei Konten benötigt.

Beispiel:

Eine Verbindlichkeit von 5.000,-- € wird bar zurückbezahlt. Der Kassenbestand beträgt 20.000,-- €. Die Schulden des Unternehmens belaufen sich auf 80.000,--.

Soll	Kassekonto		Haben
Anfangsbestand	20.000	Abgang	5.000
	_____	Endbestand (Saldo)	15.000
	20.000		20.000

Soll	Konto Verbindlichkeiten		Haben
Abgang	5.000	Anfangsbestand	80.000
Endbestand (Saldo)	75.000		_____
	80.000		80.000

Es gilt also der Grundsatz:

Keine Buchung ohne Gegenbuchung in gleicher Höhe!

Die Gegenbuchung bei der Eintragung des Saldos (Endbestands) in das jeweilige Konto erfolgt in der neuen Bilanz, genauer im sog. Schlussbilanzkonto. Auf diese Weise entsteht die neue, aufgrund von Geschäftsvorfällen geänderte Bilanz (s. Abb. 3.2).

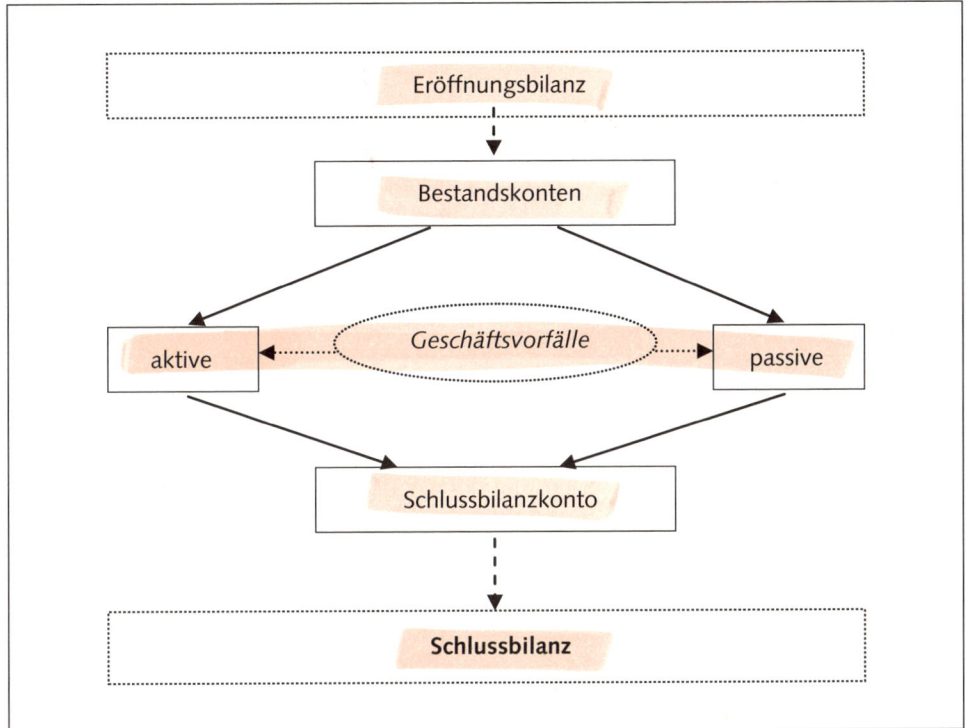

Abb. 3.2: Übersicht über Bestandsbuchungen

Das Schlussbilanzkonto ist ein Konto und mit »Soll« und »Haben« überschrieben. Die Schlussbilanz wird aus dem Schlussbilanzkonto abgeleitet. Sie ist mit »Aktiva« und »Passiva« überschrieben und muss die Formvorschriften des HGB befolgen (§ 266 HGB).

Der **Buchungssatz** dient zur Vorbereitung der Buchung auf den Konten. Er lautet:

Sollkonto   an   Habenkonto, Betrag.

Für das obige Beispiel lautet der Buchungssatz also:

Verbindlichkeiten   an   Kasse, 5.000,-- €.

Vor dem Wort »an« steht das Konto mit Sollbuchung, nach dem Wort »an« steht das Konto mit Habenbuchung abschließend der Betrag. Sind von einem Geschäftsvorfall mehrere

Konten in Soll und Haben betroffen, dann erscheint der jeweilige Betrag sofort nach der Nennung des Kontos, z. B.

> Verbindlichkeiten 5.000,--
>   an   Bank   3.000,--
>   an   Kasse   2.000,--

In der Praxis wird der Buchungssatz sofort auf die zu buchenden Belege geschrieben, dies erfolgt mit Hilfe eines Kontierungsstempels.

Konto:	Sollbuchung:	Habenbuchung:
Verbindlichkeiten	5.000,--	---
Bank	---	3.000,--
Kasse	---	2.000,--

Abb. 3.3: Kontierungsstempel

Aufgaben

- Geben Sie für die Geschäftsvorfälle von Lerneinheit 2 (S. 15 f.) die Buchungssätze an.

- Eröffnen Sie die Konten.

- Buchen Sie die Geschäftsvorfälle auf den Konten.

- Schließen Sie die Konten ab

- und erstellen Sie das Schlussbilanzkonto.

Lösungen

Buchungssätze für die Geschäftsvorfälle:

1) Kasse an Waren 25.000

2) Lieferantenverbindlichkeiten an Darlehen 10.000

3) Lieferantenverbindlichkeiten an Bank 5.000

4) Rohstoffe an Lieferantenverbindlichkeiten 10.000

5) Kasse 20.000
    Bank 10.000
        an   Forderungen 30.000

6) Postbank an Bank 10.000

7) Waren an Forderungen 5.000

8) Wertpapiere an Bank 8.000

9) Eigenkapital an Kasse 4.000

10) Kasse an Bank 10.000

11) Grundstücke 200.000
        an   Hypothek 110.000
        an   Bank 80.000
        an   Kasse 10.000

12) Fuhrpark 100.000
        an   Fuhrpark 30.000
        an   Bank 70.000

13) Grundstücke 80.000
        an   Eigenkapital 50.000
        an   Hypothek 30.000

14) Bank an Fuhrpark 8.000

Buchungssätze für die Abschlussbuchungen:

Schlussbilanzkonto   an   alle Aktivkonten

alle Passivkonten   an   Schlussbilanzkonto

Aktivkonten			

Grundstücke und Gebäude

AB	210.000	SBK	490.000
(11)	200.000		
(13)	80.000		
	490.000		490.000

Forderungen

AB	180.000	(5)	30.000
		(7)	5.000
		SBK	145.000
	180.000		180.000

Kasse

AB	2.100	(9)	4.000
(1)	25.000	(11)	10.000
(5)	20.000	SBK	43.100
(10)	10.000		
	57.100		57.100

Maschinen

AB	60.500	SBK	60.500

Fuhrpark

AB	79.000	(12)	30.000
(12)	100.000	(14)	8.000
		SBK	141.000
	179.000		179.000

Bank

AB	33.000	(3)	5.000
(5)	10.000	(6)	10.000
(14)	8.000	(8)	8.000
SBK	132.000	(10)	10.000
		(11)	80.000
		(12)	70.000
	183.000		183.000

BGA

AB	54.500	SBK	54.500

Waren

AB	107.500	(1)	25.000
(7)	5.000	SBK	87.500
	112.500		112.500

Postbank

AB	4.300	SBK	14.300
(6)	10.000		
	14.300		14.300

Rohstoffe

AB	83.300	SBK	93.300
(4)	10.000		
	93.300		93.300

Wertpapiere

(8)	8.000	SBK	8.000

Hilfs- und Betriebsstoffe

AB	9.040	SBK	9.040

				Passivkonten			

Eigenkapital

(9)	4.000	AB	498.240
SBK	544.240	(13)	50.000
	548.240		548.240

Hypothek

SBK	220.000	AB	80.000
		(11)	110.000
		(13)	30.000
	220.000		220.000

Darlehen

SBK	130.000	AB	120.000
		(2)	10.000
	130.000		130.000

Lieferantenverbindlichkeiten

(2)	10.000	AB	113.000
(3)	5.000	(4)	10.000
SBK	108.000		
	123.000		123.000

Schuldwechsel

SBK	12.000	AB	12.000

Soll	Schlussbilanzkonto		Haben
Grundstücke	490.000	Eigenkapital	544.240
Maschinen	60.500	Hypothek	220.000
Fuhrpark	141.000	Darlehen	130.000
BGA	54.500	Lieferantenverbindl.	108.000
Waren	87.500	Schuldwechsel	12.000
Rohstoffe	93.300	Bank	132.000
H+B-Stoffe	9.040		
Forderungen	145.000		
Postbank	14.300		
Kasse	43.100		
Wertpapiere	8.000		
	1.146.240		1.146.240

Lerneinheit 4: Erfolgswirksame Buchungen

Lernziele

- *Unterschied zwischen bestands- und erfolgswirksamen Vorfällen*
- *Aufwendungen und Erträge*
- *Aufwandskonten, Ertragskonten, das GuV-Konto*
- *Gemischte Konten*
- *Gemischtes Warenkonto*
- *Geteilte Warenkonten (Netto- und Bruttoabschluss)*
- *Nicht erfolgswirksame Eigenkapitalveränderungen (das Privatkonto)*

Einführung

Das Buchen auf Bestandskonten, so wie es bisher behandelt wurde, ist dadurch gekennzeichnet, dass

- sowohl bei der Buchung
- als auch bei der Gegenbuchung

eine eindeutige Veränderung von Beständen gegeben ist.

Es gibt nun Geschäftsvorfälle, die zwar eindeutig zu einer Bestandsveränderung auf einem Konto führen, ohne dass die korrespondierende Bestandsänderung direkt gegeben ist.

Beispiel:

Die Überweisung von Löhnen führt eindeutig zu einer Bestandsminderung auf dem Bankkonto. Wo aber hat die Gegenbuchung zu erfolgen? Die Vermietung von Maschinen führt zu Einnahmen, also einer Kassenbestandserhöhung, ohne dass direkt ersichtlich ist, wo die Gegenbuchung erfolgen muss.

Solche Geschäftsvorfälle nennt man Aufwendungen bzw. Erträge.

Da Aufwendungen und Erträge ihre Gegenbuchung weder auf einem Vermögens- noch auf einem Schuldenkonto haben, muss zwangsläufig auf dem Eigenkapitalkonto gegengebucht werden. Das Eigenkapital fängt als Differenz (Bilanzgleichung, S. 14) alle derartigen Veränderungen des Vermögens und der Schulden auf.

Aufwendungen vermindern das Eigenkapital (z. B. gezahlte Mieten, Löhne, Gehälter, Zinsen für Schulden, bestimmte Steuern, Versicherungprämien u.v.m.).

Erträge erhöhen das Eigenkapital (z. B. Mieterträge, Zinserträge, erhaltene Dividenden, Verkaufserlöse u.v.m.).

Aufwands- und Ertragskonten

Aus Gründen der Übersichtlichkeit werden Aufwendungen und Erträge nicht direkt ins Eigenkapitalkonto gebucht, da dieses dadurch zu unübersichtlich und schwer auszuwerten wäre. Man untergliedert sie vielmehr nach sachlichen Gesichtspunkten und sammelt sie zunächst auf eigenen Erfolgskonten, den Aufwands- und Ertragskonten. Da Aufwendungen und Erträge das Eigenkapital verändern, bucht man sie auf den Erfolgskonten auf derselben Seite, wie man sie im Eigenkapitalkonto buchen würde:

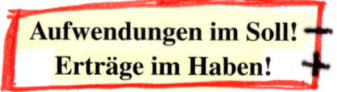

Aufwendungen im Soll!
Erträge im Haben!

Die Salden der Aufwands- und Ertragskonten werden wiederum nicht direkt in das Eigenkapitalkonto gebucht, sondern auf einem eigenen Erfolgssammelkonto festgehalten, dem sog. **Gewinn- und Verlustkonto (GuV-Konto)**. Erst der Saldo dieses GuV-Kontos wird an das Eigenkapitalkonto abgegeben (siehe die Abb. 4.1).

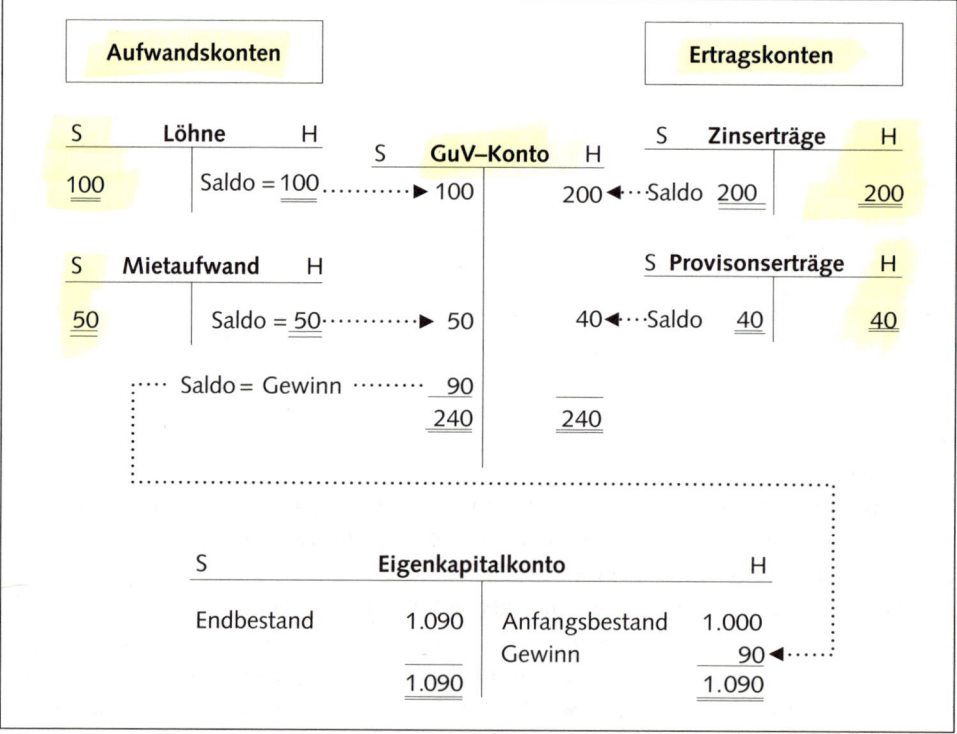

Abb. 4.1: Der Zusammenhang zwischen, Erfolgskonten, GuV-Konto und Eigenkapitalkonto

Gemischte Konten

Es gibt Konten, die sowohl Erfolgs- als auch Bestandscharakter haben, die gemischten Konten. Hier werden Anfangsbestand und Zugänge zu Einkaufspreisen gebucht, Abgänge jedoch zu Verkaufspreisen. Der Saldo eines gemischten Kontos würde deshalb nicht den Endbestand zu Einkaufspreisen angeben, da in den Verkaufspreisen Erfolgsanteile stecken. Erst wenn man den Endbestand zu Einkaufspreisen in der Inventur ermittelt und gebucht hat (Buchungssatz: Schlussbilanzkonto an gemischtes Konto), gibt der Saldo den reinen Erfolg wieder (Abb. 4.2).

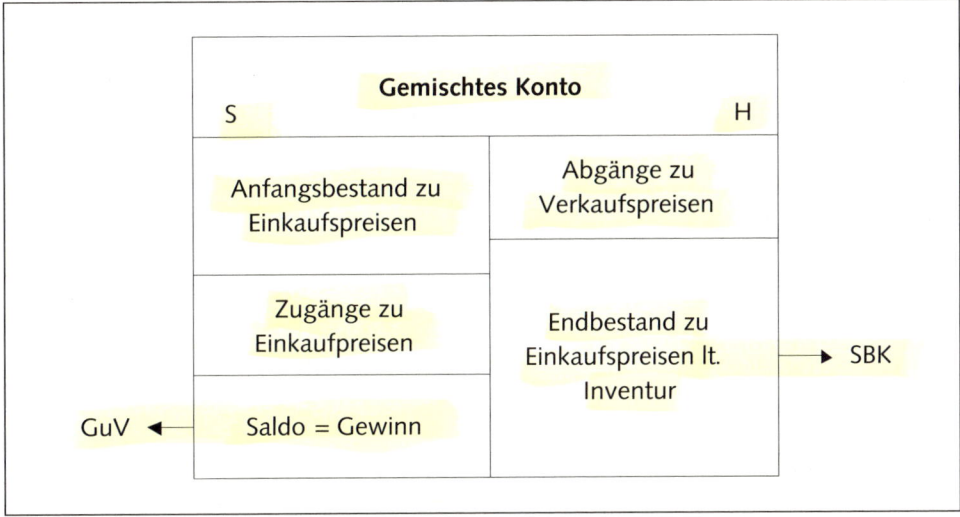

Abb. 4.2: Bestandteile des gemischten Kontos

Die Aussagekraft der Buchführung kann erhöht werden, wenn man gemischte Konten vermeidet. Hierzu teilt man das gemischte Konto in zwei Konten auf, ein reines Bestandskonto und ein reines Erfolgskonto (Abb. 4.3).

In vielen Fällen weiß man beim Verkauf nicht, wie hoch die Einkaufspreise des verkauften Gutes waren. Es ist dann nicht ohne weiteres möglich, den Verkaufsgewinn sofort zu berechnen und auf das Erfolgskonto zu bringen. Man bucht in solchen Fällen die gesamten Verkaufserlöse als Ertrag auf das Erfolgskonto, stellt am Jahresende den Endbestand laut Inventur fest, und kann so die Abgänge zu Einkaufspreisen (EP) berechnen:

+ Anfangsbestand (EP)
+ Zugänge (EP)
./. Endbestand (EP)
= Abgänge (EP)

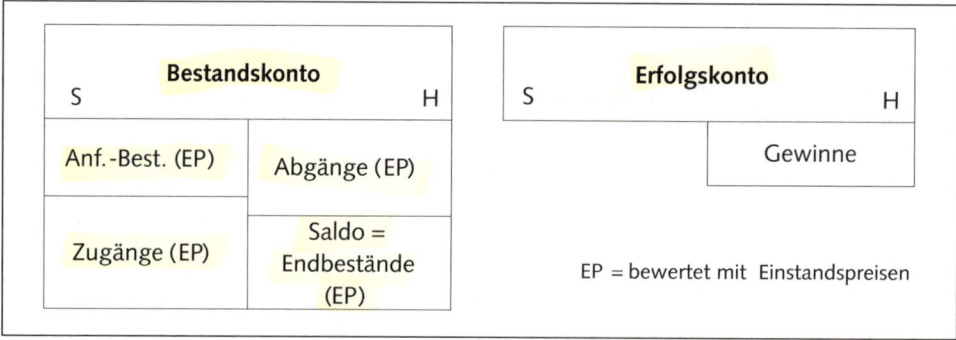

Abb. 4.3: Aufteilung des gemischten Kontos in ein reines Bestands- und ein reines Erfolgskonto

Die häufigste Anwendung des gemischten Kontos war früher das Warenkonto. Heutzutage bucht man den Warenverkehr auf geteilten Konten. Durch die Buchung »Erfolgskonto an Bestandskonto« werden die Abgänge zu EP berücksichtigt. Der Gewinn oder Verlust ergibt sich als Saldo des Erfolgskontos (Abb. 4.4).

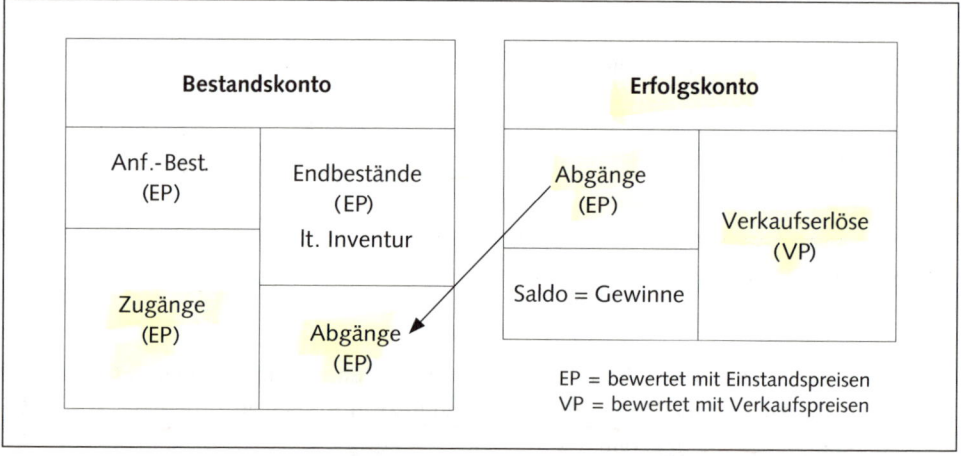

Abb. 4.4: Der Abschluss des geteilten Warenkontos

Nettoabschluss oder Bruttoabschluss des geteilten Warenkontos

Beim **Nettoabschluss der Warenkonten** werden die Warenverkäufe zu Einkaufspreisen (der sog. Wareneinsatz) wie in Abb. 4.4 zunächst auf das Warenverkaufskonto (=Erfolgskonto) übertragen (Buchungssatz: Warenverkaufskonto an Wareneinkaufskonto). Der Saldo des Warenverkaufskontos gibt dann den Rohgewinn aus Warenverkäufen wieder. Dieser wird auf das GuV- Konto übertragen mit dem Buchungssatz: Warenverkaufskonto an GuV- Konto (Abb. 4.5).

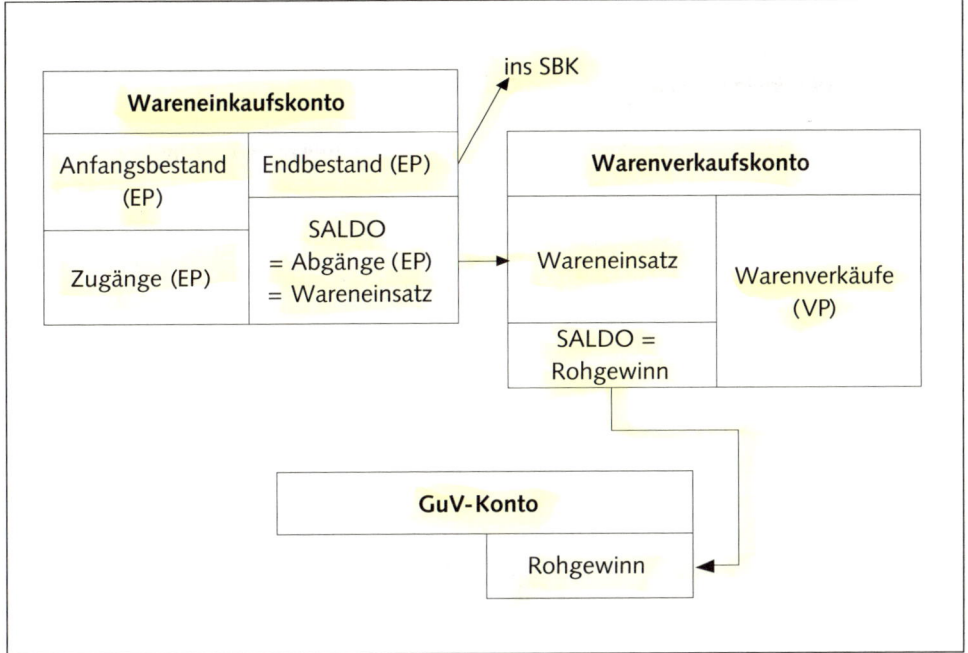

Abb. 4.5: Nettoabschluss der Warenkonten

Dieses Nettoabschlussverfahren hat den Nachteil, dass man aus dem GuV-Konto nicht erkennen kann, wie sich der Rohgewinn bzw. Rohverlust aus den Verkaufserlösen und dem Wareneinsatz zusammensetzt.

Deswegen sollte man für die Buchung des Warenverkehrs besser den sog. **Bruttoabschluss der Warenkonten** verwenden. Die Verkäufe zu Einstandspreisen (d. h. der Wareneinsatz) als Saldo des Wareneinkaufskontos werden direkt als Aufwand ins GuV-Konto gebucht (Buchungssatz: GuV-Konto an Wareneinkaufskonto). Der Saldo des Warenverkaufskontos besteht jetzt nur aus Umsatzerlösen (Verkäufe zu Verkaufspreisen) und wird mit dem Buchungssatz »Warenverkaufskonto an GuV-Konto« direkt ins GuV-Konto gebucht (Abb. 4.6).

Für die Gewinn- und Verlustrechnung, die die Aufwendungen und Erträge des Unternehmens in einer besonderen Darstellungsform zusammenfasst und die im allgemeinen aus dem GuV-Konto abgeleitet wird, sieht § 275 HGB den getrennten Ausweis der Umsatzerlöse und des Wareneinsatzes vor (sog. Bruttoausweis). Man kann zwar diesen gesetzlich vorgeschriebenen Bruttoausweis in der Gewinn- und Verlustrechnung auch bei Verwendung des Nettoabschlussverfahrens rekonstruieren. Dies ist allerdings etwas umständlich. Es empfiehlt sich deshalb, die Warenkonten nach dem Bruttoverfahren abzuschließen.

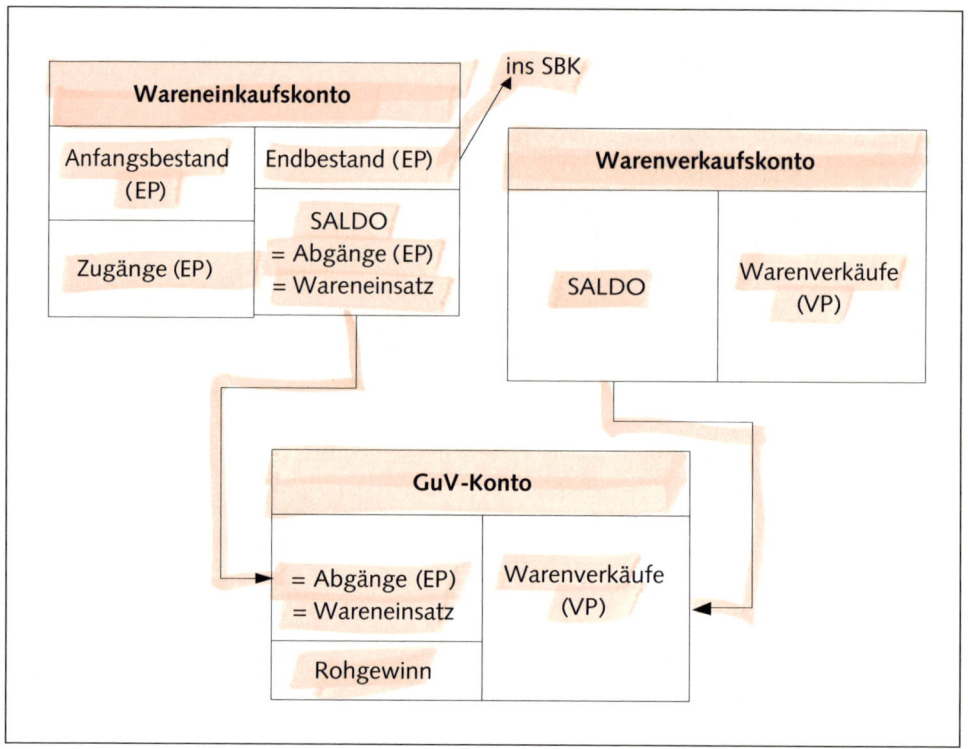

Abb. 4.6: Bruttoabschluss der Warenkonten

Privatkonten

Außer den Aufwendungen und Erträgen gibt es noch andere Vorgänge, die das Eigenkapital verändern. Diese allerdings dürfen den Erfolg (Gewinn oder Verlust) nicht beeinflussen. Es handelt sich um die Kapitalerhöhungen oder -herabsetzungen, die dadurch entstehen, dass die Unternehmer oder Gesellschafter Kapitalteile der Unternehmung neu zuführen (sog. Privateinlage) oder entnehmen (sog. Privatentnahme). Privateinlagen werden direkt dem Eigenkapitalkonto gutgeschrieben. Privatentnahmen werden, da sie häufiger sind, zunächst auf einem Unterkonto des Eigenkapitalkontos gesammelt, dem Privatkonto. Das Privatkonto wird am Jahresende direkt an das Eigenkapitalkonto abgeschlossen (Buchungssatz: »Eigenkapital an Privat«).

Aufgaben

Geben Sie für die folgenden Geschäftsvorfälle an, ob es sich um eine Bestands- oder eine Erfolgsbuchung handelt.

Buchen Sie die erfolgswirksamen Vorgänge auf Aufwands- und Ertragskonten, erstellen Sie das GuV-Konto, ermitteln Sie den Gewinn und schließen Sie das Eigenkapitalkonto (Anfangsbestand 200.000,-- €) ab.

1) Wareneinkauf bar, 50.000,-- €

2) Wir bezahlen Miete bar, 2.000,-- €

3) Zu privaten Zwecken entnimmt der Unternehmer, 15.000,-- €

4) Warenverkauf bar, 20.000,-- €

5) Lohnzahlung bar, 8.000,-- €

6) Barrückzahlung einer Schuld, 6.000,-- €

7) Die Bank schreibt Zinsen gut, 500,-- €

8) Die Feuerversicherung wird bar bezahlt, 600,-- €

9) Warenverkauf auf Ziel, 15.000,-- €

Ergänzende Angaben:

Warenanfangsbestand: 10.000,-- €,
Warenendbestand laut Inventur: 44.000,-- €.

Verwenden Sie für die Warenbuchungen:
a) das Bruttoabschlussverfahren,
b) das Nettoabschlussverfahren,
c) das gemischte Warenkonto.

Lösungen

1) Keine Erfolgsbuchung: Waren   an   Kasse 50.000

2) Erfolgsbuchung: Mietaufwand   an   Kasse 2.000

3) Keine Erfolgsbuchung: Privat   an   Kasse 15.000

4) Erfolgsbuchung: Kasse   an   Warenverkauf 20.000

5) Erfolgsbuchung: Löhne   an   Kasse 8.000

6) Keine Erfolgsbuchung: Verbindlichkeiten   an   Kasse 6.000

7) Erfolgsbuchung: Bank   an   Zinserträge 500

8) Erfolgsbuchung: Versicherungsaufwand   an   Kasse 600

9) Erfolgsbuchung: Forderungen   an   Warenverkauf 15.000

Buchung der Aufwendungen, Erträge, des Warenverkehrs und der sonstigen Kapitalveränderungen auf T-Konten (die jeweilige Gegenbuchung ist – mit Ausnahme der Abschlussbuchungen – hier nicht durchgeführt):

Lösung zu Variante a): Bruttoabschlussverfahren der Warenkonten:

	Wareneinkauf				Warenverkauf		
AB	10 000	A1)	44 000	A6)	35 000	4)	20 000
1)	50 000	A2)	16 000			9)	15 000
	60 000		60 000		35 000		35 000

	Löhne				Zinserträge		
5)	8 000	A3)	8 000	A7)	500	7)	500

	Mietaufwand					Versicherungsaufwand		
2)	2 000,--	A4)	2 000,--	8)		600,--	A5)	600,--

	Privat		
3)	15 000	A9)	15 000

Abschlussbuchungen:

A1) Übertragung des Warenendbestands von 44.000:
       Schlussbilanzkonto an Wareneinkauf 44.000

A2) Berechnung und Buchung des Verkaufs zu Einkaufspreisen:
       GuV an Wareneinkauf 16.000

A3) GuV an Löhne 8.000

A4) GuV an Mietaufwand 2.000

A5) GuV an Versicherungsaufwand 600

A6) Warenverkauf an GuV 35.000

A7) Zinserträge an GuV 500

A8) GuV an Eigenkapital 8.900

A9) Eigenkapital an Privat 15.000

Soll		**Gewinn- und Verlustkonto**				Haben
A2)	Wareneinsatz	16.000	A6)		Verkaufserlöse	35.000
A3)	Löhne	8.000	A7)		Zinserträge	500
A4)	Mieten	2.000				
A5)	Versicherungen	600				
A6)	Gewinn	8.900				
		35.500				35.500

Soll		**Eigenkapitalkonto**			Haben
A9)	Privat	15.000	AB		200.000
	Endbestand	193.900	A8)	Gewinn	8.900
		208.900			208.900

Abkürzungen: AB = Anfangsbestand

Lösung zu Variante b): Nettoabschlussverfahren der Warenkonten:

Hier ergeben sich folgende Änderungen gegenüber Variante a:

Abschlussbuchung A2:   Warenverkauf an Wareneinkauf 16.000

Abschlussbuchung A6:   Warenverkauf an GuV 19.000

Auf den Konten ergibt sich damit folgendes Bild:

Wareneinkauf				Warenverkauf			
AB	10.000	A1) SBK	44.000	A2)	16.000	4)	20.000
1)	50.000	A2) WV	16.000	A6) GuV	19.000	9)	15.000
	50.000		60.000		35.000		35.000

Soll		Gewinn- und Verlustkonto			Haben
A3)	Löhne	8.000	A6) Rohgewinn		19.000
A4)	Mieten	2.000	A7) Zinserträge		500
A5)	Versicherungen	600			
A6)	Gewinn	8.900			
		19.500			19.500

Lösung zu Variante c): gemischtes Warenkonto:

Bei den laufenden Buchungen Nr. 1, 4 und 9 wird statt auf die Konten »Waren« bzw. »Warenverkauf« nur auf ein Warenkonto mit der Bezeichnung »gemischtes Warenkonto« gebucht.

Die Buchungssätze für die laufenden Geschäftsvorfälle lauten:

1) Gemischtes Warenkonto an Kasse 50.000

4) Kasse an gemischtes Warenkonto 20.000

9) Forderungen an gemischtes Warenkonto 15.000

Die Buchungssätze für die Abschlussbuchungen lauten:

A1) Schlussbilanzkonto an gemischtes Warenkonto 44.000

A2) entfällt

A6) gemischtes Warenkonto an GuV-Konto 19.000

Auf den Konten ergibt sich dann folgendes Bild:

gemischtes Warenkonto

AB	10.000	4)	20.000
1)	50.000	9)	15.000
A6)	19.000	A1)	44.000
	79.000		79.000

Gewinn- und Verlustkonto

A3)	Löhne	8.000	A6)	Rohgewinn	19.000
A4)	Mieten	2.000	A7)	Zinserträge	500
A5)	Versicherungen	600			
A8)	Gewinn	8.900			
		19.500			19.500

Lerneinheit 5: Von der Eröffnungsbilanz zur Schlussbilanz

> **Lernziele**
>
> - *Eröffnungsbilanzkonto und Schlussbilanzkonto*
> - *Unterschiede zwischen Bilanzkonto und Bilanz*
> - *Der Einfluss der Inventur auf die Bilanz*
> - *Buchungsablauf von der Eröffnung bis zum Abschluss*

Einführung

Eröffnungsbilanzkonto (EBK)

Die Schlussbilanz des Vorjahres ist gleichzeitig Eröffnungsbilanz für das laufende Geschäftsjahr.

Wegen des Grundsatzes »keine Buchung ohne Gegenbuchung« darf das Übertragen der Anfangsbestände auf die Konten nicht ohne Gegenbuchung erfolgen. Das Konto, auf dem hier gegen gebucht wird, heißt Eröffnungsbilanzkonto (EBK). Durch diesen Zwang zur Gegenbuchung enthält das Eröffnungsbilanzkonto die Positionen spiegelbildlich zur Eröffnungsbilanz, z. B.:

Waren   an   EBK;
EBK   an   Eigenkapital.

Das EBK ist ein Hilfskonto. Es ist eigentlich nur aus Gründen der Systematik erforderlich und wird deshalb in der Praxis meist nicht erstellt. Man schreibt die Zahlen der Bilanz ohne Gegenbuchung auf die Konten ab.

Schlussbilanzkonto (SBK)

Beim Abschluss der Bestandskonten wird nicht direkt in die Schlussbilanz gebucht. Die Salden der Konten werden in das Schlussbilanzkonto übertragen. Auch dieses ist ein Hilfskonto, allerdings gibt es die Bestände seitenrichtig wieder, z. B.: SBK an Waren, Eigenkapital an SBK.

Bilanzkonto und Bilanz

In eine Bilanz kann grundsätzlich nicht gebucht werden. Sie wird vielmehr aus dem Schlussbilanzkonto abgeleitet.

Schlussbilanzkonto	Bilanz
Jedes Konto erhält eine Position im SBK	Gleichartige Positionen können zusammengefasst werden
Keine Gliederungsvorschriften	Gliederungsvorschriften des § 266 HGB
Mit Soll und Haben überschrieben	Mit Aktiva und Passiva überschrieben

Abb. 5.1:
Unterschied zwischen Bilanzkonto und Bilanz

Die Zahlenwerte im SBK müssen identisch sein mit den Zahlen der Schlussbilanz. Die Bilanzgleichung gilt in beiden Fällen.

Inventur und Bilanz

Stellt sich bei der Inventur heraus, dass in Wirklichkeit Bestandsveränderungen stattgefunden haben, die in der Buchführung noch nicht erfasst sind, dann müssen die Bestände auf den Konten nachträglich erfolgswirksam korrigiert werden. Die ist z. B. dann der Fall, wenn sich Mengen- oder Wertminderungen ergeben haben, die von der Buchhaltung noch nicht erfasst sind, etwa wenn

- Lagerbestände gestohlen werden,
- Lagerbestände durch Überalterung, Feuchtigkeit o. ä. unbrauchbar geworden sind
- außerordentliche Wertminderungen im Anlagevermögen noch nicht gebucht worden sind,
- Privatentnahmen der Unternehmers stattgefunden haben, von denen die Buchhaltung nichts wusste

Beispiel:
Die Inventur ergibt, dass Waren für 5.000,-- € gestohlen worden sind. Korrekturbuchung mit dem Buchungssatz: »Außerordentlicher Aufwand an Waren 5.000,-- €«.

Von der Eröffnungsbilanz zur Schlussbilanz

Den Zusammenhang der Buchungen von der Eröffnungsbilanz zur Schlussbilanz zeigt die Abb. 5.2.

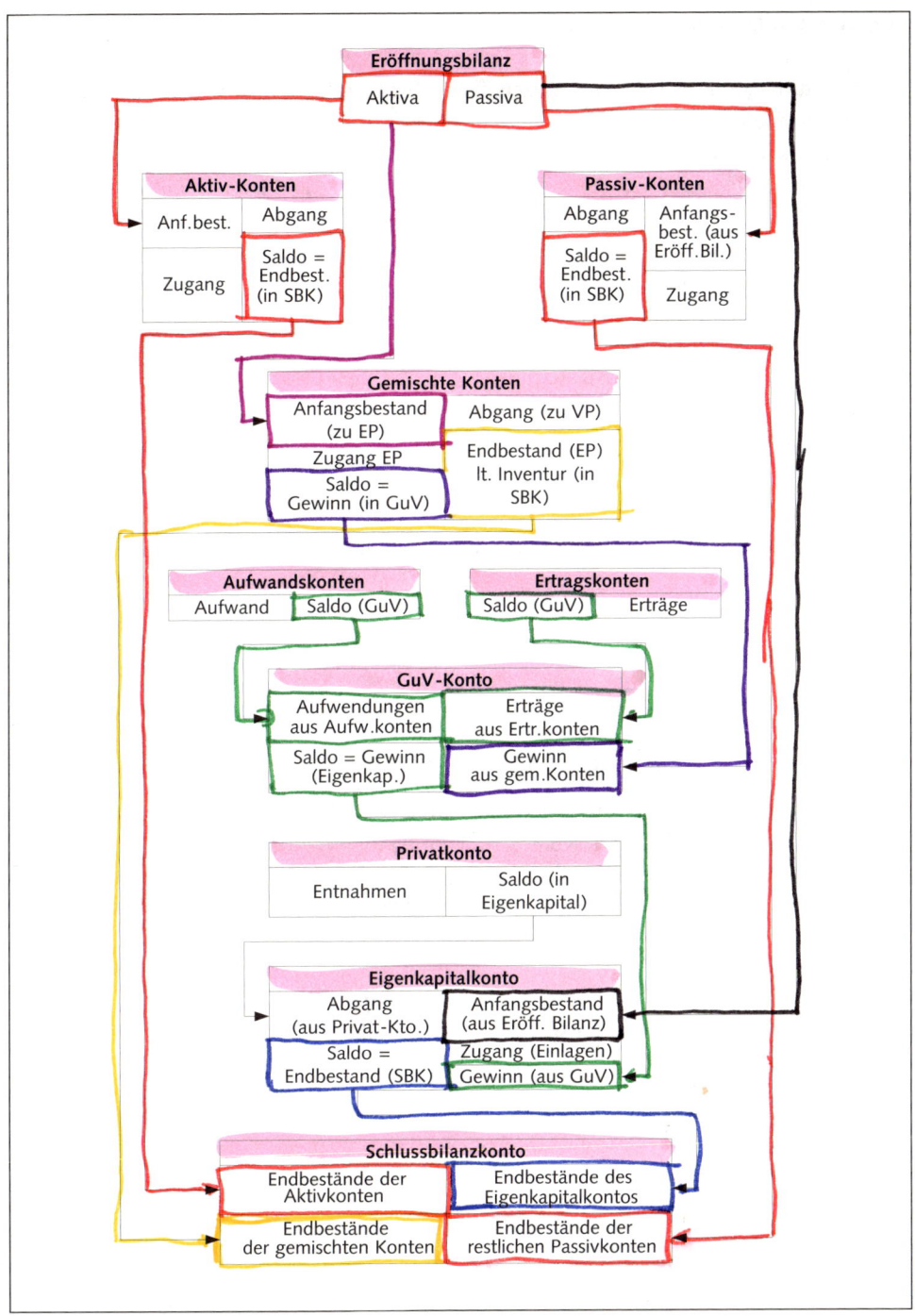

Abb. 5.2: Von der Eröffnungsbilanz zur Schlussbilanz

Vorgehensfolge beim Abschluss:

- Korrekturbuchung bei Bestandsdifferenzen zwischen Inventurwerten und Buchwerten in den Konten.
- Abschluss der Erfolgskonten auf das GuV-Konto.
- Gegebenenfalls Abschluss der gemischten Konten auf GuV-Konto und Schlussbilanz-konto.
- Abschluss des GuV-Kontos auf das Eigenkapitalkonto.
- Abschluss der Privatkonten auf das Eigenkapitalkonto.
- Abschluss aller Bestandskonten auf das Schlussbilanzkonto (Aktivkonten, Passivkonten und Eigenkapitalkonto).
- Ableiten der Schlussbilanz aus dem Schlussbilanzkonto.

Erläuterungen zur Abb. 5.2:
Im Falle von Verlusten sind die Salden beim gemischten Konto und beim GuV-Konto entsprechend auf den anderen Kontoseiten zu buchen. Auf die Einrichtung eines Eröff-nungsbilanzkontos wurde zur Vereinfachung des Schaubilds verzichtet.

Aufgaben

In Abb. 5.3 ist der Zusammenhang der Konten nochmals verkürzt dargestellt.

- Geben Sie die Buchungssätze zu den hier skizzierten Abschlussbuchungen an für den Fall, dass die gemischten Konten sich auf Aktivbestände beziehen.

- Unterscheiden Sie sowohl beim gemischten Konto als auch beim GuV-Konto den Gewinn- und den Verlustfall.

- Kontrollieren Sie Ihre Buchungssätze, die Sie aus dem nachfolgenden Schaubild abgeleitet haben anhand des ausführlichen Schaubilds auf S. 45 (Abb. 5.3).

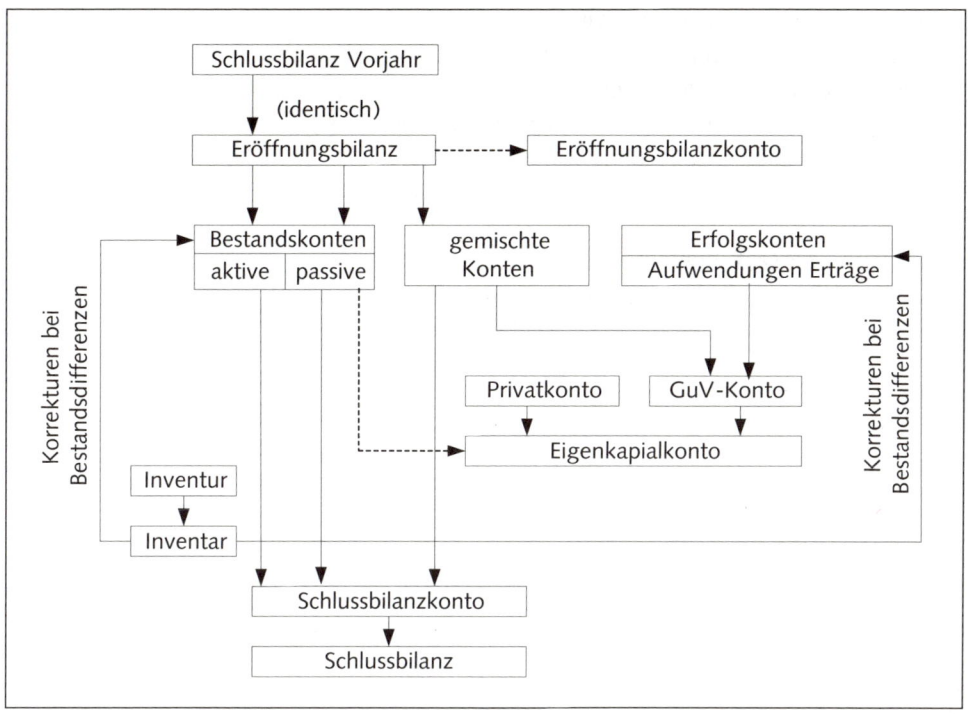

Abb. 5.3: Zusammenhang der Konten

Lösung

Buchungssätze bei:

1. Eröffnung der Konten:
Aktivkonten an Eröffnungsbilanzkonto (einschl. gemischte Konten)
Eröffnungsbilanzkonto an Passivkonten.

Aktivkonten an EBK
EBK an Passivkonten

2. Korrekturen von Bestandsdifferenzen zwischen Buchwerten und Inventurwerten:
Mehrbestand: Aktivkonto an Ertragskonto
Fehlbestand: Aufwandskonto an Aktivkonto.

3. Abschluss der Erfolgskonten:
GuV-Konto an Aufwandskonten
Ertragskonten an GuV-Konto.

GuV an Aufwandsk.
Ertragsk. an GuV

4. Abschluss des gemischten Kontos:

Endbestand: Schlussbilanzkonto an gemischtes Konto   *SBK an gem.K.*

Gewinn beim gemischten Konto:

         Gemischtes Konto an GuV-Konto   *gem.K. an GuV*

Verlust beim gemischten Konto:

         GuV-Konto an gemischtes Konto.   *GuV an gem.K.*

5. Abschluss des GuV-Kontos:

Gewinnfall: GuV-Konto an Eigenkapitalkonto   *GuV an EKk*

Verlustfall: Eigenkapitalkonto an GuV-Konto.   *EKk an GuV*

6. Abschluss der Privatkonten:

Eigenkapitalkonto an Privatkonten.   *EKk an Privat*

7. Abschluss aller Aktivkonten:

Schlussbilanzkonto an jeweiliges Aktivkonto   *SBK an Aktivk.*

8. Abschluss des Eigenkapitalkontos:

Eigenkapitalkonto an Schlussbilanzkonto.   *EKk an SBK*

9. Abschluss aller übrigen Passivkonten:

Jeweiliges Passivkonto an Schlussbilanzkonto   *Passivk. an SBK*

Lerneinheit 6: Organisatorische Grundlagen des Buchens

Lernziele

- *Unterscheidung zwischen Grundbuch und Hauptbuch*
- *Durchschreibebuchführung, manuell / maschinell*
- *Das amerikanische Journal als Buchführungsform für Kleinstbetriebe*
- *EDV-Buchführung*
- *Außer-Haus-Buchführung*
- *Vereinheitlichung der Kontenbezeichnungen durch Kontenrahmen*
- *IKR und GKR*
- *Handelskontenrahmen*

Einführung

Grundbuch und Hauptbuch

Die kaufmännische Buchführung heißt aus zwei Gründen doppelte Buchführung:

- Aus systematischen Gründen, weil von jedem Geschäftsvorfall zwei Konten betroffen sind, das Konto und das Gegenkonto;
- aus organisatorischen Gründen, weil jede Buchung (und Gegenbuchung) in zwei verschiedenen Büchern erfolgen muss.

Hierdurch wird erreicht, dass in dem einen Buch (dem sog. **Hauptbuch**) die Geschäftsvorfälle sachlich geordnet auf Sachkonten erfasst werden (z. B. alle Lohnbuchungen auf dem Lohnkonto, alle Wareneinkäufe auf dem Wareneinkaufskonto usw.).

Im anderen Buch, dem sog. **Grundbuch** (auch **Journal** genannt), werden die Geschäftsvorfälle unabhängig von ihrer sachlichen Zusammengehörigkeit in der zeitlichen Reihenfolge ihres Auftretens erfasst.

Bei jeder Buchung im Grund- oder Hauptbuch müssen angegeben werden:
- das Datum,
- die Art des Geschäftsvorganges,
- der zugehörige Beleg,
- der Buchungssatz mit Konto, Gegenkonto und Betrag.

Bei Buchungen auf Konten des Hauptbuches ist zusätzlich noch anzugeben, wo im Journal (meist Seitenangabe) die entsprechende Eintragung zu finden ist. Formularbeispiele finden sich bei den Aufgaben zu dieser Lerneinheit.

Formen der Buchführung

Manuelle Übertragungsbuchführung

Weil jede Buchung zweimal ausgeführt werden muss, einmal im Grundbuch und einmal auf den Sachkonten des Hauptbuchs, wurden verschiedene Verfahren zur Arbeitsvereinfachung entwickelt. Es leuchtet wohl unmittelbar ein, dass das handschriftliche Übertragen der Buchungen aus dem Hauptbuch ins Grundbuch sehr arbeitsaufwendig und sehr fehleranfällig ist.

Durchschreibebuchführung

Die technisch einfachste Abhilfe schafft die sog. **manuelle Durchschreibebuchführung.** Kontenblätter und Grundbuchblätter besitzen genau dieselbe Einteilung in Spalten.
- Man spannt das Journalblatt (Grundbuchblatt) in eine spezielle Klemmvorrichtung.
- In eine zweite Klemmvorrichtung spannt man das jeweils benötigte Hauptbuchkonto deckungsgleich darüber.
- Durch selbst durchschreibende Formulare wird jede Buchung auf einem Hauptbuchkonto direkt ins Grundbuch durchgeschrieben.
- Man bucht zunächst alle Sollbuchungen (bei zusammengesetzten Buchungssätzen für jede Sollbuchung eine eigene Kontokarte); anschließend bucht man alle Habenbuchungen (für jede Habenbuchung eine eigene Kontokarte).

Die **maschinelle Durchschreibebuchführung** funktioniert im Prinzip genauso; die Eintragungen erfolgen hier mit besonderen Buchungsmaschinen.

Beide Varianten der Durchschreibebuchführung sind in der kaufmännischen Praxis so gut wie nicht mehr anzutreffen. Der Einzug der elektronischen Datenverarbeitung auch in kleinere Betriebe und die Verfügbarkeit einfacher und preiswerter Buchführungssoftware haben dazu geführt, dass die Buchführung in den Unternehmen entweder mittels EDV erfolgt, oder – in seltenen Fällen bei Kleinstbetrieben – das sog. amerikanische Journal zur Anwendung kommt.

Das amerikanische Journal als Buchführungsform für Kleinstbetriebe

Dies ist die einfachste und wohl auch die einzige Form der manuellen Übertragungsbuchführung, die heute noch etwas praktische Bedeutung hat. Hier sind Grundbuch und Hauptbuch in einem einzigen Formular vereinigt. Da hier die Hauptbuchkonten im rechten Teil des Formulars nebeneinander angeordnet sind, ist diese Art der Buchführung nur für sehr kleine Unternehmen sinnvoll, die wenige Konten benötigen. Anders als beim Durchschreibeverfahren weist das Grundbuch nur die Beträge aus, nicht jedoch die Soll- oder Habenbuchungen. Diese sind aus dem nebenstehenden Hauptbuch ohnehin ersichtlich. Ein Formularbeispiel zeigt Abb. 6.1.

EDV-Buchführung

Bei Durchführung der Buchführung mittels einer EDV-Anlage sind die sog. **Stammdaten**, also Daten, die sich nur sehr selten ändern, bereits im System gespeichert. Stammdaten sind z. B. Kontenbezeichnung, Kontennummer (siehe unten, Kontenplan), bei Lieferanten und Kundenkonten z. B. auch die Adressen, Bankverbindungen, USt-ID.Nummer, vereinbarte Skonto- und Rabattkonditionen, bei Lohn- und Gehaltskonten von Arbeitnehmern z. B. Name, Anschrift, Lohngruppe, Lohnsteuerklasse, Kinderzahl, Lohnsteuerfreibeträge, E-TIN (Electronic Taxpayer Identification-Number), Steuerident-Nummer, Sozialversicherungsnummer, Krankenkasse usw., bei Waren- und Rohstoffkonten z. B. Artikelart, Artikelnummer, Lagerort usw.

Bei der Buchung eines Geschäftsvorfalles müssen die sog. **Bewegungsdaten** (Buchungsbeträge, Konten, Gegenkonten, Buchungstexte) eingegeben werden. Da sämtliche Arbeitsschritte der Verbuchung programmiert und im EDV-System gespeichert sind, erfolgt die Buchung der eingegebenen Daten automatisch richtig. Das Buchhaltungsprogramm führt sämtliche Buchungs- und der Beträge auf den angegebenen Konten, Berechnung der neuen Saldenstände, Betragsabstimmungen und Korrekturen, Erstellen von Saldenlisten, Mahnlisten für fällige Forderungen, Fälligkeitslisten für Verbindlichkeiten, Lohn- und Gehaltsabrechnungen, Umsatzsteuervoranmeldungen ans Finanzamt, Vertreterabrechnungen, Fortschreibung von Buchungsnebenarbeiten selbständig durch, z. B. Buchen Lagerbestandslisten usw. Da auch die Abschlussarbeiten programmiert und im EDV-System gespeichert sind, ist es problemlos möglich, sowohl den Jahresabschluss als auch jederzeit Zwischenabschlüsse zu erstellen.

Der Buchhalter hat bei solchen Buchungssystemen nur zu entscheiden, welche Beträge auf welchen Konten zu buchen sind. Er muss also nur den Buchungssatz erstellen und die Befehle und Daten richtig in das System eingeben. Hier steht er im Dialog mit dem System. Die aufgerufenen Konten erscheinen auf dem Bildschirm, die Beträge werden vom Buchhalter direkt auf die entsprechende Stelle im Konto gebucht. Hierzu gibt es eine Vielzahl von Buchführungssoftware, die sowohl im lokalen als auch im Netzbetrieb Anwendung findet.

Bei dieser Art von Buchführung ist es an sich überhaupt nicht mehr erforderlich, dass Konten, Salden, Bilanzen usw. auf Papier geschrieben werden, da alles im EDV-System gespeichert ist (sog. Speicherbuchführung). In § 239 Abs. 4 HGB, in §146 Abs. 5 AO (Abgabenordnung) und in den Einkommensteuerrichtlinien (H 5.2 EStR) wird auf die Ordnungsmäßigkeit von EDV-Buchführungssystemen Bezug genommen. Der Bundesminister der Finanzen hat hierzu einen eigenen Erlass »Grundsätze ordnungsmäßiger DV-gestützter Buchführungssysteme (GoBS)« herausgegeben (Bundessteuerblatt, 1995, Band

1 S. 738 ff.). Hiernach dürfen alle Buchungsunterlagen bis auf die Bilanz auf Datenträgern aufbewahrt werden. Es muss jedoch sichergestellt sein, dass die gespeicherten Buchführungsunterlagen jederzeit lesbar gemacht werden können (sog. Ausdruckbereitschaft).

Tag	Buchungstext	Betrag	Konto		Konto	
			Soll	Haben	Soll	Haben
1.1.	I. Eröffnungs- buchungen:					
...	...					
...	...					
...	...					
	II. laufende Buchungen:					
...	...					
...	...					
...	...					
	III. Abschluss- buchungen:					
...	...					
...	...					

Grundbuch   Hauptbuch

Abb. 6.1: Das amerikanische Journal als Buchführungsform für Kleinstbetriebe

Außer-Haus-Buchführung

Vor allem kleinere Unternehmen besitzen oft nicht das Know-How um ein eigenes EDV-Buchhaltungssystem anwenden zu können (z. B. kleinere Handwerksbetriebe). Für solche Unternehmen besteht die Möglichkeit, die Buchführung außer Haus, in der Regel von Steuerberatern bzw. von sog. Service-Rechenzentren, durchführen zu lassen. Diese Rechenzentren haben eine größere Anzahl von Unternehmen als Kunden, so dass die Kosten für den einzelnen Benutzer trotz Verwendung modernster Technologien vergleichsweise gering sind. Als wichtigstes Dienstleistungsunternehmen in der Bundesrepublik Deutschland ist hier die »DATEV« anzuführen, die »Datenverarbeitungsorganisation des steuerberatenden Berufs in der Bundesrepublik Deutschland e.G.«. Sie verfügt über umfassende Programmpakete zu allen Problemen des Rechnungswesens, insbesondere zur Buchführung. Über Bildschirmterminals in seiner Kanzlei kann jeder Steuerberater, der Mitglied bei »DATEV« ist, durch Datenfernübertragung direkt das Großrechenzentrum der »DA-TEV« in Nürnberg nutzen.

Kontenrahmen und Kontenplan

Zur Vereinheitlichung und Vereinfachung der Buchhaltung wurden von den Wirtschafts-verbänden die Konten vereinheitlicht und mit Kennziffern (Kontennummern) versehen. Man unterscheidet den Kontenrahmen und den Kontenplan.

Konto		weitere Konten	Konto		GuV		Bilanz-Kto.	
Soll	Haben		Soll	Haben	Soll	Haben	Soll	Haben

noch Hauptbuch

Abb. 6.1: Das amerikanische Journal (Fortsetzung)

Kontenrahmen

Im Kontenrahmen wird wegen der großen Zahl der verschiedenen Konten eine einheit-liche Ordnung zugrunde gelegt. Zusätzlich zur gleich lautenden Benennung der Konten er-halten diese einheitliche Nummern. Der Kontenrahmen ist grundsätzlich nach dem De-zimalsystem aufgebaut in Kontenklassen, Kontengruppen, Kontenarten und nötigenfalls in weitere Untergruppierungen.

Die Kontenklasse (0-9) wird durch die erste Stelle der Kontennummer angegeben. Hierdurch werden die Konten in 10 sachlich verschiedene Klassen gegliedert.

Die Kontengruppe (0-9) wird durch die zweite Ziffer der Kontennummer angegeben. Hierdurch wird die Grobeinteilung der Kontenklassen weiter verfeinert.

Beispiel: Gemeinschaftskontenrahmen der Industrie:

Klasse 1:   Finanzumlaufvermögen

Gruppe 0:   Kasse

Das Kassenkonto hat folglich die Bezeichnung »10 Kasse«.

Die Verwendung der Kontenklassen und Kontengruppen ist für alle Betriebe verbindlich. Soll eine weitere betriebsindividuelle Untergliederung erfolgen, so können beliebig Dezimalstellen angehängt werden, etwa

100 Hauptkasse   101 Nebenkasse 1   102 Nebenkasse 2 usw.

Kontenplan

Diese betriebsindividuellen Gegebenheiten finden im Kontenplan Berücksichtigung. Er enthält nur die Konten, die von einem Betrieb tatsächlich geführt werden, wobei die Klassen- und Gruppennummern des Unternehmens (1. und 2. Dezimale) obligatorisch sind. Ein betrieblicher Kontenplan kann also z. B. 6-stellige Kontennummern enthalten.

Branchenkontenrahmen

Es ist offensichtlich, dass für verschiedene Branchen – aufgrund der betriebswirtschaftlichen Unterschiede – auch verschiedene Kontenrahmen erforderlich sind.

Für Industriebetriebe gibt es zwei Kontenrahmen. Der sog. **GKR (Gemeinschaftskontenrahmen der Industrie)** unterteilt die Kontenklassen nach dem **Prozessgliederungsprinzip** (von den langfristig gebundenen Vermögens- und Kapitalpositionen über das Finanzumlaufvermögen, die Aufwendungen, Erträge, Kosten, zu den Lagerbeständen, den Verkaufserlösen bis hin zu den Abschlusskonten).

Kontenklasse	Bezeichnung der Kontenklasse nach GKR
0	Anlagevermögen und langfristiges Kapital
1	Finanzumlaufvermögen u. kurzfristige Verbindlichkeiten
2	Abgrenzungskonten (neutrale Aufwendungen und Erträge (vgl. LE 7)
3	Stoffbestände (Roh-, Hilfs- und Betriebsstoffe, Waren)
4	Kostenarten
5	Freigehalten für betriebsindividuelle Kontierungen
6	

Kontenklasse	Bezeichnung der Kontenklasse nach GKR
7	Bestände an fertigen und unfertigen Erzeugnissen
8	Betriebliche Erträge (Umsatzerlöse und Bestandsveränderungen)
9	Abschlusskonten

Abb. 6.2: Gemeinschaftskontenrahmen der Industrie (GKR)

Seit 1971 gibt es den **Industriekontenrahmen (IKR).** Er folgt streng dem sog. Abschlussgliederungsprinzip, d. h. er ordnet die Konten in der Reihenfolge der gesetzlich vorgeschriebenen Positionen in Bilanz und Gewinn- und Verlustrechnung. Der Bundesverband der deutschen Industrie hat den IKR im Jahr 1986 neu gefasst und an die Gliederungsvorschriften (für die Bilanz in § 266 HGB, für die GuV in § 275 HGB) angepasst, die seit Inkrafttreten der 4. EG-Richtlinie (der sog. Bilanzrichtlinie) für alle deutschen Kapitalgesellschaften verbindlich sind. Ebenso wie beim GKR die Verwendung der Kontenklassen 5 und 6 für die Buchführung und Bilanzierung nicht erforderlich ist, sondern nur betriebsindividuell zur innerbetrieblichen Informationsverbesserung dient, ist nach IKR die Kontenklasse 9 frei verfügbar.

INDUSTRIEKONTENRAHMEN (IKR)			
Kreis	Klasse	Bezeichnung der Kontenklasse	Kontenart
Rechnungskreis I	0	Sachanlagen, immaterielle Anlagen	Aktive Bestandskonten
	1	Finanzanlagen	
	2	Umlaufvermögen aktive Rechnungsabgrenzung	
	3	Eigenkapital, Rückstellungen	Passive Bestandskonten
	4	Verbindlichkeiten passive Rechnungsabgrenzung	
	5	Erträge	Erfolgskonten
	6	Betriebliche Aufwendungen	
	7	Weitere Aufwendungen	
	8	Ergebnisrechnung	
Rechnungs-kreis II	9	Frei für Kosten- und Leistungsrechnung	

Abb. 6.3: Industriekontenrahmen (IKR)

Bislang hat sich der IKR in der Praxis bundesdeutscher Unternehmen nur zögernd durchsetzen können. Wohl wegen des Missverhältnisses zwischen dem Umstellungsaufwand einerseits und dem geringen Informationsvorteil durch den IKR andererseits wurde überwiegend nach dem alten GKR gebucht. Das neue Bilanzrecht bringt für die GKR-Anwender jedoch einige Probleme. Die Kontengruppen des GKR lassen sich nämlich in vielen Fällen nicht mehr überschneidungsfrei den gesetzlich vorgeschriebenen Positionen in Bilanz und GuV-Rechnung zuordnen. Besondere Schwierigkeiten ergeben sich in der Kontenklasse 2 »Neutrale Aufwendungen und Erträge«.

Die DATEV e.G., über deren Computer mehr als 1 Million buchführungspflichtiger Kaufleute ihre Buchführung verarbeiten lassen, hat der Unentschlossenheit der Unternehmenspraxis Rechnung getragen und zwei verschiedene Kontenrahmen in Übereinstimmung mit dem Bilanzrichtliniengesetz entwickelt (die sog. Spezialkontenrahmen SKR 03 und SKR 04).

Konten-klasse	SKR 03 von DATEV	SKR 04 von DATEV
0	**Anlage- und Kapitalkonten** (z. B. Anlagevermögen, Anleihen, langfristige Verbindlichkeiten, Eigenkapital, Sonderposten mit Rücklagenanteil, Rückstellungen, Rechnungsabgrenzungsposten)	**Anlagevermögen**
1	**Finanz- und Privatkonten** (z. B. Kasse, Postgiro, Bank, Schecks, Wertpapiere des Umlaufvermögens, Forderungen und Verbindlichkeiten aus Lieferungen und Leistungen, erhaltene und geleistete Anzahlungen, sonstige Vermögensgegenstände und Verbindlichkeiten, Privatkonten)	**Umlaufvermögen** (und aktive Rechnungsabgrenzungsposten)
2	**Abgrenzungskonten** (z. B. außerordentliche, betriebsfremde, periodenfremde Aufwendungen und Erträge, bestimmte Steueraufwendungen, Zinsen, sonstige Aufwendungen und Erträge)	**Passiva** (Eigenkapital, Sonderposten mit Rücklagenanteil)
3	**Wareneingangs- und Bestandskonten**	**Passiva** (Rückstellungen, Verbindlichkeiten, passive Rechnungsabgrenzung)
4	**Betriebliche Aufwendungen** (z. B. Materialverbrauch, Personalaufwand, Abschreibungen, sonstiger betrieblicher Aufwand)	**Betriebliche Erträg** (z. B. Umsatzerlöse, Bestandsveränderungen, andere aktivierte Eigenleistungen, sonst. betriebliche Erträge)

Abb. 6.4: Die DATEV-Spezialkontenrahmen SKR 03 und SKR 04

Konten-klasse	SKR 03 von DATEV	SKR 04 von DATEV
5	frei	**Betriebliche Aufwendungen** (Materialaufwand)
6	frei	**Betriebliche Aufwendungen** (Personalaufwand, Abschreibungen, sonst. betriebliche Aufwendungen)
7	**Bestände an Erzeugnissen** (unfertige Erzeugnisse, fertige Erzeugnisse, Waren)	**Weitere Aufwendungen und Erträge** (aus Beteiligungen und anderen Wertpapieren, Zinsen und ähnliche Aufwendungen und Erträge, Abschreibungen auf Finanzanlagen und auf Wertpapiere des Umlaufvermögens, außerordentliche Erträge und Aufwendungen, Steueraufwand, Entnahmen aus und Einstellungen in Rücklagen)
8	**Erlöskonten** (Umsatzerlöse, Bestandsveränderungen, andere aktivierten Eigenleistungen)	frei
9	**Vortragskonten, statistische Konten**	**Vortragskonten, statistische Konten**

Abb. 6.4: Die DATEV-Spezialkontenrahmen SKR 03 und SKR 04 (Fortsetzung)

Der **DATEV-Spezialkontenrahmen 03 (SKR 03)** hat den alten GKR an die neuen Vorschriften des Bilanzrichtliniengesetzes angepasst. Er stellt somit eine modifizierte Form des GKR dar. Die überwiegende Mehrzahl der DATEV-Anwender benützt diesen SKR 03 (vgl. Korth, M., Kontierungshandbuch, Beck-Verlag, München, 4. Aufl. 2003, S. 74).

Im **Spezialkontenrahmen (SKR) 04** hat die DATEV die Kontenklassen und Kontengruppen streng nach dem Abschlussgliederungsprinzip im Sinne des IKR eingeteilt.

Eine Gegenüberstellung der DATEV-Kontenrahmen SKR 03 (Prozessgliederungsprinzip) und SKR 04 (Abschlussgliederungsprinzip) findet sich in Abb. 6.4. Wie man sieht, enthalten die Kontenklassen des DATEV-Kontenrahmens SKR 03 dieselben Sachverhalte in derselben Reihenfolge wie der GKR. Lediglich die Kontenklasse 9 weist zusätzliche Inhalte auf. Diese sind für Bilanzauswertungen sehr wichtig, haben jedoch für das Verständnis der Buchhaltungssystematik keine Bedeutung.

Die beiden nach dem Abschlussgliederungsprinzip untergliederten Kontenrahmen (IKR und SKR 04) unterscheiden sich ebenfalls nur unwesentlich, vor allem durch die Tatsache, dass im IKR das Anlagevermögen in zwei verschiedene Kontenklassen (0 und 1) unterteilt ist.

Da die gesetzlichen Gliederungsvorschriften nur für die Bilanz und die GuV-Rechnung gelten, nicht jedoch für die Untergliederung des Kontenrahmens, steht die Wahl eines speziellen Kontenrahmens den Anwendern frei. **Es muss lediglich sichergestellt sein, dass sich Bilanz und GuV in der gesetzlich vorgeschriebenen Form aus dem jeweils verwendeten Kontensystem erstellen lassen.** Beide DATEV-Kontenrahmen erfüllen diese Bedingung.

Für **Handelsbetriebe** gibt es eigene Kontenrahmen (siehe Abb. 6.5).

Klasse	Großhandel	Einzelhandel
0	Anlage- und Kapitalkonten	
1	Finanzkonten	
2	Abgrenzungskonten (neutrale Aufwendungen u. Erträge)	
3	Wareneinkaufskonten	
4	Boni und Skonti	Konten der Kostenarten
5	Konten der Kostenarten	frei für Kostenstellenkonten
6	Frei für Kostenstellenkonten und für Nebenbetriebs	
7	frei	frei
8	Warenverkaufskonten (Erlöse und Erlösschmälerungen)	
9	Abschlusskonten	

Abb. 6.5: Handelskontenrahmen

In diesem Buch werden keine vollständigen Kontennummern verwendet. Bei allen folgenden Beispielen wird die Kontenklasse nach GKR bzw. SKR 03 der Kontenbezeichnung vorangestellt.

Aufgaben

1) Geben Sie zu den Buchungen im nachstehenden amerikanischen Journal die Buchungssätze an.

2) Entwerfen Sie Konten und Journalformulare für die manuelle Durchschreibebuchführung und deuten Sie an, wie hierauf der Geschäftsvorfall »Forderungen an Warenverkauf, 10.000,-- €« zu buchen wäre.

3) Versehen Sie die folgenden Kontenbezeichnungen mit der zugehörigen Kontenklasse nach GKR, IKR, SKR 03 und SKR 04

   a)   Langfristige Verbindlichkeiten
   b)   Verkaufserlöse
   c)   Löhne
   d)   Abschreibungen auf Anlagen
   e)   Kasse
   f)   Eigenkapital
   g)   Privatentnahme
   h)   GuV-Konto
   i)   Schlussbilanzkonto
   j)   Materialverbrauch
   k)   Forderungen aus Lieferungen
   l)   Maschinen
   m) Fuhrpark
   n)   Zinsaufwand
   o)   Kursgewinne
   p)   Warenbestand
   q)   Fertige Erzeugnisse
   r)   Besitzwechsel
   s)   Reparaturen (Fuhrpark)
   t)   Beteiligungen
   u)   Abwassergebühren (der Gemeinde)
   v)   Hilfsstoffverbrauch

Amerikanisches Journal, September 20..										
Tag	Buchungstext	Betrag	BGA		Eigenkapital		Forderungen		Kasse	
			Soll	Haben	Soll	Haben	Soll	Haben	Soll	Haben
I. Eröffnungsbuchungen										
1.9.	Aktivkonten	20.000	5.000				2.000		4.000	
1.9.	Passivkonten	20.000				18.000				
II. Laufende Buchungen										
3.9.	Warenverkauf	11.000							11.000	
3.9.	Miete	1.000								1.000
III. Abschlussbuchungen										
30.9.	Warenkonto	9.000								
30.9.	BGA	5.000		5.000						
30.9.	Eigenkapital	18.000			18.000					
30.9.	Forderungen	2.000						2.000		
30.9.	Kasse	14.000								14.000
30.9.	Schulden	2.000								
30.9.	Rohgewinn	2.000								
30.9.	versch. Kosten	1.000								
30.9.	Gewinn	1.000								

Lösungen

1) Amerikanisches Journal:

Die Buchungssätze zum amerikanischen Journal lauten in der Reihenfolge der Eintragungen:

I. Eröffnungsbuchungen

    Geschäftsausstattung 5.000

    Forderungen 2.000

    Kasse 4.000

    Wareneinkauf 9.000   an   Eröffnungsbilanzkonto 20.000

    Eröffnungsbilanzkonto 20.000   an   Kapital 18.000

                                      an   Schulden 2.000

Amerikanisches Journal, September 20.. (Fortsetzung)											
Schulden		Wareneinkauf		Warenverkauf		Versch. Kosten		GuV-Konto		Bilanzkonto	
Soll	Haben	Soll	Haben	Soll	Haben	Soll	Haben	Soll	Haben	Soll	Haben
		9.000									20.000
	2.000									20.000	
					11.000						
						1.000					
			9.000	9.000							
										5.000	
											18.000
										2.000	
										14.000	
2.000											2.000
					2.000			2.000			
						1.000	1.000				
								1.000			1.000

II. *laufende Buchungen*

Kasse	an	Warenverkauf 11.000
Miete (versch. Kosten)	an	Kasse 1.000

III. *Abschlussbuchungen*

Warenverkauf	an	Wareneinkauf 9.000 (d. h. geteilte Warenkonten, Nettoabschluss)
Schlussbilanzkonto	an	BGA 5.000
Kapital	an	Schlussbilanzkonto 18.000
Schlussbilanzkonto	an	Forderungen 2.000
Schlussbilanzkonto	an	Kasse 14.000
Schulden	an	Schlussbilanzkonto 2.000
Warenverkauf	an	GuV-Konto 2.000
GuV-Konto	an	verschiedene Kosten 1.000
GuV-Konto	an	Schlussbilanzkonto 1.000

2) Beispiel für die Durchschreibebuchführung:

Journal	Monat September			Seite 1	
Tag	Buchungstext	Soll	Haben	Gegenkonto	Journal-seite
1.9. 1.9.	Beleg Nr. 1 Zielverkauf Beleg Nr. 1 Zielverkauf	10.000	10.000	Warenverkauf Forderungen	1 1

Konto Forderungen					
Tag	Buchungstext	Soll	Haben	Gegenkonto	Journal-seite
1.9	Beleg Nr. 1 Zielverkauf	10.000		Warenverkauf	1

Konto Warenverkauf					
Tag	Buchungstext	Soll	Haben	Gegenkonto	Journal-seite
1.9	Beleg Nr. 1 Zielverkauf		10.000	Forderungen	1

Bei der Sollbuchung (Forderung) liegt das Kontenblatt »Forderungen« deckungsgleich auf dem Journalblatt.

Bei der Habenbuchung (Warenverkauf) liegt das Kontenblatt »Warenverkauf« deckungsgleich, jedoch eine Zeile tiefer, auf dem Journalblatt.

3) Zuordnung der Konten zu Kontenklassen (GKR, IKR, SKR 03 und SKR 04):

	Kontenbezeichnung	GKR	SKR 03	IKR	SKR 04
a)	langfristige Verbindlichkeiten	0	0	4	3
b)	Verkaufserlöse	8	8	5	4
c)	Löhne	4	4	6	6
d)	Abschreibung auf Anlagen	4	4	6	6
e)	Kasse	1	1	2	1
f)	Eigenkapital	0	0	3	2
g)	Privatentnahme	1	1	2	2
h)	GuV-Konto	9	9	8	8
i)	Schlussbilanzkonto	9	9	8	8
j)	Materialverbrauch	4	4	6	5
k)	Forderungen aus Lieferungen	1	1	2	1
l)	Maschinen	0	0	0	0
m)	Fuhrpark	0	0	0	0
n)	Zinsaufwand	2	2	7	7
o)	Kursgewinne	2	2	5	7
p)	Warenbestand	3	3	2	1
q)	fertige Erzeugnisse	3	3	2	1
r)	Besitzwechsel	1	1	2	1
s)	Reparaturen (Fuhrpark)	4	4	6	6
t)	Beteiligungen	0	0	1	0
u)	Abwassergebühren	4	4	6	6
v)	Hilfsstoffverbrauch	4	4	6	5

Lerneinheit 7: Die sachliche Abgrenzung

Lernziele

- *Betriebserfolg: Kosten und Erlöse*
- *Neutraler Erfolg*
- *Abgrenzungssammelkonto und Betriebsergebniskonto*
- *Der Ausweis von betrieblichen und neutralen Erträgen in der GuV-Rechnung*

Einführung

Betrachtet man den Gemeinschaftskontenrahmen der Industrie (GKR) oder den DATEV-Kontenrahmen (SKR 03) genauer, dann findet man verschiedene Arten von Aufwendungen und Erträgen (Kontenklassen 2, 4 und 8).

Jedes Unternehmen verfolgt einen bestimmten Betriebszweck. Es gibt betriebliche Aktivitäten, die in direktem Zusammenhang mit diesem Betriebszweck stehen (z. B. Materialverbrauch) und solche, die zur Erfüllung des eigentlichen Betriebszweckes nicht beitragen (z. B. Spenden an politische Parteien).

Der Erfolg eines Unternehmens setzt sich somit aus zwei Komponenten zusammen, dem betriebsbedingten und dem sog. neutralen Erfolg.

Betriebserfolg

Der Betriebserfolg errechnet sich ausschließlich aus betriebsbedingten Aufwendungen und Erträgen einer Periode. Aufwendungen, die in direktem Zusammenhang mit der Erfüllung des Betriebszwecks stehen, heißen **Kosten** (z. B. Löhne, Gehälter, Materialverbrauch, Werbekosten, Vertreterprovisionen, Verwaltungskosten usw.). Erträge, die direkt zur Erfüllung des Betriebszwecks führen, heißen **Erlöse** oder Betriebserträge (das sind in der Regel nur die Umsatzerlöse).

Betriebserfolg = Erlöse ./. Kosten

Kosten werden beim GKR und beim SKR 03 auf Konten der Kontenklasse 4 (Kosten bzw. betriebliche Aufwendungen) gebucht, Erlöse auf Konten der Kontenklasse 8 (Erlöse).

Die restlichen Aufwendungen und Erträge werden üblicherweise unter dem Begriff neutrale Aufwendungen und Erträge zusammengefasst.

Die Isolierung der Kosten und Erlöse von den neutralen Aufwendungen und Erträgen ist aus zwei Gründen sinnvoll:

- Zur Ermittlung der Herstellkosten (vgl. Lerneinheit 10), der Selbstkosten und der Angebotspreise dürfen nur Kosten, also betriebsbedingte Aufwendungen einer Periode herangezogen werden.
- Die Beurteilung des betriebswirtschaftlichen Erfolgs eines Unternehmens ist nur aussagefähig, wenn die betrieblich bedingten und die nicht betrieblich bedingten Erfolgsteile getrennt werden können.

Neutraler Erfolg

Alle Aufwendungen und Erträge, die das Betriebsergebnis nicht beeinflussen und nicht in die Kostenrechnung eingehen dürfen, nennt man neutrale Aufwendungen und Erträge. Sie werden in Kontenklasse 2 des GKR bzw. SKR 03 gebucht (sog. **Abgrenzungskonten**).

Man unterscheidet:
- **Betriebsfremde Aufwendungen und Erträge:** Sie stehen überhaupt nicht mit dem Betriebszweck in Zusammenhang (z. B. Spekulationsgewinne und -verluste, Spenden u. a.). Sie werden auf dem Konto »2 betriebsfremde Aufwendungen (bzw. Erträge)« gebucht.
- **Periodenfremde betriebliche Aufwendungen und Erträge:** Die Buchung erfolgt nicht in dem Jahr, in dem der Erfolg wirtschaftlich erzielt wurde (z. B. Steuernachzahlungen und Steuerrückvergütungen). Auch Gewinne und Verluste aus Anlagenverkäufen gehören hierzu. Wegen zu hoher (bei Verkaufsgewinnen) bzw. zu geringer (bei Verkaufsverlusten) Abschreibungen in den Vorjahren wird der Erfolg nicht periodenrichtig ausgewiesen. Die Buchung erfolgt auf dem Konto »2 Periodenfremde Aufwendungen (bzw. Erträge)«.
- **Außerordentliche betriebliche Aufwendungen und Erträge:** Sie stehen zwar mit dem Betriebszweck in Zusammenhang, sind jedoch außerordentlich hoch oder fallen so selten an, dass sie die betriebliche Kosten- und Leistungsstruktur nicht beeinflussen sollen (z. B. Verluste durch Brandschäden oder Diebstahl, Erträge aus Versicherungsleistungen). Sie werden auf dem Konto »2 außerordentliche Aufwendungen (bzw. Erträge)« gebucht.
- **Wertverschiedene Aufwendungen**, die ihrem Wesen nach an sich Kosten darstellen, aber nicht mit ihrem effektiven Betrag in die Kostenrechnung eingehen sollen, sondern mit einem kalkulatorischen Normwert (vgl. LE 15: Kalkulatorische Kosten S. 149 ff.).

Die Untergliederung von Aufwendungen und Erträgen nach den Kriterien betriebliche Veranlassung, Periodenzugehörigkeit, Zugehörigkeit zur ordentlichen Geschäftstätigkeit ist in der folgenden Abb. 7.1 grafisch dargestellt.

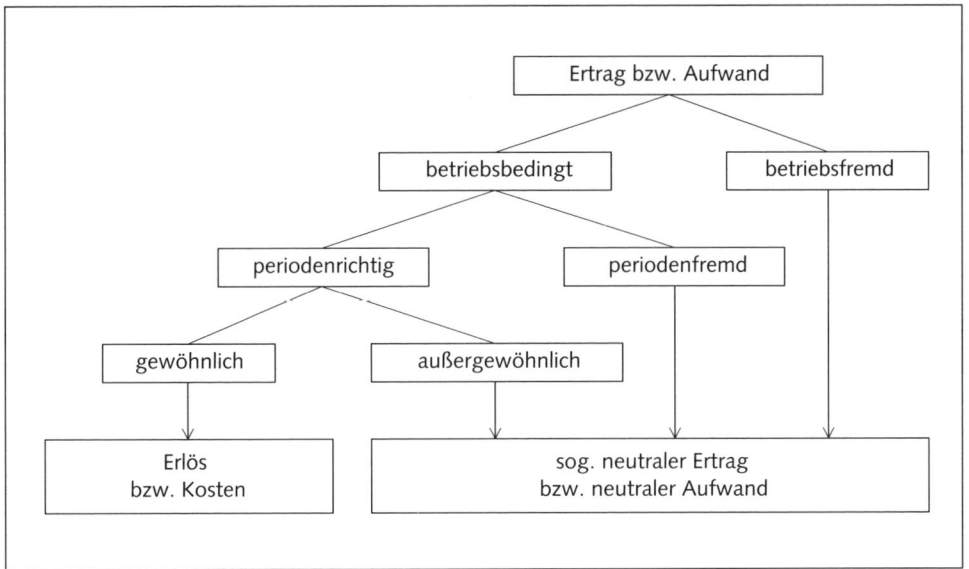

Abb. 7.1: Die Untergliederung der Aufwendungen und Erträge

Das Betriebsergebniskonto

Das Betriebsergebniskonto ist ein Vorkonto des GuV-Kontos. Es sammelt im Soll die Salden aller Kostenkonten (Klasse 4) und im Haben die Salden aller Erlöskonten (Klasse 8). Sein Saldo gibt den Betriebserfolg einer Periode wieder. Das Betriebsergebniskonto wird über das GuV-Konto abgeschlossen.

Das neutrale Ergebniskonto (Abgrenzungssammelkonto)

Die neutralen Aufwands- und Ertragskonten werden auf das neutrale Ergebniskonto abgeschlossen. Dessen Saldo gibt den Teil des Gesamterfolgs an, der aus nicht betrieblich bedingten, außerordentlichen oder periodenfremden Vorgängen resultiert. Den Gesamtzusammenhang gibt die Abb. 7.2 wieder:

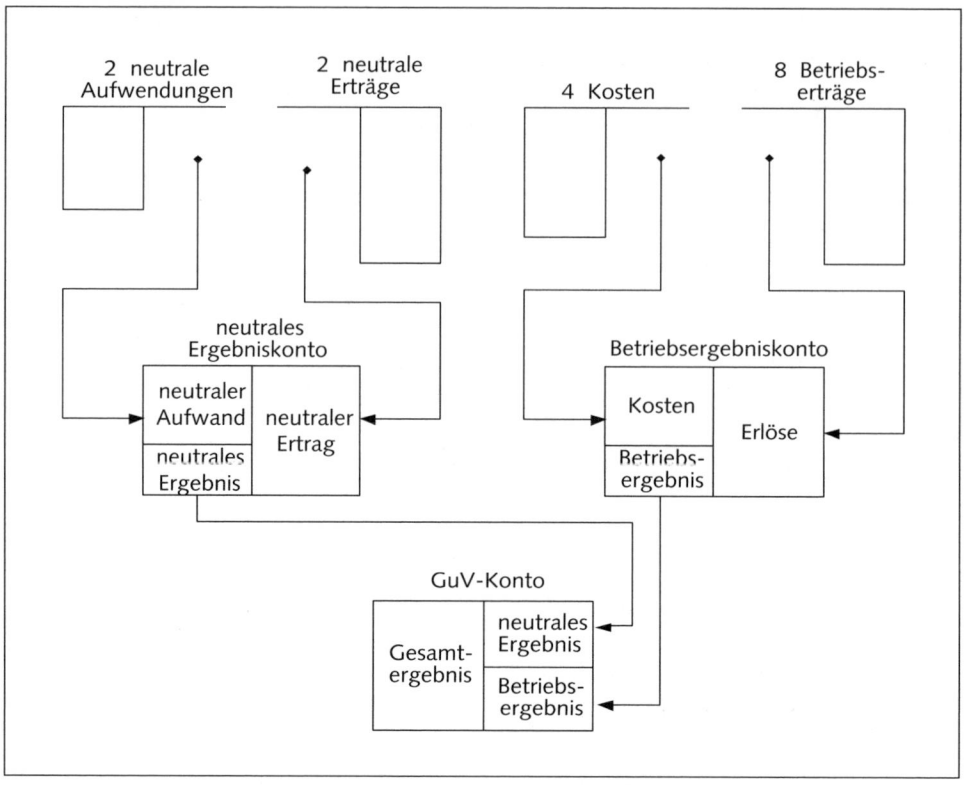

Abb. 7.2: Betriebsergebniskonto, neutrales Ergebniskonto und GuV-Konto

Der Ausweis der Aufwendungen und Erträge in der Gewinn- und Verlustrechnung

Das GuV-Konto muss nach den Vorschriften des HGB (§§ 275 und 277) in die Gewinn- und Verlustrechnung umgeformt werden. Dort werden die Aufwendungen und Erträge des Unternehmens nicht so weit untergliedert, wie dies für die Buchhaltung erforderlich ist. Die GuV-Rechnung unterscheidet nämlich im Wesentlichen nur zwischen Aufwendungen und Erträgen, die der gewöhnlichen Geschäftstätigkeit zuzurechnen sind, und außerordentlichen Aufwendungen und Erträgen. Hierbei umfasst die gewöhnliche Geschäftstätigkeit weit mehr als nur den Betriebszweck im Sinne des Betriebsergebniskontos. Vielmehr gehören nahezu alle obigen neutralen Aufwendungen und Erträge zur gewöhnlichen Geschäftstätigkeit, d.h. betriebsfremde, periodenfremde sowie die meisten Teile der obigen außerordentlichen Vorgänge. Als außerordentlich im Sinne der Gewinn- und Verlustrechnung gelten nur diejenigen Erträge und Aufwendungen, die außerhalb der gewöhnlichen Geschäftstätigkeit liegen (z.B. bei Betriebsstilllegungen, bei Verkäufen von ganzen Betrieben und Teilbetrieben, bei ungewöhnlichen Schadensfällen, etwa durch Naturkatastrophen, bei Enteignungen und ähnlichen Sachverhalten).

Da die handelsrechtliche Gewinn- und Verlustrechnung nicht zwischen Betriebs- und neutralem Ergebnis unterscheidet, sondern alles der gewöhnlichen Geschäftstätigkeit zurechnet, verliert sie sehr an Informationsgehalt. Selbst wenn für die GuV-Rechnung ein solchermaßen aggregierter Ausweis ausreichend ist, bleibt es für betriebsinterne Planungs- und Kontrollzwecke unerlässlich, die neutralen von den betriebsbedingten Aufwendungen und Erträgen kontenmäßig zu trennen und gesondert im neutralen Ergebniskonto und im Betriebsergebniskonto zu sammeln.

An dieser Stelle wird dem Leser dringend empfohlen, sich die Positionen der GuV-Rechnung des § 275 HGB (im Anhang 3 dieses Buches) anzusehen.

Aufgaben

Ordnen Sie die folgenden Positionen den Gruppen
- Aufwand (Kontenklasse 2)
- Ertrag (Kontenklasse 2)
- Kosten (Kontenklasse 4)
- Erlöse (Kontenklasse 8)

zu und geben Sie jeweils eine mögliche Kontenbezeichnung sowie die zugehörige Position im Gliederungsschema der GuV-Rechnung nach § 275 Abs. 1 HGB an!
- Löhne
- Miete für das Fabrikgebäude
- Zinsen für eine Darlehensschuld
- Wechseldiskont für einen Schuldwechsel
- Telefongebühren
- Materialverbrauch
- Guthabenzinsen
- Abschreibung auf Maschinen
- Brandschaden
- Kursverluste an der Börse
- Verluste aus Gebäudeverkauf
- Umsätze
- Kundenskonti
- Gesetzliche Sozialleistungen
- Kfz-Steuer
- Kfz-Versicherung
- Wechselspesen
- Warenrücksendungen
- Mieteinnahmen
- Gewerbeertragsteuer
- Gebäudereparatur

Lösungen

Vorgang	Konten-klasse (GKR)	mögliche Kontenbezeichnung (GKR)	Position der GuV-Rechnung § 275 Abs. 1 HGB
Löhne	4	Löhne	6a) Löhne und Gehälter
Miete für das Fabrik-gebäude	4	Mietaufwand oder Raumkosten	8. Sonstige betriebliche Aufwendungen
Zinsen für Darlehens-schuld	2	Zinsaufwand	13. Zinsen und ähnliche Aufwendungen
Wechseldiskont für einen Schuldwechsel (sog. Akzept)	2	Zinsaufwand oder Diskontaufwand	13. Zinsen und ähnliche Aufwendungen
Telefongebühren	4	Telefonkosten oder allg. Verwaltungs-kosten	8. Sonstige betriebliche Aufwendungen
Materialverbrauch	4	Materialkosten	5. Materialaufwand
Guthabenzinsen	2	Zinserträge	11. Sonstige Zinsen und ähnliche Erträge
Abschreibungen auf Maschinen	4	Abschreibungen	7a) Abschreibungen
Brandschaden	2	a. o. Aufwand	16. a.o. Aufwen-dungen
Kursverluste a. d. Börse	2	a. o. Aufwand	16. a.o. Aufwen-dungen
Verluste aus Gebäude-verkauf	2	periodenfremde Aufwendungen	8. Sonstige betriebliche Aufwendungen

Vorgang	Konten-klasse (GKR)	mögliche Kontenbezeichnung (GKR)	Position der GuV-Rechnung § 275 Abs. 1 HGB
Umsätze	8	Verkaufserlöse	1. Umsatzerlöse
Kundenskonti	8	Erlösschmälerungen	1. Umsatzerlöse
Gesetzliche Sozialleistungen	4	Sozialkosten	6b) soziale Abgaben oder Personal-aufwand
Kfz-Steuer	4	Kosten des Fuhrparks	18. Sonstige Steuern
Kfz-Versicherungen	4	Fahrzeugkosten oder Kosten des Fuhrparks	8. Sonstige beriebliche Aufwendungen
Wechselspesen	4	Nebenkosten des Geldverkehrs oder allg. Verwaltungskosten	8. Sonstige betriebliche Aufwendungen
Warenrücksendungen	8	Erlösschmälerungen	1. Umsatzerlöse
Mieteinnahmen	2	Mieterträge	4. Sonstige betrieb-liche Erträge
Gewerbesteuer	4	Betriebssteuern	18. Steuern v. Einkom-men und Ertrag
Gebäudereparatur	4 oder 2	Raumkosten oder Haus- und Grundstücksauf-wendungen	8. sonstige betriebliche Aufwendungen

Lerneinheit 8: Buchungen mit Umsatzsteuer (Mehrwertsteuer)

Lernziele

- *Steuerpflichtige Umsätze*
- *Bemessungsgrundlagen für die Umsatzsteuer (USt)*
- *Mehrwertsteuer und Vorsteuer (Nettoumsatzsteuersystem)*
- *Bruttoverfahren und Nettoverfahren*

Einführung

Steuerpflichtige Umsätze

In der Bundesrepublik wird auf die meisten Umsätze Umsatzsteuer erhoben. Nach § 1 und § 3 UStG (Umsatzsteuergesetz) sind vor allem die folgenden **Arten von Umsätzen** steuerpflichtig:

1. Lieferungen, d.h. Verkäufe aller Art (§ 1 Abs. 1 Nr. 1 UStG),
2. sonstige Leistungen, d.h. alle Dienstleistungen wie z.B. Reparaturleistungen, die Leistungen von Unternehmensberatern, Steuerberatern u.v.m. (§ 1 Abs. 1 Nr. 1 und § 3 Abs. 9 UStG)
3. Der sog. innergemeinschaftliche Erwerb aus Staaten der EU (§ 1 Abs.1 Nr. 5 UStG)
4. Die Einfuhr von Gegenständen aus Nicht-EU-Staaten (§ 1 Abs. 1 Nr. 4 UStG)
5. Eigenverbrauch; hier sind im Wesentlichen die Privatentnahmen von Unternehmen betroffen, sofern es sich um Sachentnahmen oder private Nutzung von Betriebsvermögen handelt. (§ 3 Abs. 1b und Abs. 9a UStG). Lediglich die Barentnahme unterliegt nicht der USt.
6. Bestimmte unentgeltliche Zuwendungen eines Gegenstandes an das eigene Personal bzw. an Dritte (§ 3 Abs. 1b UStG).

Die USt-Schuld berechnet sich durch Multiplikation des Umsatzes (in €) mit dem Steuersatz. Das UStG kennt zwei verschiedene Steuersätze, den allgemeinen und den ermäßigten Steuersatz. **Seit 2007 beträgt der allgemeine USt-Satz 19 %**, bei bestimmten Umsätzen (z. B. Lebensmittel, Bücher) ermäßigt er sich auf 7 % (§ 12 Abs. 1 und 2 UStG).

Der Steuersatz wurde in der letzten Zeit mehrfach erhöht:

Die Entwicklung der USt-Sätze seit 1968	allgemeiner USt-Satz	ermäßigter USt-Satz
1. Halbjahr 1968	10 %	5 %
21.7.1968 bis 31.12.1977	11 %	5,5 %
1.1.1978 bis 30.6.1979	12 %	6 %
1.7.1979 bis 30.6.1983	13 %	6,5 %
1.7.1983 bis 31.12.1992	14 %	7 %
1.1.1993 bis 31.3.1998	15 %	7 %
1.4.1998 bis 31.12.2006	16 %	7 %
seit 1.1.2007	19 %	7 %

Da die Höhe der Steuersätze für die Buchungstechnik ohne Einfluss ist, wird in diesem Buch mit einem Steuersatz von 20 % gearbeitet.

Diese Vereinfachung erfolgt aus didaktischen Gründen. Die Fallbeispiele bleiben übersichtlicher, weil ungerade Zahlen, insbes. Nachkommabeträge vermieden werden.

Die **Bemessungsgrundlagen** für die USt (der Umsatz) sind nach § 10 UStG:

- Bei Lieferungen und sonstigen Leistungen:
  Das vereinbarte Entgelt. Die USt-Schuld entsteht im Allgemeinen unabhängig von der tatsächlichen Bezahlung des Entgelts bereits dann, wenn die Lieferung oder Leistung erbracht ist (§ 16 Abs. 1 UStG), d. h. mit Entstehen der Forderung (in der Praxis: Bei Versand der Rechnung).
- Beim Eigenverbrauch: Die entstandenen Kosten.
- Beim innergemeinschaftlichen Erwerb: Der Einkaufspreis zuzüglich Nebenkosten.
- Bei Einfuhr aus Nicht-EU-Staaten: Der sog. Zollwert.

Die USt selbst gehört nicht zur Bemessungsgrundlage.

Es gibt zahlreiche Steuerbefreiungen (§§ 4-5 UStG), z. B. die Gewährung von Krediten, solange das Kreditgeschäft das Hauptgeschäft ist. Ist es nur Nebengeschäft, dann besteht keine Steuerbefreiung (deshalb: Zinsen auf Bankkredit ohne USt, Zinsen auf Warenkredit eines Lieferunternehmens mit USt).

Umsatzsteuer (Mehrwertsteuer) und Vorsteuer

Die deutsche USt ist eine Nettosteuer (seit 1.1.1968). Sie besteuert nur die von der Unternehmung erbrachte Wertschöpfung (Mehrwert). Deshalb wird sie auch Mehrwertsteuer genannt. Diese Mehrwertbesteuerung wird erreicht, indem von der Umsatzsteuer auf den

Ausgangsumsatz (z. B. Warenverkäufe) die in den Eingangsumsätzen (z. B. Wareneinkäufe) enthaltene Vorsteuer abgezogen wird (vgl. Abb. 8.1).

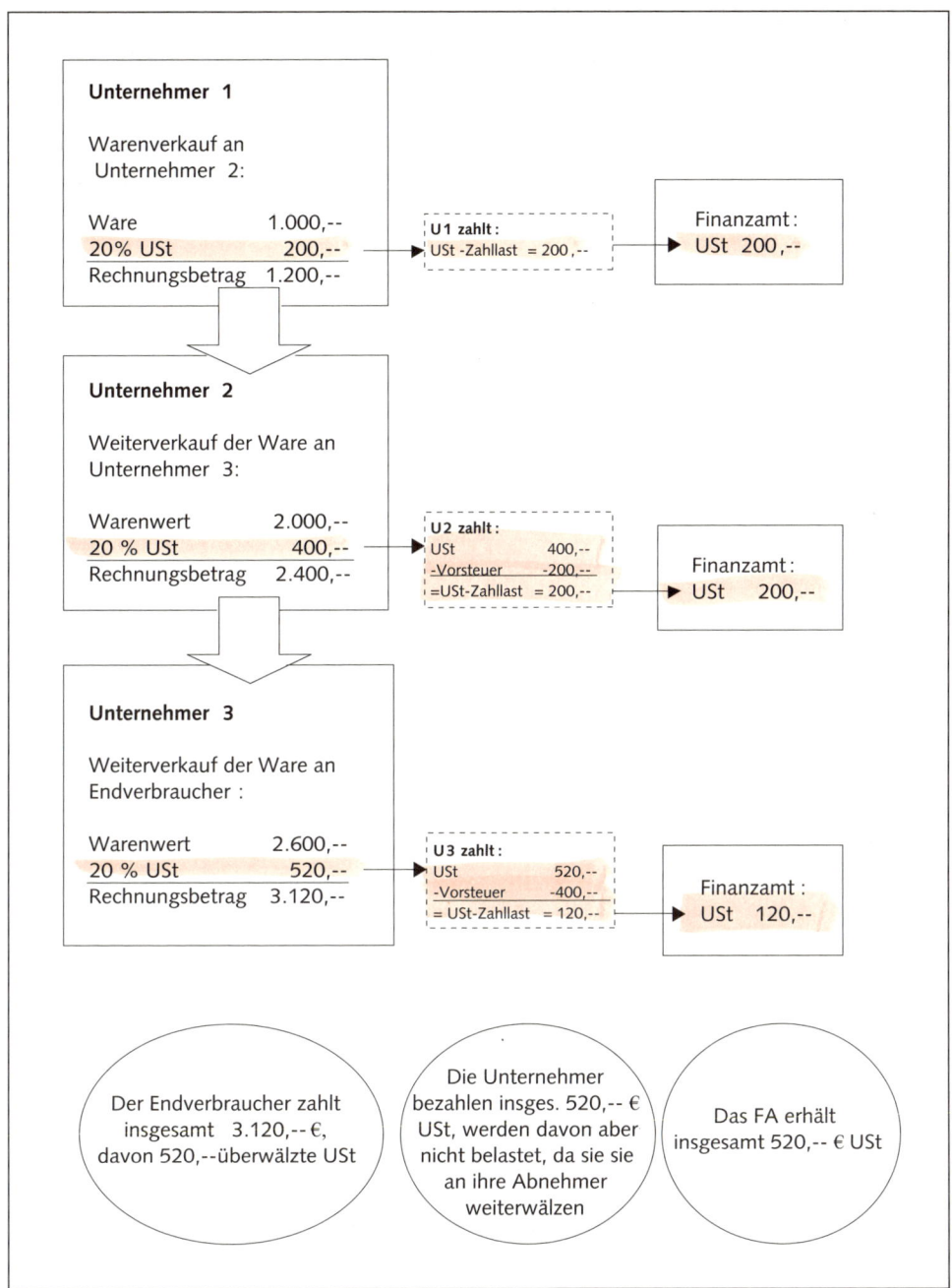

Abb. 8.1: Die Funktionsweise des Netto-USt-Systems mit Vorsteuerabzug

Buchungstechnisch wird diese Mehrwertbesteuerung folgendermaßen erreicht:

- Bei **Ausgangsrechnungen** wird die volle Umsatzsteuer als Steuerschuld gebucht. (Konto »1 berechnete USt«, oft kurz nur »1 USt«)

    Buchungssatz z. B.   1 Bank   an   8 Erlöse
                                              an   1 USt;

- Bei **Eingangsrechnungen** wird die im Rechnungsbetrag enthaltene Umsatzsteuer (die sog. Vorsteuer) als Forderung gegen das Finanzamt auf dem Konto »1 Vorsteuer« gebucht.

    Buchungssatz: 3 Wareneinkauf
                         1 Vorsteuer   an 1 Bank.

An das Finanzamt muss nur die **Umsatzsteuerzahllast** abgeführt werden. Diese ist die Differenz zwischen der berechneten USt und der abzuziehenden Vorsteuer. Sie wird berechnet und gebucht, indem man den Saldo des Kontos »1 Vorsteuer« auf das Konto »1 USt« überträgt mit dem Buchungssatz:

                         1 USt   an 1 Vorsteuer.

Die USt-Zahllast muss vom Unternehmen jeweils monatlich selbst berechnet werden. Sie ist bis zum 10. Tag nach Ablauf des Monats an das Finanzamt zu bezahlen (sog. USt-Voranmeldung). Hat ein Unternehmen in einer Periode höhere Eingangsrechnungsbeträge als Verkaufserlöse, dann ist es durchaus möglich, dass sich am Monatsende per Saldo eine Forderung gegen das Finanzamt ergibt (sog. Vorsteuerüberhang, vgl. das Fallbeispiel zu dieser Lerneinheit).

Nettoverfahren der USt-Buchung

Hier bucht man die Umsatzsteuer wie oben beschrieben sofort bei jedem Buchungsfall. Auf den Sachkonten stehen dann nur Nettobeträge, die keinen Steueranteil mehr enthalten. Dieses Nettoverfahren wird von den meisten Unternehmen angewandt.

Bruttoverfahren der USt-Buchung

Bei diesem Verfahren werden zunächst alle Beträge brutto, d. h. incl. USt, gebucht. Beim Abschluss der Konten müssen jeweils die entsprechenden USt- bzw. Vorsteuerbeträge aus dem Saldo herausgerechnet und auf die zugehörigen Steuerkonten gebucht werden. Dieses Verfahren wird seltener angewandt, und zwar vor allem von kleineren Einzelhandelsbetrieben für die Warenverkäufe.

In diesem Buch wird bei allen Beispielen nach dem Nettoverfahren gebucht.

Aufgaben

Geben Sie für die folgenden Geschäftsvorfälle die Buchungssätze an, buchen Sie auf T-Konten und erstellen Sie den Abschluss. Verwenden Sie das geteilte Warenkonto.

Eröffnungsbilanz

Grundstücke und Gebäude	50.000	Eigenkapital	100.000
Maschinen	30.000	Bankschulden	60.000
Geschäftsausstattung	20.000		
Waren	50.000		
Kasse			
	10.000		
	160.000		160.000

Geschäftsvorfälle:

1) Zieleinkauf von Rohstoffen: 10.000,-- €, USt 2.000,-- €

2) Warenverkauf auf Ziel: 20.000,-- €, USt 4.000,-- €

3) Für Gebäudereparatur werden in Rechnung gestellt: 5.000,-- €, USt 1.000,-- €

4) Banküberweisung von Kunden: 12.000,-- €

5) Zielverkauf von Waren: 10.000,-- €, USt 2.000,-- €

6) Ausgangsfracht hierauf (bar): 500,-- €, USt 100,-- €

7) Rücksendung von Rohstoffen an unseren Lieferanten (inkl. USt): 1.200,-- €

8) Barzahlung für Maschinenreparatur: 1.000,-- €, USt 200,-- €

9) Private Warenentnahme des Unternehmers: 5.000,--, USt 1.000,-- €

10) Wir bezahlen Miete per Banküberweisung: 2.000,-- € (USt-befreit, § 4 Nr. 12 UStG)

11) Eine Rechnung für die Reparatur des Chef-Privatwagens wird vom betrieblichen Bankkonto überwiesen: 1.000,-- €, USt 200,-- €

12) Zielkauf von Waren: 30.000,-- €, USt 6.000,-- €

13) Mieteinnahme, durch Überweisung auf das betriebliche
Bankkonto: 5.000,-- €

14) Wir kaufen ein Grundstück für 100.000,-- €. Die zu aktivierende Grunderwerbsteuer beträgt 3.500,-- €. Wir bezahlen 50.000,-- € per Banküberweisung und 53.500,-- € durch Aufnahme einer Hypothek (USt-befreit wegen § 4 Nr. 9 UStG).

15) Der Grundstücksmakler schickt uns eine Rechnung über 3 % des Kaufpreises zuzüglich 20 % USt für seine Vermittlung (Aktivieren!).

16) Lohnzahlung bar: 8.000,-- €

17) Wir bezahlen Bankzinsen: 2.000,-- €

18) Wir verkaufen Ware auf Ziel: Nettowert 10.000,-- €, abzüglich 10 % Rabatt.

Abschlussangabe: Warenendbestand zu Einkaufspreisen 70.000,-- €.
Verwenden Sie geteilte Warenkonten nach dem Bruttoabschlussverfahren (vgl. LE 4)!

Lösungen

Buchungssätze für die laufenden Geschäftsvorfälle:

1)   3 Rohstoffe 10.000
     1 Vorsteuer 2.000   an   1 Verbindlichkeiten 12.000

2)   1 Forderungen 24.000   an   8 Warenverkauf 20.000
                                  an   1 USt 4.000

3)   2 Haus u. Grundstücksaufwand 5.000
     1 Vorsteuer 1.000   an   1 Verbindlichkeiten 6.000

4)   1 Bank   an   1 Forderungen 12.000

5)   1 Forderungen 12.000   an   8 Warenverkauf 10.000
                                  an   1 USt 2.000

6)   4 Vertriebskosten 500
     1 Vorsteuer 100   an   1 Kasse 600

| 7) | 1 Verbindlichkeiten 1.200 | an | 3 Rohstoffe 1.000 |
| | | an | 1 Vorsteuer 200 |

| 8) | 4 Reparaturen 1.000 | | |
| | 1 Vorsteuer 200 | an | 1 Kasse 1.200 |

| 9) | 1 Privat 6.000 | an | 8 Warenverkauf 5.000 |
| | | an | 1 USt 1.000 |

| 10) | 4 Miete | an | 1 Bank 2.000 |

| 11) | 1 Privat | an | 1 Bank 1.200 |

| 12) | 3 Wareneinkauf 30.000 | | |
| | 1 Vorsteuer 6.000 | an | 1 Verbindlichkeiten 36.000 |

| 13) | 1 Bank | an | 2 Mieterträge 5.000 |

| 14) | 0 Grundstücke 103.500 | an | 1 Bank 50.000 |
| | | an | 0 Hypothek 53.500 |

| 15) | 0 Grundstücke 3.000 | | |
| | 1 Vorsteuer 600 | an | 1 Verbindlichkeiten 3.600 |

Zu Geschäftsvorfall 14/15: Nebenkosten beim Grundstückkauf sind genauso zu behandeln wie ein höherer Grundstückspreis (vgl. S. 91 ff.)

| 16) | 4 Löhne | an | 1 Kasse 8.000 |

| 17) | 2 Zinsaufwand | an | 1 Bank 2.000 |

| 18) | 1 Forderungen 10.800 | an | 8 Warenverkauf 9.000 |
| | | an | 1 USt 1.800 |

Buchungssätze für die Abschlussbuchungen:

A1)	9 Schlussbilanzkonto (SBK)	an	3 Wareneinkauf 70.000 (=Warenendbestand)
A2)	9 Gewinn- und Verlustkonto	an	3 Wareneinkauf 10.000 (= Wareneinsatz)
A3)	0 Eigenkapital	an	1 Privat 7.200
A4)	1 USt	an	1 Vorsteuer 9.700

2 Alle Ertragskonten	an	9 Gewinn- und Verlustkonto		
9 Gewinn- und Verlustkonto	an	alle Aufwandskonten		
9 Gewinn- und Verlustkonto	an	0 Eigenkapital 20.500 (Gewinn)		
9 Schlussbilanzkonto (SBK)	an	alle Aktivkonten		
Alle Passivkonten	an	9 Schlussbilanzkonto (SBK)		

Aktivkonten

---

0 Grundstücke und Gebäude

AB	50.000	SBK	156.600
(14)	103.500		
(15)	3.000		
	156.500		156.500

0 Geschäftsausstattung

AB	20.000	SBK	20.000

0 Maschinen

AB	30.000	SBK	30.000

3 Rohstoffe

(1)	10.000	(7)	1.000
		SBK	9.000
	10.000		10.000

3 Wareneinkauf

AB	50.000	A1	70.000
(12)	30.000	A2	10.000
	80.000		80.000

1 Forderungen

(2)	24.000	(4)	12.000
(5)	12.000	SBK	34.800
(18)	10.800		
	46.800		46.800

1 Kasse

AB	10.000	(6)	600
		(8)	1.200
		(16)	8.000
		SBK	200
	10.000		10.000

1 Vorsteuer

(1)	2.000	(7)	200
(3)	1.000	(A4)	9.700
(6)	100		
(8)	200		
(12)	6.000		
(15)	600		
	9.900		9.900

1 Bank

(4)	12.000	AB	60.000
(13)	5.000	(10)	2.000
SBK	98.200	(11)	1.200
		(14)	50.000
		(17)	2.000
	115.200		115.200

Passivkonten

1 Verbindlichkeiten

(7)	1.200	(1)	12.000	
SBK	56.400	(3)	6.000	
		(12)	36.000	
		(15)	3.600	
	57.600		57.600	

1 Umsatzsteuer

A4	9.700	(2)	4.000	
		(5)	2.000	
		(9)	1.000	
		(18)	1.800	
		SBK	900	
	9.700		9.700	

0 Hypotheken

SBK	53.500	(14)	53.500

1 Privat

(9)	6.000	A3	7.200
(11)	1.200		
	7.200		7.200

0 Eigenkapital

A3	7.200	AB	100.000
SBK	113.300	GuV	20.500
	120.500		120.500

Aufwands- und Kostenkonten

2 Haus- und Grundstücksaufwand

(3)	5.000	GuV	5.000

4 Vertriebskosten

(6)	500	GuV	500

2 Zinsaufwand

(17)	2.000	GuV	2.000

4 Mietkosten

(10)	2.000	GuV	2.000

4 Löhne

(16)	8.000	GuV	8.000

4 Reparaturkosten

(8)	1.000	GuV	1.000

Ertrags- und Erlöskonten

	2 Mieterträge				8 Warenverkauf		
GuV	5.000	(13)	5.000	GuV	44.000	(2)	20.000
	5.000		5.000			(5)	10.000
						(9)	5.000
						(18)	9.000
					44.000		44.000

Abschlusskonten

Soll	9 Gewinn- und Verlustkonto		Haben
Wareneinsatz	10.000	Warenverkauf	44.000
Haus- Grundstücksaufwand	5.000	Mietertrag	5.000
Zinsaufwand	2.000		
Löhne	8.000		
Vertriebskosten	500		
Mietkosten	2.000		
Reparaturkosten	1.000		
Gewinn (Eigenkapital)	20.500		
	49.000		49.000

Soll	Schlussbilanzkonto		Haben
Grundstücke und Gebäude	156.500	Eigenkapital	113.300
Maschinen	30.000	Hypotheken	53.500
Geschäftsausstattung	20.000	Verbindlichkeiten	56.400
Rohstoffe	9.000	Bankschulden	98.200
Waren	70.000		
Forderungen	34.800		
Umsatzsteuer	900		
Kasse	200		
	321.400		321.400

Lerneinheit 9: Einzelprobleme der Verbuchung des Warenverkehrs

Einführung

Bezugs- und Vertriebskosten

Bei der Anschaffung von Waren ebenso wie von anderen Wirtschaftsgütern können zusätzlich zum Kaufpreis noch Nebenkosten entstehen, z. B. für Eingangsfracht, Zölle, Verpackungen, Transportversicherungen. Diese sog. Bezugskosten oder Anschaffungsnebenkosten müssen grundsätzlich aktiviert werden, d. h. sie erhöhen den Bestand des entsprechenden Kontos (§ 255 Abs. 1 HGB). Möglich, aber in der Praxis nicht immer angewandt, ist es, zunächst alle Warenbezugskosten auf einem eigenen Konto (»3 Bezugskosten«) zu sammeln und dieses Konto am Jahresende auf das Wareneinkaufskonto umzubuchen.

Nebenkosten, die beim Vertrieb der Waren bzw. der selbst erstellten Produkte entstehen, werden hingegen als Kosten auf den entsprechenden Vertriebskostenkonten verbucht (z. B. »4 Porti«, »4 Vertreterprovisionen«).

Preisnachlässe

Skonti sind Preisnachlässe, die nachträglich, d. h. nach Erstellung der Rechnung, gewährt werden, wenn die Zahlung innerhalb einer kurzen Frist erfolgt. Je nachdem ob es sich um die Bezahlung einer Lieferantenschuld oder um den Erhalt eines Forderungsbetrages jeweils unter Abzug von Skonto handelt, unterscheidet man:

Lieferantenskonti werden bei der Begleichung der Schuld gegen einen Lieferanten vom Schuldner zurückbehalten. Sie sind Anschaffungspreisminderungen für den Schuldner und müssen deshalb von den Anschaffungskosten des gekauften Gegenstandes abgezogen werden (§ 255 Abs. 1 HGB). Man bucht sie bestandsmindernd über das Waren- bzw. Rohstoffeinkaufskonto. Hierdurch führen die Skontobeträge (über die Waren- bzw. Stoffbestände, über den Wareneinsatz bzw. die Stoffverbrauchskonten) zu einer Verminderung der Materialkosten.

Das gilt analog für Lieferantenskonti bei Anschaffung von Anlagegegenständen. Die Anschaffungskosten werden um die Skonti vermindert, damit reduziert sich die Basis für die spätere Abschreibung.

Durch den Skontoabzug findet eine nachträgliche Entgeltminderung statt (§ 17 UStG). Somit ist die **Vorsteuer zu berichtigen**, da ursprünglich bei Rechnungseingang der volle Steuerbetrag gebucht wurde. Die Korrektur erfolgt mit dem Buchungssatz:

1 Verbindlichkeiten   an   1 Bank
                                 an   3 Waren
                                 an   1 Vorsteuer.

Hierzu ist der Skontobetrag aufzuspalten in einen Nettoanteil (Buchung im Haben des Warenkontos) und einen Steueranteil (Buchung im Haben des Vorsteuer-Kontos).

Kundenskonti entstehen, wenn ein Kunde vom Skontoabzug Gebrauch macht. Man bucht sie auf dem Konto **Erlösschmälerungen** in Kontenklasse 8. Auch hier ist die berechnete Umsatzsteuer entsprechend um den im Bruttoskontobetrag steckenden USt-Anteil zu reduzieren. Dies erfolgt mit dem Buchungssatz:

1 Bank;
1 USt
8 Erlösschmälerungen   an   1 Forderungen

Am Jahresende ist der Saldo des Kontos »8 Erlösschmälerungen« auf das Warenverkaufskonto umzubuchen. Dies erfolgt mit dem Buchungssatz:

8 Warenverkauf   an   8 Erlösschmälerungen«.

Boni sind Preisnachlässe, die meist einmalig und nachträglich am Jahresende einem guten Kunden gewährt werden (z. B. Treuebonus). Als **Lieferantenboni** sind sie wie Lieferantenskonti anschaffungskostenmindernd über entsprechende Bestandskonten zu buchen. Als **Kundenboni** stellen sie Erlösschmälerungen (Kontenklasse 8) dar. Auch hier ist eine Vor- bzw. Umsatzsteuerkorrektur nötig, da ursprünglich der volle Betrag gebucht worden war.

Rabatte sind Preisnachlässe, die sofort bei Erstellung der Rechnung berücksichtigt werden. **Beim Warenverkauf** werden sie entweder direkt bei der Buchung des Verkaufs erlösmindernd gebucht mit dem Buchungssatz:

1 Forderungen   an   Warenverkauf (bereits um Rabatt gekürzt)
                               an   1 USt

Eine Umsatzsteuerkorrektur ist nicht nötig, da nur der verminderte Betrag als Forderung gebucht wird.

Sie können aber auch zunächst auf dem Konto »8 Erlösschmälerungen« erfasst werden. Dies erfolgt mit dem Buchungssatz:

1 Forderungen
8 Erlösschmälerungen   an   8 Warenverkauf (nicht um Rabatt gekürzt)
                  an   1 USt

Auch hier ist eine USt-Korrektur nicht erforderlich, da nur der gekürzte Betrag als Forderung gebucht wird.

Beim Wareneinkauf ergeben sich keine Besonderheiten, da der Zugang auf dem Wareneinkaufskonto bereits mit dem gekürzten Betrag im Soll gebucht wird, Buchungssatz:

3 Wareneinkauf (bereits um Rabatt gekürzt)
1 Vorsteuer   an   1 Verbindlichkeiten

Rücksendungen und Gutschriften

Rücksendungen von Waren und Gutschriften (das sind nachträgliche Preisnachlasse z. B. aufgrund von Mängelrügen) werden buchungstechnisch gleich behandelt.

Rücksendungen bzw. Gutschriften **beim Wareneinkauf** werden als Bestandsminderung im Haben des entsprechenden Waren- oder Rohstoffkontos gebucht. Selbstverständlich muss die ursprünglich zu hoch gebuchte Vorsteuer berichtigt werden. Dies erfolgt mit dem Buchungssatz:

1 Verbindlichkeiten   an   3 Waren
                  an   1 Vorsteuer

Beim Warenverkauf können Rücksendungen und Gutschriften direkt dem Verkaufskonto belastet werden, oder sie werden – häufiger – auf einem Unterkonto »8 Erlösschmälerungen« des Warenverkaufskontos gesammelt und am Jahresende über das Konto »8 Warenverkauf« abgeschlossen. Auch hier ist die Umsatzsteuer zu berichtigen:

8 Erlösschmälerungen
1 USt   an   1 Forderungen

Die Tatsache, dass sich bei Rücksendungen von Kunden auch die Bestände ändern, wird bei dieser Buchung noch nicht berücksichtigt. Die Bestandsänderung wird erst beim Abschluss der Konten anhand der Inventur festgestellt und gebucht (vgl. LE 14).

Private Warenentnahme

Entnimmt ein Einzelunternehmer oder ein Gesellschafter einer Personengesellschaft Waren, dann ist dies wie ein normaler Warenverkauf zu buchen:

1 Privat   an   8 Warenverkauf
               an   1 USt

Brutto- oder Nettoabschluss der Warenkonten

Hier soll nochmals daran erinnert werden, dass es mehrere Möglichkeiten der Führung von Warenkonten gibt:

- Das gemischte Warenkonto (vgl. S. 31 f. sowie das Beispiel auf S. 38 f.);
- Geteilte Warenkonten nach dem Nettoabschlussverfahren (vgl. S. 31 sowie das Beispiel auf S. 38);
- Geteilte Warenkonten nach dem Bruttoabschlussverfahren (vgl. S. 33 sowie das Beispiel auf S. 36 f.).

Wegen der Übersichtlichkeit der Darstellung und der Übereinstimmung mit dem Ausweis in der Gewinn- und Verlustrechnung nach § 275 Abs. 1 HGB sollte stets das Bruttoabschlussverfahren verwendet werden.

Aufgaben

Für die nachfolgenden Geschäftsvorfälle sind die Buchungssätze anzugeben, die Buchungen sind auf T-Konten durchzuführen und der Abschluss ist zu erstellen.

Anfangsbestände:

0 Maschinen	100.000,-- €
3 Rohstoffe	50.000,-- €
3 Waren	100.000,-- €
1 Forderungen	80.000,-- €
1 Bankguthaben	20.000,-- €
1 Kasse	2.000,-- €
3 Betriebsstoffe	10.000,-- €
0 Fuhrpark	20.000,-- €
0 Eigenkapital	100.000,-- €
0 Darlehen	140.000,-- €
1 Umsatzsteuerschuld	5.000,-- €
1 Verbindlichkeiten	137.000,-- €

Geschäftsvorfälle:

1) Zieleinkauf von Rohstoffen, Nettopreis 15.000,-- €, USt 3.000,-- €

2) Zielverkauf von Waren Nettopreis 20.000,-- €, USt 4.000,-- €

3) Ausgangsfracht hierauf, bar, netto 200,-- €, USt 40,-- €

4) Wir bezahlen die Rohstoffrechnung von 1. unter Abzug von 2 % Skonto.

5) Nach einiger Zeit stellt sich heraus, dass die bezogenen Rohstoffe einige Mängel aufweisen. Wir erhalten einen nachträglichen Preisnachlass in Form einer Gutschrift von 10 % des Rechnungsbetrages (18.000,-- €).

6) Wir erhalten einen Bankscheck von unserem Kunden, mit dem er unsere Forderung über 24.000,-- € unter Abzug von 2 % Skonto überweist.

7) Ein Lieferant setzt uns telefonisch davon in Kenntnis, dass die bestellte Ware zu Beginn nächster Woche geliefert werde, Warenwert 20.000,-- €, und dass wir bei sofortiger Zahlung Skonto in Höhe von 5 % eingeräumt bekämen. Wir entschließen uns, bei Wareneingang bar zu bezahlen.

8) Wir verkaufen Waren für netto 5.000,-- €. Der Kunde zahlt die Hälfte unter Abzug von 2 % Skonto sofort bar, die andere Hälfte überweist er nach drei Wochen ohne Abzug.

9) Ein Lieferwagen für 30.000,-- € (Listenpreis) wird gekauft. Für Überführung werden uns 500,-- € zuzüglich USt in Rechnung gestellt. Wir geben einen gebrauchten Lieferwagen, der mit 6.000-- € zu Buche steht für 8.000,-- € in Zahlung. Nach 3 Wochen überweisen wir die Restschuld unter Abzug von 2 % Skonto.

10) Gutschrift an einen Kunden wegen Mängelrüge (keine Warenrücksendung) 5.000,-- €.

11) Ein Kunde sendet Ware im Wert von (netto) 2.000,-- € zurück. Er erhält eine Gutschrift.

12) Bei einem Feuerausbruch in der Werkshalle wird eine Maschine zerstört. Ihr Buchwert betrug 10.000,-- €. Die neu beschaffte Maschine kostet 25.000,-- € zuzüglich USt. Für Transport und Montage werden gesondert 2.000,-- € zuzüglich USt in Rechnung gestellt. Wir überweisen die Beträge nach 14 Tagen unter Abzug von 2 % Skonto.

13) Wir erhalten aus Hongkong eine umsatzsteuerbefreite Rohstofflieferung netto 5.000,-- €. Unser ausländischer Lieferant stellt uns 10 % Zoll und 100,-- € Fracht in Rechnung.

14) Als langjähriger Kunde erhalten wir von einem Rohstofflieferanten einen Treuebonus von 4.800,-- €.

15) Wir verkaufen Ware für 20.000,-- €. Unser Kunde erhält einen Rabatt von 10 %. Er zahlt unsere Forderung unter Abzug von 2 % Skonto bar.

16) Der Kunde bemängelt, dass die gelieferte Ware leichte Transportschäden aufweist. Wir gewähren wir ihm einen nachträglichen Preisnachlass von 600,-- €, den wir als Verbindlichkeit gegenüber unserem Kunden buchen. Den Preisnachlass geben wir an das Transportunternehmen weiter, das für den Schaden verantwortlich ist.

Abschlussangabe: Der Warenendbestand lt. Inventur beträgt 80.000,-- €. Verwenden Sie geteilte Warenkonten nach der Bruttoabschlussmethode!

Lösungen

1) 3 Rohstoffe 15.000
    1 Vorsteuer 3.000   an   1 Verbindlichkeiten 18.000

2) 1 Forderungen 24.000   an   8 Warenverkauf 20.000
                                  an   1 Umsatzsteuer 4.000

3) 4 Vertriebskosten 200
    1 Vorsteuer 40   an   1 Kasse 240

4) 1 Verbindlichkeiten 18.000
                                  an   1 Bank 17.640
                                  an   3 Rohstoffe 300
                                  an   1 Vorsteuer 60

5) 1 Forderungen 1.800   an   3 Rohstoffe 1.500
                                  an   1 Vorsteuer 300

6) 1 Bank 23.520
    8 Erlösschmälerungen 400
    1 USt 80   an   1 Forderungen 24.000

7) Keine Buchung, da schwebendes Geschäft: Es hat noch keine Lieferung stattgefunden, deshalb ist auch noch keine Verbindlichkeit entstanden.

8) *a) Buchung bei Lieferung:*
    1 Forderungen 6.000   an   8 Warenverkauf 5.000
                                  an   1 USt 1.000

b) *Buchung bei Barzahlung der halben Forderung unter Skontoabzug:*
Nebenrechnung:

ursprüngliche Forderung:	3.000		
abzüglich 2 % Skonto:	− 60	davon: Erlösschmälerung	= 50
		USt-Korrektur	= 10
Barzahlung	2.940		

1 Kasse 2.940
8 Erlösschmälerungen 50
1 USt 10   an   1 Forderungen 3.000

c) *Buchung der Überweisung der Restforderung:*
1 Bank   an   1 Forderungen 3.000

9) a) *Buchung der Lieferung des Autos:*
0 Fuhrpark 30.000
1 Vorsteuer 6.000
0 Fuhrpark 500
1 Vorsteuer 100   an   1 Verbindlichkeiten 36.600

b) *Buchung der In-Zahlung-Gabe des alten Autos:*
1 Verbindlichkeiten 9.600 an   0 Fuhrpark 6.000
                           an   2 periodenfremder Ertrag 2.000
                           an   1 USt 1.600

c) *Buchung der Restschuld-Überweisung:*

Nebenrechnung:	Restschuld: 36.600 − 9.600:	27.000
	2 % Skonto von 27.000:	540
	Nettobetrag = 450; Vorsteuer:	90

1 Verbindlichkeiten 27.000 an   1 Bank 26.460
                            an   0 Fuhrpark 450
                            an   1 Vorsteuer 90

10) 8 Erlösschmälerungen 5.000
    1 USt 1.000   an   1 Forderungen 6.000

11) 8 Erlösschmälerungen 2.000
    1 USt 400   an   1 Forderungen 2.400

12) a) *Ausbuchung der zerstörten Maschine:*
    2 a. o. Aufwand   an   0 Maschinen 10.000

b) *Buchung bei Lieferung der neuen Maschine:*
0 Maschinen 25.000
1 Vorsteuer 5.000
0 Maschinen 2.000
1 Vorsteuer 400   an   1 Verbindlichkeiten 32.400

c) *Bezahlung der Maschine unter Abzug von Skonto:*

    1 Verbindlichkeiten 32.400   an   1 Bank 31.752

                                      an   0 Maschinen 540

                                      an   1 Vorsteuer 108

13) 3 Rohstoffe 5.600   an   1 Verbindlichkeiten 5.600

13) 1 Verbindlichkeiten 4.800   an   3 Rohstoffe 4.000

                                      an   1 Vorsteuer 800

15) Warenpreis   20.000

    ./. Rabatt   2.000

    = Nettowarenpreis   18.000

    + USt   3.600

    = Rechnungspreis   21.600   2 % Skonto = 432 (360 + 72)

    1 Forderungen 21.600   an   8 Warenverkauf 18.000

                                        an   1 USt 3.600

    1 Kasse 21.168

    8 Erlösschmälerungen 360

    1 USt 72   an   1 Forderungen 21.600

16) 8 Erlösschmälerungen 500

    1 USt 100   an   1 Verbindlichkeiten 600

17) 1 Forderungen 600   an   2 per. fremder Ertrag 500

                                      an   1 USt 100

Abschlussbuchungen:

A1) Der Warenendbestand laut Inventur wird in das Schlussbilanzkonto übernommen:

     9 Schlussbilanzkonto   an   3 Waren 80.000

A2) Der Wareneinsatz (= Saldo des Wareneinkaufskontos wird in das GuV-Konto übernommen:

     9 GuV-Konto   an   3 Waren 20.000

A3) Das Vorsteuerkonto wird über das USt-Konto abgeschlossen:

     1 USt   an   1 Vorsteuer 13.182

A4) Die Erlösschmälerungen werden über das Warenverkaufskonto abgeschlossen:

     8 Warenverkauf   an   8 Erlösschmälerungen 8.310

Alle Erfolgskonten werden über das GuV-Konto abgeschlossen

Alle Bestandskonten werden über das Schlussbilanzkonto abgeschlossen.

Das GuV-Konto wird über das Eigenkapitalkonto abgeschlossen:
     9 GuV   an   0 Eigenkapital 6.990

Das Eigenkapitalkonto wird über das Schlussbilanzkonto abgeschlossen:
     0 Eigenkapital   an   9 Schlussbilanzkonto 106.990

0 Maschinen			
AB	100.000	(12a)	10.000
(12b)	25.000	(12c)	540
(12b)	2.000	SBK	116.460
	127.000		127.000

0 Fuhrpark			
AB	20.000	(9b)	6.000
(9a)	30.000	(9c)	450
(9a)	500	SBK	44.050
	50.500		50.500

3 Betriebsstoffe			
AB	10.000	SBK	10.000

3 Rohstoffe			
AB	50.000	(4)	300
(1)	15.000	(5)	1.500
(13)	5.600	(14)	4.000
		SBK	64.800
	70.600		70.600

3 Wareneinkauf			
AB	100.000	A1	80.000
		A2	20.000
	100.000		100.000

1 Bank			
AB	20.000	(4)	17.640
(6)	23.520	(9c)	26.460
(8c)	3.000	(12c)	31.752
SBK	29.332		
	75.852		75.852

1 Forderungen			
AB	80.000	(6)	24.000
(1)	24.000	(8b)	3.000
(5)	1.800	(8c)	3.000
(8a)	6.000	(10)	6.000
(15)	21.600	(11)	2.400
(16)	600	(15)	21.600
		SBK	74.000
	134.000		134.000

1 Vorsteuer			
(1)	3.000	(4)	60
(3)	40	(5)	300
(9a)	6.000	(9c)	90
(9a)	100	(12c)	108
(12b)	5.000	(14)	800
(12b)	400	A3	13.182
	14.540		14.540

1 Kasse			
AB	2.000	(3)	240
(8b)	2.940	SBK	25.868
(15)	21.168		
	26.108		26.108

1 Verbindlichkeiten			
(4)	18.000	AB	137.000
(9b)	9.600	(1)	18.000
(9c)	27.000	(9a)	36.600
(12c)	32.400	(12b)	32.400
(14)	4.800	(13)	5.600
SBK	138.400	(16)	600
	230.200		230.200

1 USt			
(6)	80	AB	5.000
(8b)	10	(2)	4.000
(10)	1.000	(8a)	1.000
(11)	400	(9b)	1.600
(15)	72	(15)	3.600
(16)	100	(16)	100
A3	13.182		
SBK	456		
	15.300		15.300

0 Eigenkapital			
		AB	100.000
SBK	106.990	GuV	6.990
	106.990		106.990

0 Darlehen			
SBK	140.000	AB	140.000

2 periodenfremder Ertrag			
GuV	2.500	(9b)	2.000
		(16)	500
	2.500		2.500

4 Vertriebskosten			
(3)	200	GuV	200

2 außerordentlicher Aufwand			
(12a)	10.000	GuV	10.000

8 Erlösschmälerungen			
(6)	400	A4	8.310
(8b)	50		
(10)	5.000		
(11)	2.000		
(15)	360		
(16)	500		
	8.310		8.310

8 Warenverkauf			
A4	8.310	(2)	20.000
GuV	34.690	(8a)	5.000
		(15)	18.000
	43.000		43.000

Soll	**9 Gewinn- und Verlustkonto**		Haben
Wareneinsatz	20.000	Warenverkauf	34.690
Vertriebkosten	200	periodenfremder Ertrag	2.500
a.o. Aufwand	10.000		
Gewinn (Eigenkapital)	6.990		
	37.190		37.190

Soll	**Schlussbilanzkonto**		Haben
Maschinen	116.460	Eigenkapital	106.990
Fuhrpark	44.050	Darlehen	140.000
Waren	80.000	Verbindlichkeiten	138.400
Rohstoffe	64.800	Bankschulden	29.332
Betriebsstoffe	10.000	Umsatzsteuer	456
Forderungen	74.000		
Kasse	25.868		
	415.178		415.178

Lerneinheit 10:
Anschaffung, Herstellung, Abschreibung und Verkauf von Anlagevermögen

---

Lernziele

- *Aktivierung von Anschaffungs- und Anschaffungsnebenkosten*
- *Selbst erstellte Anlagen*
- *Erhaltungsaufwand, Herstellungsaufwand*
- *Anzahlungen von Anlagen*
- *Direkte und indirekte Abschreibung*
- *Anlagenspiegel*
- *Lineare und degressive Abschreibung*
- *Geringwertige Wirtschaftsgüter*
- *Verkauf abgeschriebener Anlagen*

Einführung

Anschaffung von Anlagegütern

Beim Kauf von Anlagegütern sind im Allgemeinen folgende Vorfälle zu buchen:

- Der Preis des Anlagegutes,
- die Vorsteuer hierauf,
- die Anschaffungsnebenkosten (Montage, Fracht, Transportversicherung u.ä.),
- die Vorsteuer auf die Anschaffungsnebenkosten.

Die Buchung der Vorsteuer, die sowohl auf den Rechnungspreis als auch auf die Anschaffungsnebenkosten berechnet wird, bereitet keine neuen Schwierigkeiten. Hier wird das Konto »1 Vorsteuer« belastet.

Unproblematisch ist auch die **Aktivierung des Kaufpreises** auf dem entsprechenden Anlagenkonto.

Für die Buchung der **Anschaffungsnebenkosten** besteht nach Handels- und Steuerrecht Aktivierungspflicht (§ 255 Abs. 1 HGB). Sie dürfen deshalb weder als neutraler Aufwand noch als Kosten den Gewinn mindern. Sie müssen vielmehr als Zugang auf dem

Anlagenkonto im Soll gebucht werden. Die Bezeichnung Kosten verleitet hier häufig zu Falschbuchungen.

Selbst erstellte Anlagen

Werden Anlagegüter nicht angeschafft, d. h. von Dritten gekauft, sondern im Unternehmen selbst hergestellt, so ergeben sich zusätzliche Buchungsprobleme. Auch diese Anlagegüter müssen aktiviert, d. h. einem Anlagenkonto belastet werden, da sie das Anlagevermögen des Unternehmens erhöhen. Hier wurden Löhne, Gehälter, Material, Energie sowie sonstige Produktions- und Verwaltungskosten anteilig aufgewendet. Diese Kosten wurden aber bereits bei ihrem Entstehen erfolgswirksam gebucht (Buchungssatz »4 Kostenkonto an 1 Bank/Kasse/Verbindlichkeit«).

Da die Herstellung von Anlagen durch das eigene Unternehmen buchhalterisch erfolgsneutral durchzuführen ist (genau so wie ein Kauf), müssen die bereits gebuchten Kosten durch eine entsprechende Ertragsgegenbuchung wieder neutralisiert werden (vgl. hierzu auch die Ertragsposition »3. andere aktivierte Eigenleistungen« in der GuV-Gliederung des § 275 Abs. 2 HGB).

Dies erfolgt mit dem Buchungssatz:

0 Anlagen   an   8 aktivierte Eigenleistungen.

Das Ertragskonto »8 aktivierte Eigenleistungen« wird über das Betriebsergebniskonto abgeschlossen. Der Buchungsbetrag muss den Herstellungskosten (vgl. Anhang 2) des Anlagegutes entsprechen. Die Aktivierung selbst erstellter Anlagen löst keine USt-Pflicht aus.

Zu aktivieren sind gleichermaßen Großreparaturen, sofern sie zu einer wesentlichen Verbesserung des Wirtschaftsgutes führen (z. B. Einbau einer Sprinkleranlage) oder seine Verwendungsmöglichkeiten erheblich vergrößern (sog. **Herstellungsaufwand**). Reparaturen, die lediglich der Erhaltung des Wirtschaftsgutes dienen, sind als Aufwand gewinnmindernd zu buchen (sog. **Erhaltungsaufwand**). Näheres zur Abgrenzung des Herstellungs- vom Erhaltungsaufwand siehe R 21.1 EStR.

Anzahlungen auf Anlagen

Häufig werden beim Kauf von Anlagegütern Anzahlungen vereinbart. Handelt es sich um Anzahlungen von Kunden, dann erfolgt eine Gutschrift auf Konto »0 erhaltene Anzahlungen«. Sachlich handelt es sich hierbei um eine besondere Art einer Verbindlichkeit (vgl. auch die entsprechende Position in der Bilanzgliederung des § 266 Abs. 3 HGB).

Bei geleisteten eigenen Anzahlungen wird das Konto »0 geleistete Anzahlungen« belastet.

Nach § 13 Abs. 1 Nr. 1a UStG sind Anzahlungen USt-pflichtig. Die entsprechenden Buchungssätze bei Anzahlungen lauten:

0 geleistete Anzahlung		
1 Vorsteuer	an	1 Bank
1 Bank	an	0 erhaltene Anzahlung
1 USt		

Wenn später die Lieferung stattfindet, auf die eine Anzahlung geleistet oder erhalten wurde, dann erfolgt eine einfache Umbuchung, z. B.:

0 Maschinen	an	0 geleistete Anzahlungen bzw.
0 erhaltene Anzahlungen	an	1 Forderungen.

Abschreibung von Anlagegütern

Die Abschreibung soll die Anschaffungsausgaben für das Wirtschaftsgut dem tatsächlichen Wertverzehr entsprechend auf die Jahre der Nutzung als Kosten verteilen (vgl. hierzu auch LE 15 kalkulatorische Kosten).

Durch die Abschreibung werden in Höhe des Abschreibungsbetrages gemindert:
1. der Buchwert der Anlage (Habenbuchung auf einem Bestandskonto des Anlagevermögens),
2. der Gewinn (Sollbuchung auf dem Kostenkonto »4 Abschreibungen auf Anlagen«).

Bei der direkten Abschreibung wird der Buchwert des betroffenen Anlagengutes direkt durch Gutschrift auf dem Anlagenkonto reduziert.

Merkmale der Abschreibungsverfahren	
direkt	**indirekt**
Jede Abschreibung vermindert den Buchwert auf dem Anlagenkonto direkt.	Buchwert auf dem Anlagenkonto bleibt immer in Höhe der Anschaffungskosten
Ursprüngliche Anschaffungskosten der anlagen sind nicht mehr aus dem Anlagenkonto ersichtlich.	Ursprüngliche Anschaffungskosten der Anlagen bleiben immer in voller Höhe erhalten.
Alter der Anlagen kann nicht geschätzt werden, da Werte über Abschreibungen der Vorjahre nicht aus den Konten abgelesen werden können	Alter der Anlagen kann geschätzt werden. Saldo des Wertberichtigungskontos gibt die bisherigen Abschreibungen an.
Aktueller Restbuchwert sofort ablesbar. Bilanzsumme entspricht eher dem tatsächlichen Wert des Vermögens	Aktueller Restbuchwert erst nach Differenzbildung von Anlagensaldo ./. Wertberichtigungssaldo verfügbar. Aufblähung der Bilanzsumme

Abb. 10.1: Unterschiede zwischen direkter und indirekter Abschreibung

Bei der **indirekten Abschreibung** bleibt das Anlagenkonto von der Abschreibung unberührt. Die Gegenbuchung zur Aufwandsbuchung erfolgt auf dem passiven Bestandskonto »0 Wertberichtigung auf Anlagen« im Haben.

    Einzelunternehmen und Personengesellschaften dürfen in ihrer Bilanz einen passiven Wertberichtigungsposten zum Anlagevermögen ausweisen.

Da im Bilanzgliederungsschema des § 266 HGB für **Kapitalgesellschaften** solche passiven Wertberichtigungsposten zum Anlagevermögen nicht vorgesehen sind, darf er in der Bilanz nicht ausgewiesen werden. Dafür müssen Kapitalgesellschaften in der Bilanz im sog. **Anlagenspiegel** neben dem aktuellen, d.h. direkt abgeschriebenen Bilanzwert zusätzlich auch die Summe aller bisherigen Abschreibungen, die Zuschreibungen, die Zu- und Abgänge, die Umbuchungen und insbesondere auch die ursprünglichen Anschaffungs- bzw. Herstellungskosten angeben. Der Wertberichtigungsposten ist dadurch überflüssig geworden. Dieser Anlagenspiegel befindet sich in der Bilanz, nicht jedoch im Schlussbilanzkonto. Seine Eintragungen werden deshalb außerhalb des Systems der Doppik vorgenommen (ohne Gegenbuchung). Ein Muster für einen Anlagenspiegel ist in Abb. 10.2 dargestellt (S. 95).

Soweit die Abschreibungen dennoch indirekt über ein Wertberichtigungskonto gebucht werden, sind für den Bilanzausweis die Salden der Wertberichtigungskonten auf die jeweiligen Anlagenkonten zu übertragen, damit der Anlagenbestand in der Bilanz netto ausgewiesen wird.

Die **Höhe der jährlichen Abschreibung** hängt vor allem von der gewählten Abschreibungsart ab.

Da auf diese Weise niemals der Wert 0 erreicht werden kann, muss im letzten Nutzungsjahr der noch verbleibende Restbuchwert vollständig abgeschrieben werden.Soll das Anlagegut nach Ablauf der gewöhnlichen Nutzungsdauer (= Abschreibungszeitraum) dennoch weiter genutzt werden, dann sollte es nicht auf den Wert 0, sondern nur auf einen sog. **Erinnerungswert** von 1,-- € abgeschrieben werden, der bis zum endgültigen Ausscheiden aus dem Betriebsvermögen beibehalten wird.

In der Handelsbilanz sind alle Abschreibungsarten zulässig, sofern sie nicht den Grundsätzen ordnungsmäßiger Buchführung (GoB) widersprechen (zu den GoB siehe Anhang 1). Zur Frage der Zulässigkeit der verschiedenen Abschreibungsarten für die Steuerbilanz wird auf Anhang 2 auf S. 254 verwiesen. Die Buchungstechnik ist in jedem Falle unabhängig von der gewählten Abschreibungsart.

Geringwertige Wirtschaftsgüter

Eine Besonderheit weist die Anschaffung oder Herstellung von Anlagegütern auf, deren Anschaffungs- bzw. Herstellungskosten (ohne Vorsteuer) den Betrag von 410,-- € nicht übersteigen. Diese Anlagegüter können sofort im Jahr der Anschaffung oder Herstellung voll abgeschrieben werden, der Ansatz eines Erinnerungswertes ist nicht zulässig. Da es sich um ein Wahlrecht handelt, können solche Anlagegüter auch wie üblich aktiviert und über die Laufzeit abgeschrieben werden (Näheres siehe § 6 Abs. 2 EStG).

	Anschaff./ Herstell. Kosten	Zugänge (+)	Abgänge (./.)	Umbuchungen (+/./.)	Zuschreibungen des Jahres (+)	Abschreibungen (kumuliert) (./.)	Buchwert (Ende des Jahres)	Buchwert Vorjahr
A. Anlagevermögen								
I. Immaterielle Vermögensgegenstände								
1. Konzessionen, gewerbliche Schutzrechte und ähnliche Rechte und Werte sowie Lizenzen an solchen Rechten und Werten								
2. Geschäfts- und Firmenwert								
3. geleistete Anzahlungen								
II. Sachanlagen								
1. Grundstücke, grundstücksgleiche Rechte und Bauten einschließlich der Bauten auf fremden Grundstücken								
2. technische Anlagen und Maschinen								
3. andere Anlagen, Betriebs- und Geschäftsausstattung								
4. geleistete Anzahlungen und Anlagen im Bau								
III. Finanzanlagen								
1. Anteile an verbundene Unternehmen								
2. Ausleihungen an verbundene Unternehmen								
3. Beteiligungen								
4. Ausleihungen an Unternehmen, mit denen ein Beteiligungsverhältnis besteht								
5. Wertpapiere des Anlagevermögens								
6. sonstige Ausleihungen								

Abb. 10.2: Beispiel für einen Anlagenspiegel

Verkauf von Anlagegütern

Beim Verkauf von Anlagegütern sind im Allgemeinen die folgenden Vorfälle zu buchen:

- Abgang vom Anlagenkonto
- Umsatzsteuer vom Verkaufspreis,
- Zugang auf einem Finanzkonto (Bank, Kasse, Forderungen o.Ä.),
- neutraler (periodenfremder) Aufwand oder Ertrag, je nachdem ob der Verkaufserlös unter oder über dem Restbuchwert liegt.

Wird ein Anlagegut verkauft, das direkt abgeschrieben worden ist, dann kann es direkt aus dem Anlagenkonto ausgebucht werden. Wenn der Verkaufserlös größer ist als der Buchwert, dann erfolgt dies mit dem Buchungssatz

1 Forderungen/	an	0 Anlagen
Bank/Kasse	an	2 periodenfremder Ertrag
	an	1 USt

Wurde das Anlagegut indirekt abgeschrieben, dann ist zuerst das betreffende Wertberichtigungskonto aufzulösen, indem mit dem Buchungssatz

| 0 Wertberichtigung | an | 0 Anlagen |

der Saldo auf das Anlagenkonto übertragen wird. Dann kann der Verkauf wie oben gebucht werden.

Aufgaben

Geben Sie die Buchungssätze für die folgenden Geschäftsvorfälle an:

1) Kauf einer Maschine für 100.000,-- €. Zusätzlich entstehen Kosten für Montage (2.000,-- €) für Transport (500,-- €).

2) Der Umbau einer Lagerhalle führt zur Verdoppelung der Lagerfläche. Die Baukosten (100.000,-- €) werden per Banküberweisung bezahlt.

3) Im Kühlraum eines Lebensmittelgroßmarktes ist ein Kühlaggregat ausgefallen. Die Reparaturkosten belaufen sich auf 20.000,-- €.

4) Die Bau-OHG kauft eine moderne Baustahlbiegemaschine per Banküberweisung (Anschaffungskosten 50.000,-- €). Das erforderliche Fundament wird von der Bau-OHG selbst hergestellt. Hierdurch werden Material, Löhne und sonstige Fertigungskosten in Höhe von insgesamt 10.000,-- € verursacht.

5) Die A-AG erteilt einen Auftrag über die Lieferung einer Transportförderanlage im Wert von 100.000,-- €. Als Anzahlung sind 30.000,-- € bei Vertragsabschluß, der Rest ist nach erfolgter Lieferung fällig.
   a) wie bucht der Auftraggeber
   - bei Leistung der Anzahlung
   - bei Erhalt der Endrechnung?
   b) Wie bucht der Auftragnehmer?

6) Direkte Abschreibung: Das Konto Fuhrpark weist einen Bestand von 100.000,-- € im Soll aus. Am Jahresende werden 20.000,-- € direkt abgeschrieben. Geben Sie die Buchungssätze an, buchen Sie auf T-Konten und buchen Sie den Endbestand im Schlussbilanzkonto.

7) Indirekte Abschreibung: Dasselbe Beispiel wie oben, jedoch indirekte Abschreibung ebenfalls mit Buchungssätzen, T-Konten und Schlussbilanzkonto.

8) Kauf einer Maschine zu Jahresbeginn (10.000,-- € zuzüglich USt) mit einer betriebs-gewöhnlichen Nutzungsdauer von 10 Jahren.
   Erstellen Sie die Abschreibungspläne für
   - den Fall linearer Abschreibung
   - den Fall degressiver Abschreibung (Abschreibungsprozentsatz gem. § 7 Abs. 2 EStG = 20 %).
   Da die Buchungstechnik von der Höhe der Abschreibungsbeträge unabhängig ist, kann auf die Angabe der Buchungssätze verzichtet werden.

9) Verkauf von direkt abgeschriebenen Anlagegütern:
   Eine Maschine wird verkauft, Restbuchwert 3.000,-- €.
   Der Verkaufserlös beträgt:
   Fall I: 4.000.-- €
   Fall II: 2.000.-- €
   Fall III: 3.000,-- €.
   Geben Sie jeweils die Buchungssätze an!

10) Verkauf von indirekt abgeschriebenen Anlagegütern:
    Eine Maschine wird verkauft:
    Anschaffungswert 20.000,-- €
    Wertberichtigung 17.000,-- €
    Verkaufserlöse wie in Aufgabe 9.
    Geben Sie die Buchungssätze an!

11) Eine GmbH erwirbt eine Maschine für 100.000,-- € (lineare Abschreibung über die betriebsgewöhnliche Nutzungsdauer von 4 Jahren). Die Maschine wird aber bis zum Ende des 6. Jahres genutzt und dann für netto 1.000,-- € veräußert. Geben Sie die nötigen Buchungssätze an und erstellen Sie für diese Maschine den Anlagespiegel des jeweiligen Jahres.

Lösungen

1) 0 Maschinen 102.500
    1 Vorsteuer 20.500   an   1 Verbindlichkeiten 123.000

2) 0 Gebäude 100.000
    1 Vorsteuer 20.000   an   1 Bank 120.000

3) 4 Reparaturkosten 20.000
    1 Vorsteuer 4.000   an   1 Verbindlichkeiten 24.000

4) 0 maschinelle Anlagen 60.000
    1 Vorsteuer 10.000   an   1 Bank 60.000
                          an   8 aktivierte Eigenleistungen 10.000

5) *a) Auftraggeber:*

    Buchungen bei Anzahlung:
    1 geleistete Anzahlungen 30.000
    1 Vorsteuer 6.000   an   1 Bank 36.000

    Buchungen bei Endrechnung:
    0 maschinelle Anlagen 100.000
    1 Vorsteuer 14.000   an   1 geleistete Anzahlungen 30.000
                          an   1 Bank 84.000

    b) Auftragnehmer:
    Buchungen bei Anzahlung:
    1 Bank 36.000   an   1 erhaltene Anzahlungen 30.000
                     an   1 USt 6.000

    Buchungen bei Endrechnung
    1 Bank 84.000
    1 erhaltene Anzahlungen 30.000
                     an   8 Erlöse 100.000
                     an   1 USt 14.000

6)   4 Abschreibung auf Anlagen   an   0 Fuhrpark 20.000

Auf T-Konten sieht die direkte Abschreibung folgendermaßen aus:

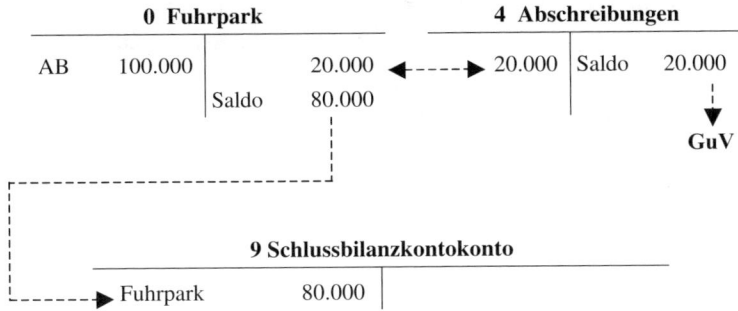

7)   4 Abschreibung auf Anlagen   an   0 Wertberichtigung auf Anlagen   20.000

Auf T-Konten sieht die indirekte Abschreibung folgendermaßen aus:

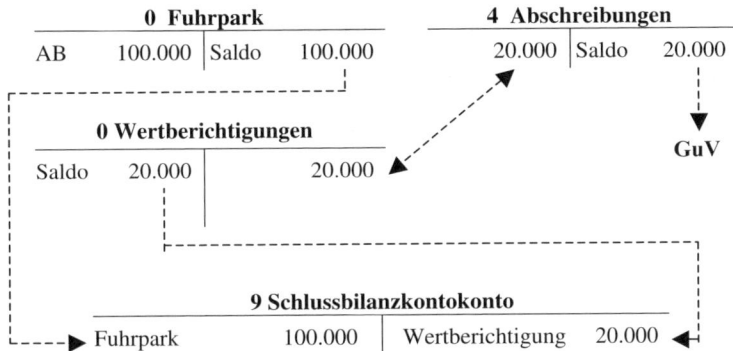

In der Bilanz (§ 266 HGB) darf der Wertberichtigungsposten nicht erscheinen! Der Fuhrpark steht dort mit 80.000,-- auf der Aktivseite.

8)   Abschreibungsplan bei linearer Abschreibung (Abschreibungsbetrag = 10.000,-- : 10 = 1.000,--) und bei degressiver Abschreibung (Abschreibungsprozentsatz = 20 %).

Jahr	lineare Abschreibung		degressive Abschreibung (20 %)	
	Abschreibungs-betrag des Jahres	Restbuchwert am Jahresende	Abschreibungs-betrag des Jahres	Restbuchwert am Jahresende
1	1.000,--	9.000,--	2.000,--	8.000,--
2	1.000,--	8.000,--	1.600,--	6.400,--
3	1.000,--	7.000,--	1.280,--	5.120,--
4	1.000,--	6.000,--	1.024,--	4.096,--
5	1.000,--	5.000,--	819,20	3.276,80
6	1.000,--	4.000,--	655,36	2.621,44
7	1.000,--	3.000,--	524,29	2.097,15
8	1.000,--	2.000,--	419,43	1.677,72
9	1.000,--	1.000,--	335,54	1.342,18
10	1.000,--	0,--	1.342,18	0,--

Buchungssätze wie in Beispiel 6, jedoch andere Beträge.

Wie man am Beispiel sieht, führt die degressive Abschreibung zunächst zu höheren Abschreibungsbeträgen. Ab Jahr 5 sind die degressiven kleiner als die korrespondierenden linearen Abschreibungsbeträge. Da die Weiterführung der degressiven Abschreibungsmethode im Jahr 10 nicht zum Restbuchwert von 0 führt, muss der Restbuchwert des Jahres 9 im letzten Nutzungsjahr 10 ganz abgeschrieben werden. Da das Gesetz einen Wechsel von der degressiven zur linearen Methode erlaubt, kann es zweckmäßig sein, bereits in einem früheren Jahr auf die lineare Methode zu wechseln, um diese einmalige Aufwandsbuchung am Ende der Nutzungsdauer zu vermeiden.

9)   Verkauf einer direkt abgeschriebenen Maschine

     Fall I: Verkaufserlös = 4.000

                Bank 4.800   an   0 Maschine 3.000

                                 an   2 per.fr. Ertrag 1.000

                                 an   1 USt 800

     Fall II: Verkaufserlös = 2.000

                1 Bank 2.400

                2 per.fr. Aufwand 1.000

                                 an   0 Maschine 3.000

                                 an   1 USt 400

     Fall III: Verkaufserlös = 3.000

                1 Bank 3.600   an   0 Maschine 3.000

                                 an   1 USt 600

10) Verkauf einer indirekt abgeschriebenen Maschine:

     0 Wertberichtigung auf Anlagen   an   0 Maschine 17.000

     Die Buchung des Verkaufs erfolgt jetzt wie bei direkter Abschreibung!

11) Anlagenspiegel

Bilanzposition	Anschaffungs-/Herstellungskosten	Zugänge	Abgänge	Umbuchungen	Zuschreibungen d. Jahres	Abschreibungen, kumuliert	Buchwert am Ende d. Jahres	Buchwert Ende des Vorjahres	Abschreibungen d. Jahres

Jahr 1: Buchungen: 0 Maschinen 100.000
1 Vorsteuer 20.000 an 1 Bank 120.000 und 4 Abschreibungen an 0 Maschinen 25.000

Maschine	–	+ 100.000				- 25.000	75.000	–	25.000

Jahr 2: Buchungen: 4 Abschreibungen an 0 Maschinen 25.000

Maschine	100.000					- 50.000	50.000	75.000	25.000

Jahr 3: Buchungen: 4 Abschreibungen an 0 Maschinen 25.000

Maschine	100.000					- 75.000	25.000	50.000	25.000

Jahr 4: Buchungen 4 Abschreibungen an 0 Maschinen 24.999

Maschine	100.000					- 99.999	1	25.000	24.999

Jahr 5: Keine Abschreibung, keine Buchung

Maschine	100.000					- 99.999	1	1	–

Jahr 6: Buchungen 1 Bank 1.200
an 2 periodenfremde Erträge 1000
an 1 Umsatzsteuer 200
4 Abschreibungen an 0 Maschinen 1

Maschine	100.000		- 100.000			- 100.000	0	1	1

Jahr 7: Die Maschine ist ausgebucht, sie erscheint nicht mehr im Anlagenspiegel

Maschine	---	---	---	---	---	---	---	---	---

Lerneinheit 11: Leasing von Anlagegütern

Lernziele

- *Operating Leasing*
- *Finanzierungsleasing*
- *Zurechnung des Leasing-Guts zum Leasing-Geber oder zum Leasing-Nehmer*
- *Normalfall: Aktivierung beim Leasing-Geber*
- *Ausnahmefall: Aktivierung beim Leasing-Nehmer*
- *Aktivierung der Anschaffungskosten*
- *Aufteilung der Leasing-Raten in Aufwands- und Tilgungsanteil*
- *Abschreibungen*
- *Umsatzsteuerliche Behandlung*

Einführung

Häufig werden Wirtschaftsgüter des Anlagevermögens nicht gekauft oder selbst herge-stellt, sondern gemietet, weil z.B. die Anschaffungs- oder Herstellungskosten nicht durch Eigenkapital oder Fremdkapital aufgebracht werden können. Bei einem normalen Miet-vertrag bleibt der vermietete Gegenstand im rechtlichen und wirtschaftlichen Eigentum des Vermieters und muss deshalb in seiner Bilanz als Vermögensgegenstand ausgewiesen werden. Bei Leasingverträgen bleibt zwar der Leasing-Geber (Vermieter) rechtlicher Ei-gentümer des Leasinggegenstandes, der Leasing-Vertrag kann aber so abgefasst sein, dass das sog. wirtschaftliche Eigentum beim Leasing-Nehmer liegt. Least ein Unternehmen ein Anlagegut (z.B. eine EDV-Anlage, eine Fabrikhalle, einen LKW, eine komplette Fließ-fertigungsanlage, eine Schreibmaschine), so stellt sich die Frage, ob der Leasing-Vertrag eher wie ein Mietvertrag oder eher wie ein Ratenkaufvertrag zu behandeln ist. Betriebs-wirtschaftlich unterscheidet man zwei Leasingarten:

Operating-Leasing oder Finanzierungsleasing

Operating-Leasing-Verträge sind normale Mietverträge, die in der Regel jederzeit künd-bar sind. Von Finanzierungsleasing spricht man, wenn der Leasing-Vertrag während eines längeren festen Zeitraums (der sog. Grundmietzeit) nicht gekündigt werden kann. Solche Verträge sind i.d.R. so abgefasst, dass das Anlagenrisiko voll beim Leasing-Nehmer liegt

(z. B. Instandhaltung, Wartung, Reparaturen, Überalterung, Zerstörung des Leasinggegenstands). Diese Spielart des Leasings kommt hauptsächlich bei größeren Investitionsgütern in Betracht. Meist ist die indirekte Form anzutreffen, bei der nicht der Hersteller des Anlagegutes als Leasing-Geber fungiert, sondern eine eigene Leasing-Unternehmung.

Es liegt das folgende Schema zugrunde:

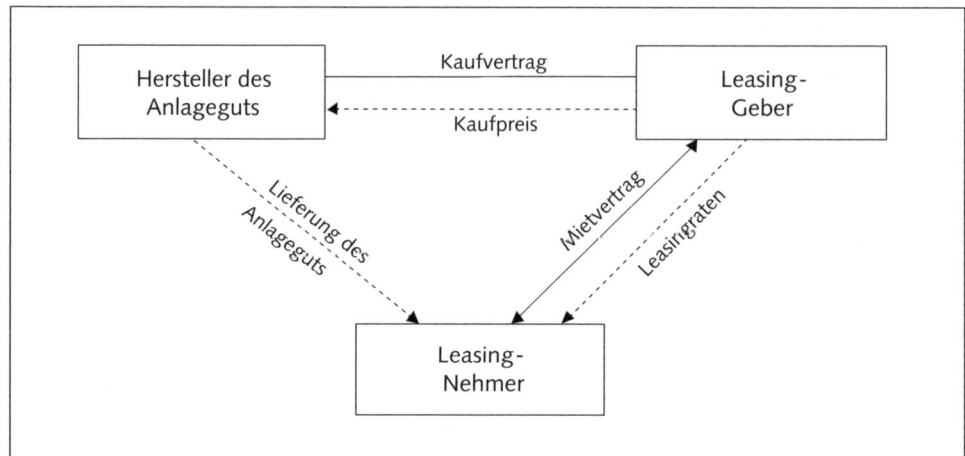

Abb. 11.1: Leasing-Geschäfte

Zurechnung des Leasing-Guts zum Leasing-Nehmer oder Leasing-Geber

Insbesondere beim Finanzierungsleasing stellt sich die Frage, bei wem das Anlagegut in der Bilanz erscheinen soll,

- beim Mieter (Leasing-Nehmer) oder
- beim Vermieter (Leasing-Geber),

da einerseits die wirtschaftliche Verfügungsmacht während der Grundmietzeit voll beim Leasing-Nehmer, andererseits aber das rechtliche Eigentum beim Leasing-Geber liegt.

Der Bundesfinanzhof hat hier folgende **Grundsatzregeln** aufgestellt:

Fall 1:
Kurzfristige, jederzeit kündbare Vertragsverhältnisse über Anlagegüter, die nach Ablauf des Miet-/Leasing-Vertrages ohne große Schwierigkeiten weitervermietet oder -verkauft werden können, sind wie normale Mietverträge zu behandeln. Der Gegenstand wird in der Bilanz des Vermieters (Leasing-Gebers) aktiviert.

Fall 2:
Bei anderen Leasingverträgen richtet sich die Zuordnung des Anlageguts nach dem Verhältnis der unkündbaren Grundmietzeit zur betriebsgewöhnlichen Nutzungsdauer sowie

danach, ob im Leasing-Vertrag für die Zeit nach Ablauf der Grundmietzeit eine Option auf Kauf des Leasingobjektes oder Verlängerung des Leasing-Vertrags vorgesehen ist. Hiernach gilt Folgendes (vgl. auch Wirtschaftsprüfer-Handbuch 2006, Band I, Düsseldorf 2006, Teil E, Rz. 26-36):

LEASING-VERTRÄGE ÜBER BEWEGLICHE WIRTSCHAFTSGÜTER		
Grundmietzeit in % der betriebsgewöhnlichen Nutzungsdauer	**Fallunterscheidungen**	**Aktivierung des Leasing-Guts beim**
< 40 %	---	Leasing-Nehmer
40 % bis 90 %	Falls keine Kauf- oder Verlängerungsoption	Leasing-Geber
	Falls Kaufoption: Kaufpreis < Restbuchwert	Leasing-Nehmer
	Falls Kaufoption: Kaufpreis ≥ Restbuchwert	Leasing-Geber
	Falls Verlängerungsoption: Anschlussmiete < lineare AfA	Leasing-Nehmer
	Falls Verlängerungsoption: Anschlussmiete ≥ lineare AfA	Leasing-Geber
> 90 %	---	Leasing-Nehmer
Zum Immobilien-Leasing siehe Heinhold, M., Jahresabschluss, S. 94.		

Abb. 11.2: Die Zurechnung des Leasing-Guts zum Leasing-Nehmer bzw. -Geber

Fall 3:

Spezial-Leasing: Wenn – ohne Rücksicht auf Grundmietzeit und Nutzungsdauer – der Leasing-Gegenstand speziell auf die Verhältnisse des Leasing-Nehmers zugeschnitten ist, und er nach Ablauf der Grundmietzeit nur noch bei diesem eine wirtschaftliche Verwertung finden kann, dann muss der Leasing-Nehmer aktivieren. (Näheres siehe bei Heinhold, Der Jahresabschluss, S. 89ff.).

Normalfall: Aktivierung beim Leasing-Geber

Es handelt sich hier um ein gewöhnliches Mietverhältnis im Sinne des obigen Falles 1. Der Leasing-Nehmer behandelt die laufenden Leasing-Gebühren als Kosten und bucht:

4 Mieten
1 Vorsteuer   an   1 Verbindlichkeiten

Der Leasing-Geber hat das Anlagegut in seiner Bilanz aktiviert. Ihm stehen die Abschreibungen hierauf zu. Den Eingang der Leasing-Rate bucht er, je nachdem ob es sich um einen Betriebserfolg oder einen neutralen Ertrag handelt, auf Konten der Klasse 8 bzw. der Klasse 2 mit dem Buchungssatz:

1 Bank/Kasse	an	8 bzw. 2	Leasingertrag
	an	1	USt

Ausnahmefall: Aktivierung beim Leasing-Nehmer

In diesem – oft als missglückte Vertragsgestaltung bezeichneten – Fall hat der Leasing-Nehmer den Gegenstand in seiner Bilanz mit den Anschaffungskosten zu aktivieren, die der Leasing-Geber bei der Berechnung der Leasing-Raten zugrunde gelegt hat. Sind diese Anschaffungskosten des Leasing-Gebers dem Leasing-Nehmer nicht bekannt, dann kann er den Barwert der Leasing-Raten aktivieren. Zusätzlich sind etwaige weitere Anschaffungskosten oder Herstellungskosten zu aktivieren, die nicht in den Leasing-Raten enthalten sind (z. B. Transport, Versicherung, Aufwendungen für die Errichtung von Fundamenten usw.). Die den Leasing-Raten zugrunde liegenden Anschaffungskosten sind im allgemeinen wesentlich höher als diejenigen Anschaffungskosten, die der Leasing-Geber beim Kauf vom Hersteller aufgewendet hat, da zusätzlich die gesamten Kosten des Leasing-Gebers sowie sein Gewinnzuschlag hierin verrechnet werden.

In Höhe der aktivierten Anschaffungskosten (jedoch ausschließlich jener Teile, die nicht bei der Berechnung der Leasing-Raten zugrunde gelegen haben) muss der Leasing-Nehmer eine Verbindlichkeit gegenüber dem Leasing-Geber passivieren.

Die laufenden Leasing-Raten sind in einen Aufwandsanteil (Zinsen und Kosten) sowie in einen Tilgungsanteil aufzuteilen. Der Aufwandsanteil ist Gewinn mindernd als Aufwand zu buchen. Der Tilgungsanteil vermindert die passivierte Verbindlichkeit gegenüber dem Leasing-Geber erfolgsneutral.

Die Berechnung des Zins- und Kostenanteils der Leasing-Rate ist nach den rechtlichen Vorschriften wie folgt durchzuführen:

Summe aller Leasing-Raten (über alle Jahre)
minus Anschaffungskosten (laut Leasing-Vertrag)
= Summe der Zins- und Kostenanteile (aller Jahre)

Die Aufteilung dieser Summe darf nicht gleichmäßig (d. h. Division durch die Mietjahre) auf die Grundmietzeit verteilt werden, da infolge der laufenden Tilgungen der Zinsanteil von Jahr zu Jahr sinkt und der Tilgungsanteil entsprechend steigt.

Das Einkommensteuerrecht sieht als Aufteilungsvorschriften die sog. Barwertvergleichsmethode und die Zinsstaffelmethode vor. Nach der meist verwendeten Zinsstaffelmethode errechnet sich der Zins- und Kostenanteil folgendermaßen:

$$\text{Zins - und Kostenanteil des Jahres} = \frac{\text{Summe aller Zins - und Kostenanteile}}{1 + 2 + 3 + 4 + ... + n} \times (1 + \text{Anzahl der restlichen Raten})$$

Hierbei ist n die Dauer der Grundmietzeit in Jahren.

Die **Abschreibung** auf das geleaste Anlagegut steht grundsätzlich dem zu, in dessen Bilanz das Gut zu aktivieren ist. Bemessungsgrundlage für die Abschreibung sind die Anschaffungskosten des Leasing-Gutes. Wenn der Leasing-Nehmer das Gut aktivieren muss, dann setzt sich die Bemessungsgrundlage für die Abschreibung aus zwei Teilen zusammen: Einmal die Anschaffungskosten des Leasing-Gutes, die der Leasing-Geber bei der Berechnung der Leasing-Raten zugrunde gelegt hat. Hinzu kommen noch die eigenen Anschaffungs- bzw. Herstellungskosten des Leasing-Nehmers. Letztere könne auftreten, wenn der Leasing-Nehmer die Kosten für Transport oder Montage selbst trägt.

> + Anschaffungskosten des Leasing-Gutes (laut Leasing-Vertrag)
> + eigene Anschaffungs- bzw. Herstellungskosten des Leasing-Nehmers
> _____
> = Bemessungsgrundlage für die Abschreibung des Leasing-Gutes

Einmalige Sonderzahlungen vor Beginn des Leasing-Verhältnisses durch den Leasing-Nehmer an den Leasing-Geber sind wie ein Disagio vom Leasing-Nehmer zu aktivieren und über die Grundmietzeit abzuschreiben (zum Disagio vgl. S. 171).

Wenn das Leasing-Gut dem Leasing-Nehmer zuzurechnen ist, wird das Leasing umsatzsteuerlich wie eine Lieferung behandelt. Als Entgelt für diese Lieferung, von dem die USt zu berechnen ist, zählt alles, was der Leasing-Nehmer hierfür aufwenden muss (vgl. Abschn. 25 Abs. 4 UStR).

Im Falle des Finanzierungs-Leasings mit Kaufoption gilt:

> Summe der Leasing-Raten während der Grundmietzeit
> + vereinbarter Restkaufpreis
> _____
> = Bemessungsgrundlage für die Umsatzsteuer

Im Falle des Finanzierungsleasing mit Verlängerungsoption gilt:

> Summe der Leasing-Raten während der Grundmietzeit
> + Summe der Verlängerungsraten bis Ende der Nutzungsdauer
> _____
> = Bemessungsgrundlage für die Umsatzsteuer

Die USt ist zu Beginn des Leasing-Vertrags bei der Lieferung des Anlagegutes fällig.

Buchungssatz beim aktivierungspflichtigen Leasing-Nehmer:

0 Anlagegut
1 Vorsteuer   an   1 Verbindlichkeiten

Die späteren jährlichen Leasing-Raten lösen dagegen keine USt-Pflicht mehr aus, da sie USt-lich wie Ratenzahlungen behandelt werden.

Wird das Optionsrecht am Ende der Grundmietzeit nicht ausgeübt, verzichtet der Leasing-Nehmer also auf den Erwerb oder die Mietverlängerung, dann mindert sich das USt-liche Entgelt nachträglich. Es ist eine USt-Berichtigung nach § 17 UStG durchzuführen.

Für den Leasing-Geber gelten spiegelbildliche Überlegungen. Er hat eine Kaufpreisforderung in Höhe der Anschaffungskosten zu aktivieren, die durch den Tilgungsteil der Leasing-Raten getilgt wird. Der Zinsteil der Leasing-Raten stellt für ihn einen Ertrag dar.

Aufgaben

1) Die X-GmbH least (Operating-Leasing) von der Büromaschinenherstellerfirma Y 4 Computer und 2 Kopiergeräte für je 2 Jahre. Eine Kauf- oder Verlängerungsoption wurde nicht vereinbart. Die monatlich zu zahlenden Leasing-Raten wurden insgesamt 1.000,-- € vereinbart. Wie buchen der Leasing-Nehmer und der Leasing-Geber?

2) Die Z-AG hat von einer Leasing-Gesellschaft einen ortsfesten Spezialkran geleast. Der Leasing-Geber hat bei der Ermittlung der Leasing-Raten Anschaffungskosten von 600.000,-- € zugrunde gelegt. Die jährlichen Leasing-Raten betragen 180.000, -- €. Die Grundmietzeit beträgt 5 Jahre. Nach Ablauf der Grundmietzeit wird eine Kaufoption für 30.000,-- € vereinbart. Für die Aufstellung des Kranes ist die Errichtung eines Fundamentes erforderlich, das der Leasing-Nehmer selber herstellt. Die Herstellungskosten hierfür betragen 50.000,-- €.

   a) Berechnen Sie

   - die Abschreibungsbasis und die jährliche Abschreibung (lineare Abschreibung) beim Leasing-Nehmer,
   - die Zins- und Kostenanteile an der Leasing-Rate von jährlich insgesamt 180.000,-- €
   - die Bemessungsgrundlage für die USt.

   b) Geben Sie die erforderlichen Buchungssätze bei der Lieferung und Aufstellung des Kranes jeweils für den Leasing-Nehmer und den Leasing-Geber an.

   c) Geben Sie die Buchungssätze für den Leasing-Geber und den Leasing-Nehmer jeweils bei Bezahlung der Leasing-Rate am Jahresende an!

   d) Geben Sie die Buchungssätze bei Ausübung der Kaufoption an!

   Gehen Sie davon aus, dass der durch das Geschäft verursachte USt-Betrag sofort per Banküberweisung bezahlt wird.

Lösungen

1) Operating-Leasing:

Der Leasing-Nehmer X bucht:

```
4 Mieten        1.000
1 Vorsteuer       200        an    1 Bank   1.200
```

Der Leasing-Geber Y bucht:

```
1 Bank          1.200       an    8 Erlöse  1.000

                            an    1 USt      200
```

2) Finanzierungs-Leasing:

a)   Nebenrechnungen:

Berechnung der Abschreibung:

Anschaffungskosten, die der Ermittlung der Leasing-Raten zugrunde gelegen haben	600.000
+ Herstellkosten des Fundaments	50.000
= Abschreibungsbasis	650.000

Jährliche Abschreibung (= 650.000 / 5) =   130.000

Berechnung der Zins- und Kostenanteile in den jährlichen Leasing-Raten:

Summe der Leasing-Raten (5x180.000,--)	900.000
./. Anschaffungskosten	600.000
Zins- und Kostenanteil gesamt	300.000

Nach 1 Jahr:

$$\frac{300.000}{15} \times (1 + 4)$$

```
= 100.000   Zinsen und Kosten
+  80.000   Tilgung
= 180.000
```

Nach 2 Jahren:

$$\frac{300.000}{15} \times (1 + 3)$$

```
=  80.000   Zinsen und Kosten
+ 100.000   Tilgung
= 180.000
```

Nach 3 Jahren:

$$\frac{300.000}{15} \times (1 + 2)$$

```
=  60.000   Zinsen und Kosten
+ 120.000   Tilgung
= 180.000
```

Nach 4 Jahren:

$$\frac{300.000}{15} \times (1 + 1) \quad \begin{array}{l} = \ \ 40.000 \quad \text{Zinsen und Kosten} \\ + 140.000 \quad \text{Tilgung} \\ = 180.000 \end{array}$$

Nach 5 Jahren:

$$\frac{300.000}{15} \times (1 + 0) \quad \begin{array}{l} = \ \ 20.000 \quad \text{Zinsen und Kosten} \\ + 160.000 \quad \text{Tilgung} \\ = 180.000 \end{array}$$

Probe:
	Zinsen und Kosten gesamt	300.000
	Tilgung gesamt	600.000
	Summe	900.000

Berechnung der USt:

Summe der Leasing-Raten	900.000
vereinbarter Restkaufpreis	30.000
USt-Bemessungsgrundlage	930.000
USt-Betrag (20 %)	186.000

b) Buchungen bei Lieferung und Aufstellung des Krans:

Der Leasing-Nehmer bucht:
  0 maschinelle Anlagen 650.000
  1 Vorsteuer 186.000
                    an   0 Verbindlichkeiten gegen L-Geber 600.000
                    an   8 aktivierte Eigenleistungen 50.000
                    an   1 Bank 186.000

Der Leasing-Geber bucht:
  0 Forderungen an Leasing-Nehmer 600.000
  1 Bank 186.000
                    an   8 Erlöse 600.000
                    an   1 USt 186.000

c) Buchungen der jährlichen Leasing-Raten und Abschreibung:

Am Ende des 1. Jahres:

Der Leasing-Nehmer bucht:

  Abschreibung: 4 Abschreibungen   an   0 maschinelle Anlagen 130.000

  Leasing-Rate: 2 Zinsaufwand 100.000
                  0 Verbindlichkeiten gegen
                      Leasing-Geber 80.000
                                        an   1 Bank 180.000

Der Leasing-Geber bucht:

    Leasing-Rate: 1 Bank 180.00   an   2 Zinserträge 100.000

                                          an   0 Forderungen an

                                                        Leasing-Nehmer 80.000

Am Ende des 2. Jahres:

Der Leasing-Nehmer bucht:

    Abschreibung: 4 Abschreibungen   an   0 maschinelle Anlagen 130.000

    Leasing-Rate: 2 Zinsaufwand 80.000

                   0 Verbindlichkeiten

                     gegen Leasing-Geber 100.000

                                  an   1 Bank 180.000

Der Leasing-Geber bucht:

    Leasing-Rate: 1 Bank 180.000   an   2 Zinserträge 80.000

                                          an   0 Forderungen an Leasing-

                                                    Nehmer 100.000

Die Buchungen der Jahre 3 und 4 erfolgen genauso, jedoch mit den errechneten Umschichtungen zwischen Zinsen und Tilgung.

Am Ende des 5. Jahres:

Der Leasing-Nehmer bucht:

    Abschreibung: 4 Abschreibungen   an   0 maschinelle Anlagen 130.000

    Leasing-Rate: 2 Zinsaufwand 20.000

                   0 Verbindlichkeiten

                     gegen Leasing Geber 160.000

                                  an   1 Bank 180.000

Der Leasing-Geber bucht:

    Leasing-Rate: 1 Bank 180.000

                                        an   0 Forderungen gegen Leasing-

                                                    Nehmer 160.000

                                        an   2 Zinserträge 20.000

d) Buchungen bei Ausübung der Kaufoption:

Der Leasing-Nehmer bucht:

    0 maschinelle Anlagen   an   1 Bank 30.000

Der Leasing-Geber bucht:

    1 Bank   an   2 sonst. betr. Erträge 30.000

Lerneinheit 12: Abschreibung und Wertberichtigung von Forderungen

---

Lernziele

- *Arten von Forderungen*
- *USt-Korrektur bei der Abschreibung*
- *Einzel-/Pauschalabschreibung*
- *Zahlungseingang auf abgeschriebene Forderungen*

Einführung

Arten von Forderungen

Nach ihrer Einbringlichkeit kann man die Forderungen in drei Gruppen unterteilen:

1. **Vollwertige Forderungen** liegen vor, wenn der Gläubiger keine Anhaltspunkte dafür hat, dass sein Schuldner die Forderung ganz oder teilweise nicht begleichen kann. Vollwertige Forderungen sind mit dem Nennwert zu bilanzieren.

2. **Zweifelhafte Forderungen (Dubiose)** sind von den vollwertigen Forderungen buchungstechnisch zu trennen, indem man sie auf das Konto »1 Dubiose« umbucht (Buchungssatz: 1 Dubiose an 1 Forderungen). Sie sind mit dem Wert anzusetzen, der ihnen am Abschlussstichtag beizulegen ist (§ 253 HGB). Der als uneinbringlich geschätzte Teil der Forderung ist abzuschreiben. Forderungen sind z.B. zweifelhaft bei Zahlungsverzug, nach Einleitung des Vergleichsverfahrens, manchmal auch bei Erhalt von Mängelrügen bezüglich der erbrachten Leistung.

3. **Uneinbringliche Forderungen** sind abzuschreiben. Forderungen sind uneinbringlich z.B. bei Eröffnung des Insolvenzverfahrens beim Schuldner, bei fruchtloser Zwangsvollstreckung.

Umsatzsteuerkorrektur

Da bei Entstehung einer Forderung jeweils die volle USt-Schuld gebucht wurde, muss die USt berichtigt werden, wenn die Forderung uneinbringlich ist (§ 17 Abs. 2 Nr. 1 UStG). Nicht ganz einfach zu beantworten ist die Frage, wann eine Forderung als uneinbringlich behandelt werden, und somit die USt-Korrektur durchgeführt werden kann. Rechtsprechung (insbes. BFH, BStBl. II, 1975, S. 755) und Kommentare zum UStG (z. B. Bunjes/ Geist, UStG, § 17 Tz. 13) halten eine USt-Korrektur dann für zulässig,

- wenn der Schuldner die Zahlungen einstellt oder
- wenn die allgemein bekannte schlechte wirtschaftliche Lage des Schuldners, schleppende Zahlungseingänge, geplatzte Wechsel u. dgl. den Forderungsausfall sehr wahrscheinlich machen.

Nicht zur USt-Korrektur berechtigen hingegen:

- bloße Zweifel an der Zahlungsfähigkeit des Schuldners
- Pauschalwertberichtigungen (Abschn. 223 Abs. 5 UStR).

Im Allgemeinen verzichtet die Praxis bei der Forderungsabschreibung auf die USt-Korrektur, es sei denn, es handelt sich um ganz eindeutige Fälle.

Abschreibung wahrscheinlicher Verluste nur vom Nettowert der Forderung

Die USt-Schuld muss in voller Höhe bestehen bleiben, bis sicher feststeht, wie hoch der tatsächliche Forderungsausfall ist. Erst dann darf der im uneinbringlichen Teil der Forderung steckende USt-Betrag berichtigt werden.

Buchungsmöglichkeiten bei der Abschreibung

Es bestehen auch hier zwei Abschreibungstechniken, die direkte und indirekte Abschreibung. Weiterhin gibt es die Möglichkeiten der Einzelabschreibung (jede Forderung wird für sich isoliert bewertet und abgeschrieben) und der Pauschalwertberichtigung (der gesamte Forderungsbestand wird pauschal um einen Erfahrungsprozentsatz abgeschrieben).
Kapitalgesellschaften dürfen nach § 266 HGB in der Bilanz keine passiven Wertberichtigungsposten ausweisen. Die Forderungen sind deshalb netto, d. h. nach Abzug der Wertberichtigungen anzusetzen. Für die Buchungen im Hauptbuch empfiehlt es sich jedoch, Einzel- und Pauschalwertberichtigungen zu trennen, indem man bei Einzelwertberichtigungen direkt, bei Pauschalwertberichtigungen indirekt abschreibt. Bei der Ableitung der Schlussbilanz aus dem Schlussbilanzkonto ist der Saldo des Wertberichtigungskontos gegen den Forderungsbestand zu verrechnen.
Nach den Gepflogenheiten der Wirtschaftpraxis werden Forderungsabschreibungen wie in Abb. 12.1 dargestellt gebucht.
Das Konto »Wertberichtigungen auf Forderungen« heißt häufig auch »1 Delcredere«.
Ist im Rahmen der Einzelwertberichtigung ein Forderungsausfall besonders groß, so kann anstelle des Kontos »4 Abschreibungen auf Forderungen« auch das Konto »2 a.o. Aufwand« belastet werden, um nicht die Kostenrechnung und Kalkulation unnormal zu verzerren.

Zahlungseingang auf abgeschriebene Forderungen

Geht auf eine bereits voll oder teilweise abgeschriebene Forderung eine Zahlung ein, so hängt die Buchung wesentlich davon ab, ob die Forderung als sicher uneinbringlich (mit USt-Korrektur) abgeschrieben worden war, oder nur als wahrscheinlich uneinbringlich (ohne USt-Korrektur).

Forderungsart	Bewertungsart	Abschreibungs-technik	Buchungen im Hauptbuch
Sicher uneinbringlich	Einzelwert-berichtigung	Direkt	4 Abschr. auf Forderungen an 1 Forderungen USt-Korrektur
Wahrscheinlich uneinbringlich	Einzelwert-berichtigung	Direkt	4 Abschr. auf Forderungen an 1 Forderungen Keine USt-Korrektur
	Pauschalwert-berichtigung	Indirekt	4 Abschr. auf Forderungen an 1 Wertberichtigung auf Forderungen Keine USt-Korrektur

Abb. 12.1: Buchung von Forderungsabschreibungen

Zahlungseingang auf eine als sicher uneinbringlich abgeschriebene Forderung

Hier wurde bei der Abschreibung die USt berichtigt. Da die USt bei der Abschreibung voll ausgebucht worden ist, muss sie jetzt entsprechend dem Zahlungseingang wieder erhöht werden. Der Eingangsbetrag ist deshalb in einen Nettoteil (Ertrag) und die hierauf entfallende USt zu spalten. Der Buchungssatz lautet:

1 Bank	an	2 periodenfremder Ertrag
	an	1 USt

Zahlungseingang auf eine ohne USt-Korrektur abgeschriebene Forderung

Bei nur wahrscheinlichen Forderungsverlusten ist die Abschreibung nur vom Nettobetrag der Forderung erfolgt. Erst bei Zahlungseingang steht fest, wie hoch der tatsächliche Forderungsausfall ist. Entsprechend kann erst jetzt die USt berichtigt werden. Die ursprünglich zu hoch gebuchte USt ist so zu korrigieren, dass sie dem Zahlungseingang entspricht. Nur wenn die Forderung in der ursprünglich gebuchten Höhe eingeht, findet keine USt-Korrektur statt.

Ebenso stellt es sich erst jetzt heraus, ob zuviel oder zu wenig abgeschrieben worden war. Je nachdem ob der Zahlungseingang größer, oder kleiner als der Wert der abgeschriebenen Forderung ist, erfolgt die Berichtigungsbuchung

- als periodenfremder Ertrag (falls Zahlungseingang > Buchwert der Forderung)
- als periodenfremder Aufwand (falls Zahlungseingang < Buchwert der Forderung)

Falls die Forderung in der ursprünglichen Höhe eingeht, ist keine Aufwands- oder Ertragsbuchung erforderlich.

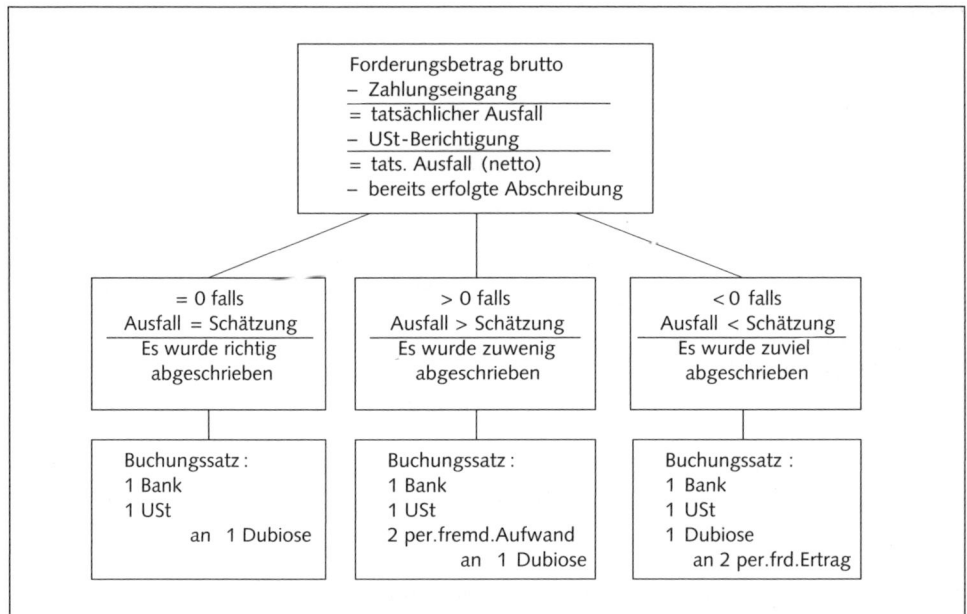

Abb. 12.2: Nebenrechnungen und Buchungen beim Zahlungseingang auf Forderungen, die als wahrscheinlich uneinbringlich ohne USt-Korrektur abgeschrieben wurden

Zahlungseingang auf pauschalwertberichtigte Forderungen:

Hier gibt es zwei Verfahrensmöglichkeiten.

1. Auflösen des Delcredere-Kontos:

Hierbei sind folgende Buchungen durchzuführen:

- Buchung des Zahlungseingangs (1 Bank an 1 Forderungen).
- Auflösung des Teils der Wertberichtigung (Delcredere), die für diese Forderung gebildet wurde (z. B. 2 % der Nettoforderung) (1 Delcredere an 1 Forderungen).
- USt-Berichtigung (1 USt an 1 Forderungen).
- Erfolgswirksame Verbuchung der zuviel/zuwenig erfolgten Abschreibung (1 Forderungen an periodenfremder Ertrag bzw. 2 periodenfremder Aufwand an 1 Forderungen).

2. Fortschreiben des Delcredere-Kontos:

Meist löst man das Delcredere-Konto gar nicht auf, sondern korrigiert es nur nach dem neuen Forderungsstand. Ist die Wertberichtigung im neuen Jahr kleiner als im alten, dann wird das Delcredere erfolgswirksam vermindert (1 Delcredere an 2 periodenfr. Ertrag), ist sie größer, dann gilt (2 periodenfr. Aufwand an 1 Delcredere).

Eine uneinbringliche Forderung, für die eine Pauschalwertberichtigung gebildet worden war, wird direkt ausgebucht:

> 4 Abschreibungen auf Forderungen 5.000
> 1 USt 1.000   an   1 Forderungen 6.000

Das Delcredere-Konto bleibt davon unberührt.

Geht eine pauschalwertberichtigte Forderung ganz oder teilweise ein, wird sie direkt ausgebucht, so wie dies in Abb. 12.2. ausführlich dargestellt ist.

> 1 Bank 12.000
> 2 periodenfrd. Aufwand 10.000
> 1 USt 2.000   an   1 Forderungen 24.000

Auch hiervon bleibt das Delcredere-Konto unberührt. Es berechnet sich pauschal aus dem neuen Forderungsstand zum Ende des Jahres.

Aufgaben

Geben Sie zu den folgenden Geschäftsvorfällen die Buchungssätze an und führen Sie alle erforderlichen Nebenrechnungen durch:

1) Das Insolvenzverfahren gegen die XY-GmbH ist mangels Masse abgelehnt worden. Die Forderungen gegen diese Gesellschaft betragen 24.000,-- €.

2) Selbst nach Zusenden eines Mahnschreibens hat ein Kunde seine Schuld über 1.200,-- € noch nicht bezahlt.

3) Wegen der Eröffnung des Insolvenzverfahrens gegen einen Kunden wurde unsere Forderung als absolut uneinbringlich abgeschrieben. Überraschend erhalten wir aus der Insolvenzmasse eine Zahlung von 1.188,-- €.

4) Wir schätzen, dass von einer Forderung über 18.000,-- nur 20 % einzutreiben sein werden. Die Forderung ist gemäß § 253 Abs. 3 HGB als dubios zu behandeln und entsprechend abzuschreiben (direkte Abschreibung).

5) Von dieser Forderung gehen tatsächlich ein:

> Fall I: 4.800,-- € Fall II: 2.400,-- € Fall III: 3.600,-- €

6) Buchen Sie die Aufgaben 4. und 5. auch nach der indirekten Methode.

7) Die Forderungen eines Unternehmens setzen sich wie folgt zusammen:

Gegen Mayer OHG	24.000,-- €
Gegen Bau-GmbH	36.000,-- €
Gegen Kramer KG	6.000,-- €
Gegen verschiedene Kunden	18.000,-- €
Gesamt	84.000,-- €

Diese Forderungen sind wie folgt zu berichtigen: 2 % Pauschalwertberichtigung zur Abdeckung des allgemeinen Kreditrisikos, bei der Forderung gegen die Bau-GmbH jedoch direkte Einzelabschreibung von 50 % der Forderung.

8) Im Laufe des Folgejahres wird die Forderung gegen Kramer KG uneinbringlich. Von der Forderung gegen Mayer-OHG gehen 12.000,-- € ein, der Rest ist uneinbringlich.

9) Am Ende des Folgejahres betragen die Forderungen des Unternehmens aus Aufgabe 7 und 8 insgesamt 108.000,-- €. Es sollen wieder 2 % pauschal wertberichtigt werden. Das Delcredere-Konto ist entsprechend fortzuschreiben.

Lösungen

1) Direkte und volle Abschreibung mit USt-Berichtigung:

> 4 Abschreibung auf Ford. 20.000
> 1 USt 4.000 an 1 Forderung 24.000

2) Umbuchung auf das Konto »1 Dubiose«, keine Abschreibung!

> 1 Dubiose an 1 Forderung 1.200

3) Da die Forderung voll abgeschrieben war, einschl. USt-Berichtigung, muss beim Zahlungseingang die anteilige USt wieder aufleben:

> 1 Bank 1.188 an 2 periodenfr. Ertrag 990
> an 1 USt 198

4) Umbuchung der Forderung auf »1 Dubiose«:

> 1 Dubiose an 1 Forderungen 18.000

Aufteilung der Forderung auf Nettobetrag und USt:

Nettoforderung	15.000
USt	3.000
Bruttoforderung	18.000

Abschreibung (80 %) nur vom Nettobetrag der Forderung:
    4 Abschreibung auf Forderungen an 1 Dubiose 12.000

5) *Fall I: Zahlungseingang 4.800*

	Forderung	18.000
./.	Zahlung	4.800
=	Bruttoausfall	13.200
./.	USt-Berichtigung	2.200
=	tatsächl. Ausfall	11.000
./.	bisherige Abschr.	12.000
=	periodenfr. Ertrag	1.000

1 Bank 4.800
1 USt 2.200   an   1 Dubiose 6.000
                     an   2 periodenfr. Ertrag 1.000

Fall II: Zahlungseingang 2.400

	Forderung	18.000
./.	Zahlung	2.400
=	Bruttoausfall	15.600
./.	USt-Berichtigung	2.600
=	tatsächl. Ausfall	13.000
./.	bisherige Abschr.	12.000
=	periodenfr. Aufwand	1.000

1 Bank 2.400
1 USt 2.600
2 per.fr. Aufwand 1.000   an   Dubiose 6.000

Fall III: Zahlungseingang 3.600

	Forderung	18.000
./.	Zahlung	3.600
=	Bruttoausfall	14.400
./.	USt-Berichtigung	2.400
=	tatsächl. Ausfall	12.000
./.	bisherige Abschr.	12.000
=	Ertrag/Aufwand	0

1 Bank 3.600
1 USt 2.400   an   1 Dubiose 6.000

6) Umbuchung der zweifelhaften Forderung auf das Konto »1 Dubiose«

> 1 Dubiose   an   1 Forderungen 18.000

> Indirekte Abschreibung (Betrag wie 5):
> 4 Abschreibungen auf Forderungen an 1 Delcredere 12.000

Fall I: Zahlungseingang   4.800

	Forderung	18.000
./.	Zahlung	4.800
=	Bruttoausfall	13.200
./.	USt-Berichtigung	2.200
=	tatsächl. Ausfall	11.000
./.	Wertberichtigung	12.000
=	periodenfr. Ertrag	1.000

1 Bank 4.800
1 Delcredere 12.000
1 USt 2.200   an   1 Dubiose 18.000
                                     an   2 periodenfr. Ertrag 1.000

Fall II: Zahlungseingang 2.400

	Forderung	18.000
./.	Zahlung	2.400
=	Bruttoausfall	15.600
./.	USt-Berichtigung	2.600
=	tatsächl. Ausfall	13.000
./.	Wertberichtigung	12.000
=	periodenfr. Aufwand	1.000

1 Bank 2.400
1 Delcredere 12.000
1 USt 2.600
2 per.fr. Aufwand 1.000   an   Dubiose 18.000

Fall III: Zahlungseingang 3.600

	Forderung	18.000
./.	Zahlung	3.600
=	Bruttoausfall	14.400
./.	USt-Berichtigung	2.400
=	tatsächl. Ausfall	12.000
./.	Wertberichtigung	12.000
=	Ertrag/Aufwand	0

1 Bank 3.600
1 Delcredere 12.000
1 USt 2.400   an   1 Dubiose 18.000

7) *Einzelwertberichtigung der Forderung gegen die Bau GmbH:*

     Nettoforderung   30.000
     USt   6.000
     Bruttoforderung   36.000

Die Forderung ist zweifelhaft geworden, deshalb Umbuchung auf »1 Dubiose«:

     1 Dubiose   an   1 Forderungen 36.000

Abschreibung: 50 % der Nettoforderung = 15.000:

     4 Abschreibung auf Forderungen   an   1 Dubiose 15.000

Pauschalberichtigung (2 % der Restforderungen):

     84.000 – 36.000 =   48.000
     Nettoforderung   40.000
     USt   8.000
     Bruttoforderung   48.000

Abschreibung 2 % der Nettoforderung = 800:

     4 Abschreibung auf Forderung   an   1 Delcredere 800

8) Das Konto Delcredere (Pauschalwertberichtigung auf Forderungen) bleibt vorläufig unverändert. Die uneinbringlichen Forderungen werden direkt ausgebucht.

Kramer KG: Stand des Forderungskontos = 6.000

     2 periodenfremder Aufwand 5.000
     1 USt 1.000   an   1 Forderungen Kramer 6.000

Mayer OHG: Stand des Forderungskontos = 24.000

     1 Bank   12.000
     1 USt   2.000
     2 periodenfr. Aufwand 10.000   an   1 Forderungen Mayer 24.000

9) Am Ende des Folgejahres:

Ermittlung der Nettoforderung:

     Nettoforderung: 90.000
     USt   18.000
     Bruttoforderung   108.000

     neues Delcredere: 2 % von 90.000 = 1.800
     ./. altes Delcredere   800
     = Erhöhung des Delcrederes   1.000

     4 Abschreibung auf Forderung   an   1 Delcredere 1.000

Lerneinheit 13: Lohn- und Gehaltsbuchungen

Lernziele

- *Brutto- und Nettolohn und -gehalt*
- *Steuerabzüge*
- *Sozialversicherungsbeiträge*
- *Einfache Lohn-/Gehaltsbuchungen*
- *Abschlagszahlungen, Vorschüsse und Arbeitnehmerdarlehen*
- *Vermögensbildung durch Arbeitnehmer*

Einführung

Bruttolohn / Nettolohn bzw. -gehalt

Vom vertraglich (z.B. tarifvertraglich) vereinbarten Bruttolohn oder Bruttogehalt muss der Arbeitgeber eine Reihe von Abgaben einbehalten, die er direkt an die jeweiligen Empfänger (z.B. Finanzamt, Allgemeine Ortskrankenkasse) abführen muss.

> Bruttolohn /Bruttogehalt
> ./. Steuern (Lohnsteuer, Kirchensteuer, Solidaritätszuschlag)
> ./. Arbeitnehmerbeitrag zur Sozialversicherung
>   (Renten-, Kranken-, Pflege- und Arbeitslosenversicherung)
> = Nettolohn / Nettogehalt

Der Bruttolohn/das Bruttogehalt stellt für den Arbeitgeber (AG) Kosten dar. Es wird auf dem Konto »4 Löhne« bzw. »4 Gehälter« im Soll gebucht.

Steuerpflichtiger Arbeitslohn und Lohnsteuer (LSt)

Zum steuerpflichtigen Arbeitslohn gehören alle Zuwendungen des Arbeitgebers (AG) an den Arbeitnehmer (AN) in Geld oder Geldeswert (z.B. auch die Privatnutzung eines Firmenwagens durch den AN), soweit sie nicht ausdrücklich steuerfrei gestellt sind.

+	Arbeitslohn
./.	steuerfreie Teile des Arbeitslohns (§ 3 EStG, § 8 EStG, R/H 8.1 LStR; z. B. Reisekostenerstattungen, Umzugskostenerstattungen, Sammelbeförderung, Zuwendungen anlässlich von Heirat oder Geburten, Berufskleidung, Fahrtkostenzuschüsse, Sachzuwendungen bis max. 44,-- € pro Monat)
=	steuerpflichtiger Arbeitslohn

Die Höhe der **Lohnsteuer** (LSt) hängt davon ab, welche der 6 LSt-Klassen für den AN gilt. In den LSt-Klassen sind die persönlichen Verhältnisse des AN berücksichtigt (z. B. Klasse I = ledig; Klasse III/2 = verheiratet mit zwei Kindern, näheres siehe § 38b EStG). Der **Solidaritätszuschlag** (SolZ) beträgt zur Zeit (2010) 5,5 % des LSt-Betrags. Die **Kirchensteuer** (KiSt) beträgt je nach Bundesland entweder 8 % oder 9 % der LSt.

Die einbehaltenen und noch abzuführenden Steuern sind eine Verbindlichkeit des AG und werden dem Konto »1 noch abzuführende Abgaben« gutgeschrieben, einem Passivkonto aus der Kontenklasse »1 sonstige Verbindlichkeiten«.

Die gesetzlichen Sozialversicherungsbeiträge

Arbeitnehmer sind in der Bundesrepublik Deutschland i.d.R. in der gesetzlichen Sozialversicherung versichert. Die monatlich an die Sozialversicherungskassen zu zahlenden Beiträge werden zwischen Arbeitnehmer und Arbeitgeber geteilt. Einen Teil, meist die Hälfte trägt der Arbeitgeber. Für ihn stellt dies Kosten dar (Konto »4 Sozialkosten«). Die andere Hälfte trägt der AN. Sie wird bei der Lohn-/Gehaltszahlung vom AG einbehalten und ist an die Allgemeine Ortskrankenkasse (AOK) abzuführen (Konto »1 noch abzuführende Abgaben«). Sozialversicherungspflichtig ist das monatliche Arbeitsentgelt nur bis zur sog. Beitragsmessungsgrenze (BBG). Darüber hinausgehende Lohn-/Gehaltsteile sind nicht beitragspflichtig.

Die gesetzlichen Sozialversicherungsbeiträge betragen im Jahr 2010:
- **Krankenversicherung**: Je nach Krankenkasse beträgt der Beitragsatz ca. 14,9 %, der Arbeitgeberanteil 7 % des Bruttolohns oder -gehalts, der Arbeitnehmeranteil 7,9 %, maximal der sog. Beitragsbemessungsgrenze (2010: 3.750,-- €/Monat).
- **Arbeitslosenversicherung**: Der Beitragsatz beträgt 3,0 %, der Arbeitgeberanteil 1,5 % des Bruttolohns oder -gehalts, maximal der Beitragsbemessungsgrenze (2010: 5.500,-- €/Monat).
- **Rentenversicherung**: Der Beitragsatz beträgt 19,9 %, der Arbeitgeberanteil 9,95 % des Bruttolohns oder -gehalts, maximal der Beitragsbemessungsgrenze (2010: 5.500,-- €/Monat).
- **Pflegeversicherung**: Der Beitragsatz beträgt 1,95 %, der Arbeitgeberanteil folglich 0,975 % des Bruttolohns oder -gehalts, maximal der Beitragsbemessungsgrenze (2010: 3.750,-- €/Monat)

- **Unfallversicherung**: Die Beiträge trägt ausschließlich der Arbeitgeber. Sie sind unterschiedlich je nach Beschäftigungsart und Gefahrenklasse und liegen in der Größenordnung von 1,26 % der Lohnsumme (Bundesdurchschnitt 2009 der Berufsgenossenschaften)

Der durchschnittliche Arbeitgeberanteil zur gesetzlichen Sozialversicherung beträgt ca. 20,7 % der Lohnsumme. Die genaue Höhe hängt in jedem Einzelfall von der Krankenkasse, der Berufsgenossenschaft und der Gefahrenklasse der Arbeit ab.

Der durchschnittliche Arbeitnehmeranteil zur gesetzlichen Sozialversicherung beträgt ca. 20,3 % der Lohnsumme. Die genaue Höhe hängt in jedem Einzelfall von der Krankenkasse ab.

Lohn- bzw. Gehaltsvorschüsse

Hierbei handelt es sich um Vorauszahlungen auf Arbeitslohn, der in Zukunft erst noch verdient werden muss. Sie sind bereits bei ihrer Auszahlung steuer- und sozialversicherungspflichtig.

Buchungssätze:

4 Löhne	an	1 Bank
	an	1 noch abzuführende Abgaben
4 Sozialkosten	an	1 noch abzuführende Abgaben

Von Vorschüssen sind **Abschlagszahlungen** zu unterscheiden, bei denen die LSt und Sozialversicherungsbeiträge erst zum Zeitpunkt der monatlichen Lohnabrechnung gebucht werden.

Darlehen des Arbeitgebers an den Arbeitnehmer

Sie unterscheiden sich von Vorschüssen durch die vertragliche Vereinbarung von Laufzeit, Verzinsung und Tilgung. Sie stellen keinen Arbeitslohn dar und sind deshalb weder LSt- noch sozialversicherungspflichtig.

Buchungssatz:

1 sonstige Forderung	an	1 Bank/Kasse

Sachbezüge (z. B. Waren oder sonstige Leistungen) durch den Arbeitnehmer sind grundsätzlich USt-pflichtig, unabhängig davon, ob sie gegen Entgelt oder unentgeltlich stattfinden. Die USt-Pflicht besteht in der Regel selbst dann, wenn die entsprechenden Leistungen beim AN LSt-befreit sind (Abschnitte 12 und 24b Abs. 7 UStR, z. B. bei Sammelbeförderung, Mahlzeiten in Kantinen).

Arbeitnehmer-Vermögensbildung

Nach dem »Fünften Gesetz zur Förderung der Vermögensbildung der Arbeitnehmer» (5. VermBG) erhalten Arbeitnehmer eine staatliche Förderung, wenn sie Teile ihres Lohns/Gehalts in bestimmten Sparformen anlegen. Sie können nebeneinander zwei verschiedene Arten von staatlich geförderter Vermögensbildung betreiben:

1. Erwerb von Vermögensbeteiligungen (z.B. Aktien, Wandelschuldverschreibungen, Anteile an Aktienfonds, Mitarbeiterbeteiligungsmodellen, GmbH-Anteile, Stille Beteiligungen, Darlehensforderungen gegen Arbeitgeber, Kapitallebensversicherungen): Der Höchstbetrag der geförderten Sparleistung beträgt jährlich 400,-- € (monatlich 33,33 €). Die staatliche Sparzulage beträgt 20 % (von max. 400) je.
2. Vermögensanlage zum Wohnungsbau (z.B. Bausparverträge, aber auch direkter Erwerb von Bauland, Kauf, Bau oder Erweiterung von Wohngebäuden und Eigentumswohnungen): Der Höchstbetrag der geförderten Sparleistung beträgt jährlich 470,-- € (monatlich 39,17 €). Die staatliche Sparzulage beträgt 9 % von maximal 470 je Jahr.

Voraussetzung ist für beide Förderungen, dass das zu versteuernde Einkommen bei Ledigen nicht größer ist als 20.000,-- €, bei Verheirateten nicht größer als 40.000,-- €.

Der AG hat die vermögensbildende Sparleistung bei der monatlichen Lohn-bzw. Gehaltszahlung einzubehalten und an das entsprechende Institut (Bank, Bausparkasse usw.) abzuführen. Der AN erhält hierfür eine Bescheinigung. Die Auszahlung der Sparzulage erfolgt i.d.R. direkt an den AN durch das Finanzamt.

Wenn der AG seinem AN einen Zuschuss zur Sparleistung nach dem 5. VermBG gibt, dann ist dieser steuer- und sozialversicherungspflichtig. Die staatliche Sparzulage hingegen ist steuer- und sozialversicherungsfrei.

Gehaltsberechnung bei vermögenswirksamem Sparen des Arbeitnehmers	Buchung auf Konto
Bruttolohn/-gehalt	»4 Löhne/Gehälter«
+ übernommene Sparleistung durch den Arbeitgeber	»4 Sozialkosten«
= steuerpflichtiges Entgelt	wird nicht gebucht
./. Steuer und Sozialversicherung	»1 noch abzuführende Abgaben«
./. Überweisung des Sparbetrages	z.B. »1 Bank«
= Nettolohn / Nettogehalt	z.B. »1 Bank«

Abb. 13.2: Grundschema einer Gehaltsabrechnung mit vermögenswirksamen Leistungen

Statt des Kontos »1 noch abzuführende Abgaben« kann man die betroffenen Verbindlichkeiten auch detaillierter untergliedern. Die Buchungen erfolgen dann auf getrennten Konten, z. B. »1 Verbindlichkeiten aus LSt/KiSt«, »1 Verbindlichkeiten im Rahmen der sozialen Sicherung«.

Aufgaben

Geben Sie zu den folgenden Lohn-/Gehaltsbuchungen die Buchungssätze an:

1) Gehaltszahlung per Banküberweisung

Bruttogehalt	5.000,-- €
Lohnsteuer (LSt)	1.400,-- €
Solidaritätszuschlag (SolZ, 5,5 %)	77,-- €
Kirchensteuer (KiSt, 8 %)	112,-- €
Sozialversicherung (AN-Anteil)	1.015,-- €
Nettogehalt	2.396,-- €

Der Arbeitgeberanteil zu den Sozialversicherungsbeiträgen beträgt 1.035,-- €

Bilden Sie die Buchungssätze für die Buchung von Brutto-, Nettogehalt und Abzügen sowie für den Arbeitgeberanteil an den Sozialversicherungsbeiträgen an.

2) Monatliche Lohnbuchung im Hauptbuch

In der Lohnbuchhaltung wurden für den Monat Mai die folgenden Beträge für die einzelnen Arbeitnehmer berechnet (S. 128). Geben Sie den Buchungssatz für die Lohnbuchung im Hauptbuch für diesen Monat an.

Lohnliste			Firma Maier OHG, Monat Mai 20..								Blatt 2
					Abzüge						
Name des Arbeitnehmers	LSt-Klasse	Brutto-lohn	LSt.	SolZ	KiSt.	Soz.-Vers. AN-Anteil	Abschlag	Gesamt-abzüge	Aus-zahlung	Soz.-Vers. AG-Anteil
Übertrag		109.317,-	19.273,93	1.060,07	1.541,91	22.191,35	7.900,--	51.967,26	57.349,74	22.628,62
51. Säumer, Peter	III/2	4.900,--	222,83	12,26	17,82	994,70	–	1.247,61	3.652,39	1.014,30
52. Schulze, Josef	I	4.000,--	710,25	39,06	56,82	812,00	500,--	2.118,13	1.881,87	828,00
Gesamt		118.217,-	20.207,01	1.111,39	1.616,55	23.998,05	8.400,--	55.333,00	62.884,00	24.470,92

3) Warenbezug von Arbeitnehmern

Ein Arbeitnehmer entnimmt Waren im Wert von 200,-- €.

4) Lohn- bzw. Gehaltsabschlag

Gehaltsabrechnung per 15.7.20..:

Bruttolohn	2.500,-- €
LSt	400,-- €
SolZ	22,-- €
KiSt	32,-- €
AN-Anteil Sozialversicherung	507,-- €
Gehaltsabschlag	500,-- €
Auszahlung	1.039,-- €

Der Arbeitgeberanteil zu Sozialversicherung beträgt 518,-- €.

Am 1. Juli hat der Arbeitnehmer eine Abschlagszahlung von 500,-- € auf das am 15. Juli fällige Monatsgehalt bekommen.

Bilden Sie folgende Buchungssätze:
a) Bei Barauszahlung des Abschlags am 1.7.
b) Bei Banküberweisung des Restgehalts am 15.7.

5) Vermögenswirksame Leistungen (VL)

Der AN Hans Maier hat folgende Verträge zur Vermögensbildung geschlossen:

- Erwerb von Anteilen an einem Aktienfonds, monatliche Sparleistung 100,-- €
- Bausparvertrag, monatliche Sparleistung 50,-- €
- Lebensversicherungsvertrag, monatliche Sparleistung 50,-- €

Der AG zieht diese Sparleistungen vom monatlichen Gehalt ab und überweist sie an die jeweiligen Institute. Außerdem zahlt er dem AN einen monatlichen Zuschuss zu dessen vermögensbildenden Sparleistungen in Höhe von 74,-- €.

Die monatliche Gehaltsabrechnung für Hans Maier hat damit folgendes Aussehen:

	Bruttogehalt	2.500,-- €
+	VL, Zuschuss des AG	74,-- €
=	steuer- und sozialversicherungspflichtiger Arbeitslohn	2.574,-- €
./.	LSt	430,-- €
./.	SolZ (5,5 % der LSt)	23,65 €
./.	KiSt (8 % der LSt)	34,40 €
./.	Sozialversicherung AN	522,50 €
./.	VL (Anlage durch AG)	200,-- €
=	Auszahlung an Hans Maier	1.363,45 €

Der AG-Anteil zur gesetzlichen Sozialversicherung beträgt 532,82 €.
Geben Sie die erforderlichen Buchungssätze an.

Lösungen

1) 4 Gehälter 5.000,--   an   1 Bank 2.396,--
                                an   1 noch abzuführende Abgaben 2.604,--

   Buchung des Arbeitgeberanteils zur Sozialversicherung:

   4 Sozialkosten   an   1 noch abzuführende Abgaben 1.035,--

2) 4 Löhne 118.217,--   an   1 Bank 62.884,--
                                an   1 sonst. Forderung 8.400,--
                                an   1 noch abzuf. Abgaben (AN) 46.933,--

   4 Sozialkosten (AG)   an   1 noch abzuführende Abgaben 24.470,92

3) 1 sonstige Forderung 240,--
                                an   8 Warenverkauf 200,--
                                an   1 USt 40,--

4a) Buchung bei Bezahlung des Abschlags am 1.7.
    1 sonst. Forderungen   an   1 Kasse 500,--

4b) Buchung bei Überweisung des Restlohns am 15.7.
    4 Löhne 2.500,--
    4 Sozialkosten 518,--   an   1 Bank 1.039,--
                                an   1 sonst. Forderungen 500,--
                                an   1 noch abzuführende Abgaben 961,--
                                     (Steuern und AN-Anteil)
                                an   1 noch abzuführende Abgaben 518,--
                                     (AG-Anteil)

5) 4 Gehälter 2.500,--
   4 Sozialkosten 74,--
   4 Sozialkosten 532,82   an   1 Bank 1.363,45
                                an   1 noch abzuführende Abgaben 1.010,55
                                     (AN-Anteil)
                                an   1 noch abzuführende Abgaben 532,82
                                     (AG-Anteil)
                                an   1 Bank 200,--

Lerneinheit 14:
Besondere Probleme der Industriebuchführung:
Materialverbrauch und Produktion auf Lager

Lernziele

- *Verbrauch von Rohstoffen, Hilfsstoffen und Betriebsstoffen*
- *Buchhalterische Probleme bei der industriellen Produktion:*
  Die Produktion auf Lager
- *Das Gesamtkostenverfahren*
- *Das Umsatzkostenverfahren*

Einführung

Die industrielle Produktion ist durch zwei Besonderheiten gekennzeichnet, die bei Handels- und Dienstleistungsbetrieben nicht auftreten:

1. den Materialverbrauch bei der Erstellung der fertigen und unfertigen Erzeugnisse
2. die zeitliche Abweichung zwischen Produktion und Absatz, so dass sowohl für unfertige Erzeugnisse (uE) als auch für fertige Erzeugnisse (fE) Lager geführt werden müssen.

Material- und Stoffverbrauch

Man unterscheidet **Rohstoffe** (wesentlicher Bestandteil des erzeugten Produkts), **Hilfsstoffe** (sie gehen nur zur Erfüllung einer Hilfsfunktion in die Produkte ein) und **Betriebsstoffe** (sie gehen nicht in die Produkte ein, sind aber zum Betrieb der Produktionsanlagen nötig).

Beispiel: Möbelproduktion

Rohstoffe:	z. B. Spanplatten, Leisten, Furniere
Hilfsstoffe:	z. B. Leim, Schrauben, Nägel
Betriebsstoffe:	z. B. Dieselkraftstoff für LKW, Heizöl

Zweckmäßigerweise bucht man diese drei Stoffarten auf verschiedenen Konten. Beim Verbrauch dieser Stoffe wird das jeweilige Bestandskonto um den verbrauchten Wert entlastet und ein Kostenkonto belastet.

4 Rohstoffverbrauch	an 3 Rohstoffe
4 Hilfsstoffverbrauch	an 3 Hilfsstoffe
4 Betriebsstoffverbrauch	an 3 Betriebsstoffe

Es ist sinnvoll, die Verbrauchskostenkonten wie oben nach den Stoffarten zu trennen, nicht zuletzt, weil es sich teils um Einzelkosten (Rohstoff- und Hilfsstoffverbrauch), teils um Gemeinkosten (Betriebsstoffverbrauch) handelt.

Einzelkosten: Der Verbrauch kann direkt dem hergestellten Produkt zugerechnet werden.

Gemeinkosten: Der Verbrauch ist nur indirekt über den BAB (Betriebsabrechnungsbogen) zuzurechnen.

Die Buchung des Stoffverbrauchs kann erfolgen:

* Simultan bei jedem einzelnen Verbrauchsvorgang: Voraussetzung ist eine Lagerbuchführung, bei der die Materialentnahmen nach Art, Menge und Wert genau aufgezeichnet werden (vgl. hierzu Heinhold, Kosten- und Erfolgsrechnung, 2010, S. 81 ff.)
* Oder einmal je Periode, wenn der Inventurbestand mit dem Buchbestand verglichen wird.

Die Berücksichtigung von Lagerbestandsveränderungen bei unfertigen und fertigen Erzeugnissen

In der Regel wird in einer Periode nicht genau die Menge der Produkte verkauft, die in dieser Periode hergestellt wurde. Es kann auch auf Lager produziert werden, so dass Produkte, die in einem Jahr hergestellt worden sind, erst im Folgejahr verkauft werden; bzw. es kann vom Lager verkauft werden, d.h. Produkte, die im Vorjahr hergestellt worden sind, werden erst im laufenden Jahr verkauft.

Will man das **Betriebsergebnis** einer Periode ermitteln, dann müssen den Verkaufserlösen die Kosten der verkauften Produkte gegenübergestellt werden. Es ist daher im Allgemeinen nicht möglich, die Kosten einer Periode (Salden der Kontoklasse 4) von den Umsätzen (Salden der Kontenklasse 8) zu subtrahieren:

a) Wurden in der laufenden Periode Umsätze aus dem Verkauf von Erzeugnissen erzielt, die in der Vorperiode produziert und auf Lager genommen worden sind (Verkauf vom Lager), dann geben die Kosten der laufenden Periode nicht die Herstellungskosten der verkauften Produkte wieder. Die Kosten aus der Buchhaltung sind in Höhe der Herstellungskosten der Lagerverkäufe zu gering.

b) Konnte in der laufenden Periode weniger verkauft werden als in derselben Periode hergestellt wurde (Produktion auf Lager), dann sind die Kosten, so wie sie in der Buchhaltung geführt werden (Löhne, Gehälter, Materialverbrauch usw.) zu hoch. Die Herstellungskosten der verkauften Produkte sind kleiner.

Die Synchronisation von Kosten und Umsätzen kann auf zwei verschiedene Arten herbeigeführt werden, entweder mittels des sog. Gesamtkostenverfahrens oder mittels des Umsatzkostenverfahrens (Näheres vgl. Heinhold, Kosten- und Erfolgsrechnung, 2010, S. 363 ff.):

Gesamtkostenverfahren

Man modifiziert die Umsatzerlöse einer Periode um die Herstellungskosten der Lagerabgänge (Bestandsminderungen) und Lagerzugänge (Bestandserhöhungen) und stellt ihnen die gesamten Kosten einer Periode (Salden aller Kostenkonten) gegenüber.

Betriebsergebnis	=	Umsatzerlöse einer Periode
	+	Bestandserhöhungen an unfertigen und fertigen Erzeugnissen (bewertet zu Herstellungskosten)
	./.	Bestandsminderungen an unfertigen und fertigen Erzeugnissen (bewertet zu Herstellungskosten)
	./.	gesamte Herstellungskosten einer Periode
	./.	Verwaltungs- und Vertriebsgemeinkosten der Periode

Umsatzkostenverfahren

Man stellt den Umsatzerlösen eines Jahres (Salden der Erlöskonten Klasse 8 GKR) die Herstellungskosten nur der abgesetzten Produkte gegenüber.

Betriebsergebnis	=	Umsatzerlöse einer Periode
	./.	Herstellungskosten der abgesetzten Produkte
	./.	Verwaltungs- und Vertriebsgemeinkosten der Periode

Während beim Gesamtkostenverfahren den um die Bestandsveränderungen korrigierten Umsatzerlösen die gesamten Periodenkosten gegenübergestellt werden, werden beim Umsatzkostenverfahren nur diejenigen Herstellkosten abgezogen, die direkt für die Herstellung der abgesetzten Produkte entstanden sind (sog. Umsatzkosten).

Die Verwaltungs- und Vertriebsgemeinkosten mindern bei beiden Verfahren das Ergebnis.

Buchungen beim Gesamtkostenverfahren

Am Ende einer Rechnungsperiode wird der Inventurwert der unfertigen und fertigen Erzeugnisse mit dem jeweiligen Buchwert verglichen. Ergibt sich eine Bestandszunahme, dann sind die Bestände der Erzeugniskonten (Klasse 7 GKR) erfolgswirksam zu erhöhen; bei einer Bestandsminderung sind die Bestände zu reduzieren.

Die Erfolgsgegenbuchung geschieht auf dem Konto »8 Bestandsänderungen unfertige Erzeugnisse (BÄ-uE)« bzw. »8 Bestandsänderungen fertige Erzeugnisse (BÄ-fE)«.

Buchungen bei unfertigen Erzeugnissen

1. Buchung des Endbestands laut Inventar:
   9 Schlussbilanzkonto   an   7 unfertige Erzeugnisse (uE)

2. Buchung eines Mehrbestands:
   7 uE   an   8 BÄ-uE

3. Buchung eines Minderbestands:
   8 BÄ-uE   an   7 uE

Buchungen bei fertigen Erzeugnissen

1. Buchung des Endbestands laut Inventar:
   9 Schlussbilanzkonto   an   7 fertige Erzeugnisse (fE)

2. Buchung eines Mehrbestands:
   7 fE   an   8 BÄ-fE

3. Buchung eines Minderbestands:
   8 BÄ-fE   an   7 fE

Das Gesamtkostenverfahren auf Konten:

In Abb. 14.1 ist die Buchung der obigen Buchungssätze auf T-Konten dargestellt.

In der Praxis sind diese Buchungen für jede Art von unfertigen und fertigen Erzeugnissen getrennt durchzuführen. Die Salden der Klasse 8 GKR (Umsatzerlöse und Bestandsveränderungen) sowie der Klasse 4 GKR (Kosten der Periode) werden in das Betriebsergebniskonto übernommen. Die Salden der Bestandskonten der Klasse 7 GKR (unfertige und fertige Erzeugnisse) gehen in das Schlussbilanzkonto ein.

Bei der Anwendung des Gesamtkostenverfahrens
- ist eine Inventur Voraussetzung (Endbestände)
- wird in den Konten »7 fertige Erzeugnisse« und »7 unfertige Erzeugnisse« nur zweimal je Periode gebucht: Bei der Kontoeröffnung (Anfangsbestände) zu Periodenbeginn sowie beim Kontenabschluss (Schlussbestände und Bestandsänderungen) am Periodenende. Zwischenzeitlich erfolgen keine Buchungen auf dem Konto, auch wenn sich die Bestände tatsächlich laufend durch Produktion und Verkauf ändern.

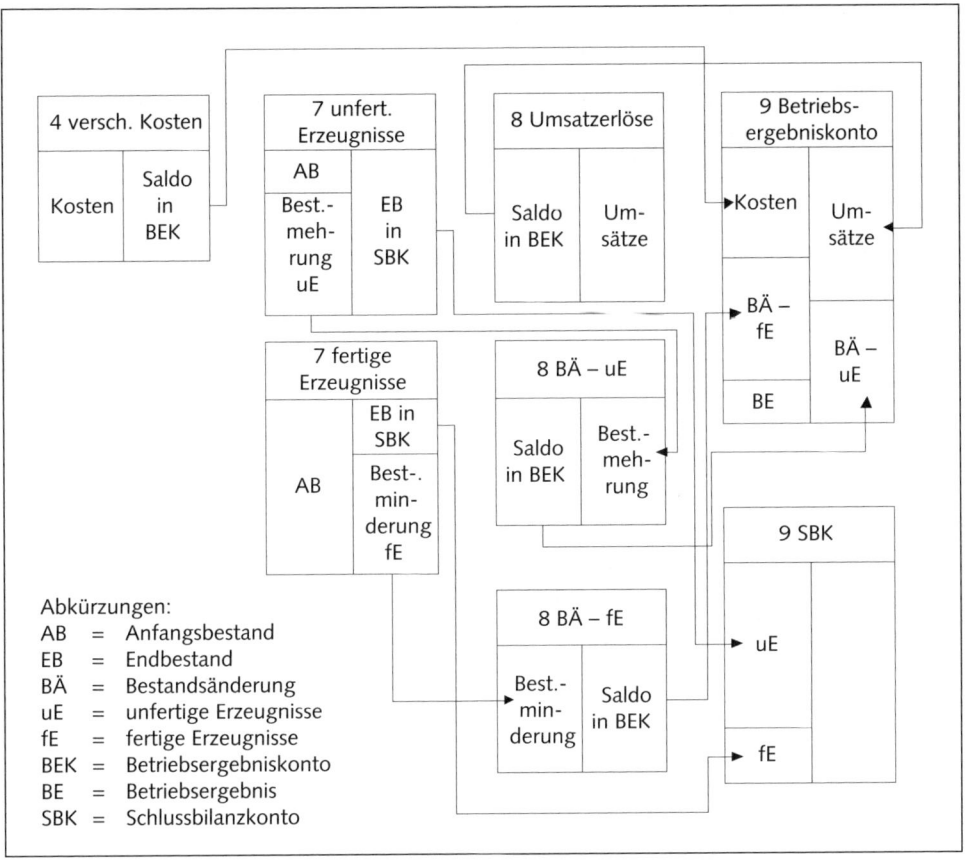

Abb. 14.1: Das Gesamtkostenverfahren auf T-Konten

In der **Praxis** deutscher Unternehmen überwiegt bislang die Anwendung dieses Gesamtkostenverfahrens – wohl wegen der einfachen praktischen Handhabung, denn die Inventurwerte müssen aus gesetzlichen Gründen ohnehin ermittelt werden. Weitere Zusatzarbeiten sind nicht erforderlich.

Buchungen beim Umsatzkostenverfahren

Beim Umsatzkostenverfahren gehen nur die Teile der Kosten ins Betriebsergebniskonto ein, die für die tatsächlich abgesetzten Produkte aufgewendet wurden. Sie können größer oder kleiner sein als die Kosten des betreffenden Jahres, je nachdem ob vom Lager verkauft oder auf Lager produziert wurde.

Es gibt zwei grundsätzliche Vorgehensmöglichkeiten. Man kann die Herstellkosten der verbrauchten oder verkauften Produkte

- entweder mit Teilkosten bewerten, d. h. man bewertet nur mit den Einzelkosten Materialverbrauch und Fertigungslöhne,
- oder man bewertet sie mit Vollkosten. Dann gehen auch die anteiligen, meist fixen Materialgemeinkosten und Fertigungsgemeinkosten in die Herstellungskosten ein.

Bei entsprechend organisiertem Rechnungswesen sind die Einzelkosten bekannt (z. B. Materialentnahmebelege und Lohnscheine). Die Gemeinkosten (z. B. Gehälter, Abschreibungen, Mieten usw.) sind nur indirekt über prozentuale Zuschläge den einzelnen Produkten zurechenbar. Die Ermittlung dieser sog. Gemeinkostenzuschlagssätze erfolgt im Betriebsabrechnungsbogen, der für das Umsatzkostenverfahren eine unverzichtbare Voraussetzung ist (Näheres hierzu vgl. bei Heinhold, Kosten- und Erfolgsrechnung in Fallbeispielen, 2010, S. 168 ff.).

Die Praxis bucht das Umsatzkostenverfahren in der Regel mit Teilkosten, d. h. die Herstellkosten der verbrauchten oder verkauften Erzeugnisse werden nur mit den variablen Einzelkosten Fertigungslohn und Fertigungsmaterialverbrauch und mit den variablen Teilen der Gemeinkosten (variable Fertigungs- und Materialgemeinkosten) bewertet.

Je nach dem, ob man das Umsatzkostenverfahren mit Vollkosten oder mit Teilkosten bucht, kommt ein unterschiedliches Betriebsergebnis heraus, da die fixen Gemeinkosten bei Anwendung der

- Vollkostenrechnung in den Beständen der Schlussbilanz nur anteilig enthalten sind;
- Teilkostenrechnung das Betriebsergebnis zur Gänze mindern und nicht in den Endbeständen enthalten sind.

Die Buchungen erfolgen bei beiden Varianten des Verfahrens mit denselben Buchungssätzen, lediglich die Beträge sind verschieden.

Buchungsschritte beim Umsatzkostenverfahren:

1. Die laufenden Kosten der Periode werden auf den verschiedenen Kostenkonten gebucht:

    4 verschiedene Kostenkonten   an   verschiedene Bestandskonten

2. Die Herstellkosten der unfertigen Erzeugnisse werden auf das Konto »7 unfertige Erzeugnisse« gebucht. Die Gegenbuchung findet auf dem Rohstoffkonto und auf verschiedenen Kostenkonten statt:

    7 unfertige Erzeugnisse   an   3 Rohstoffe
                                   an   4 verschiedene Kosten

3. Die Herstellkosten der fertigen Erzeugnisse werden auf dem Konto 7 »fertige Erzeugnisse« gebucht. Die Gegenbuchung findet auf dem Konto 7 »unfertige Erzeugnisse« (Materialverbrauch) und verschiedenen Kostenkonten statt:

       7 fertige Erzeugnisse   an   7 unfertige Erzeugnisse
                                        an   4 verschiedene Kosten

4. Die Herstellkosten der verkauften Produkte (Umsatzkosten) gehen ins Betriebsergebniskonto:

       9 Betriebsergebnis   an   7 unfertige Erzeugnisse

5. Der Teil der Kosten, der nicht Herstellkosten von fertigen und unfertigen Erzeugnissen ist, geht ins Betriebsergebniskonto:

       8 Betriebsergebnis   an   4 verschiedene Kosten

6. Die Periodenumsätze werden ins Betriebsergebniskonto übertragen:

       8 Erlöse   an   9 Betriebsergebnis

7. Die Bestandskonten sind damit i.d.R. nicht abgeschlossen. Sie weisen einen Saldo auf, der den Endbestand darstellt. Dieser wird ins Schlussbilanzkonto gebucht:

       9 Schlussbilanzkonto   an   3 Rohstoffe
                                        an   7 unfertige Erzeugnisse
                                        an   7 fertige Erzeugnisse

Das Umsatzkostenverfahren auf Konten

In Abb. 14.2 ist die Buchung der obigen Buchungssätze auf T-Konten dargestellt.

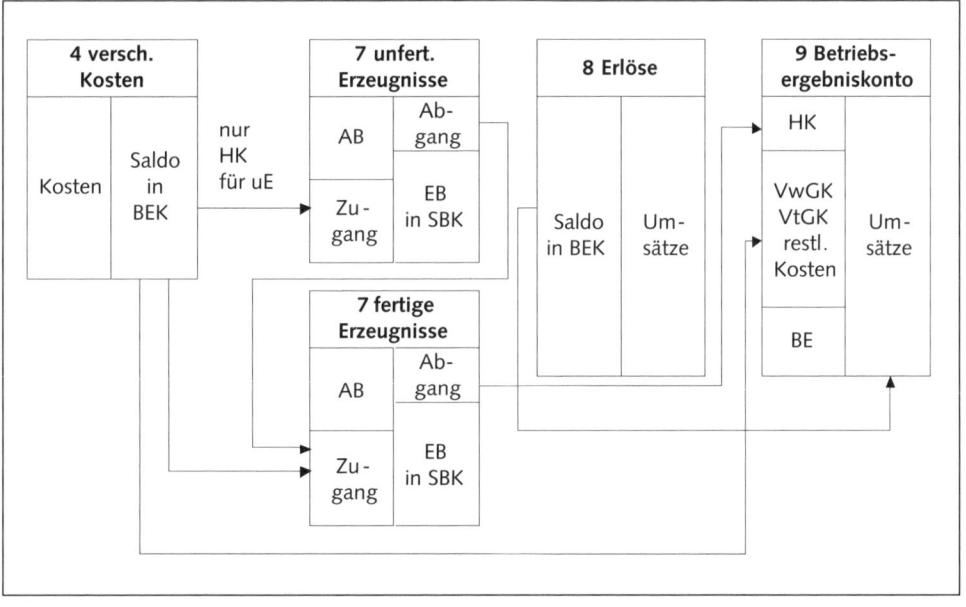

Abb. 14.2: Das Umsatzkostenverfahren auf T-Konten

Bei der Anwendung des Umsatzkostenverfahrens

- ist eine Betriebsabrechnung Voraussetzung, um die Gemeinkosten den einzelnen Produkten zurechnen zu können,

- ist eine laufende Fortschreibung der Lagerbestände an unfertigen und fertigen Erzeugnissen nötig, um die jeweiligen Zu- und Abgänge zu erfassen (permanente Inventur),

- wird auf den Konten 7 uE und 7 fE (im Gegensatz zum Gesamtkostenverfahren) bei jeder Lagerbestandsbewegung gebucht.

In der Praxis deutscher Industriebetriebe hat sich zunächst das einfachere Gesamtkostenverfahren durchgesetzt. Seit der HGB-Reform im Jahr 1987 wurde auch das Umsatzkostenverfahren für die Gewinn- und Verlustrechnung zugelassen (§ 275 Abs. 3 HGB) und findet – vor allem in Großbetrieben – zunehmend Anwendung.

Aufgaben

1) Gesamtkostenverfahren

Gegeben ist die folgende Saldenliste:

	Soll	Haben
Anlagevermögen		100.000
Bank	70.000	
Rohstoffe	50.000	
fertige Erzeugnisse	70.000	
unfertige Erzeugnisse	50.000	
Waren	20.000	
Eigenkapital		100.000
Fremdkapital		50.000
Umsatzerlöse		280.000
Löhne	70.000	
	430.000	430.000

Aufgabe: Zu buchen sind die folgenden Inventurangaben:
1) Rohstoffverbrauch lt. Materialentnahmescheinen 30.000,--
2) Inventurbestand fertige Erzeugnisse 100.000,--
3) Inventurbestand unfertige Erzeugnisse 30.000,--
4) Warenbestand 10.000,--

Geben Sie die Buchungssätze für das Gesamtkostenverfahren an, buchen Sie auf T-Konten und schließen Sie die Konten ab.

2) Umsatzkostenverfahren

Die Saldenliste eines Unternehmens weist zu Beginn des Monats Juni die folgenden Werte auf:

	Soll	Haben
Rohstoffe	100.000	
fertige Erzeugnisse	850.000	
unfertige Erzeugnisse	750.000	
weitere Vermögensgegenstände	1.000.000	
Eigenkapital		2.700.000
Summe 2.700.000	2.700.000	

Im Laufe des Monats Juni fallen folgende Vorgänge an:

Verschiedene Kosten	200.000
Umsatz:	
Verkaufte Stückzahl	1.000
Verkaufspreis je Stück (€)	500,--

Herstellung von fertigen und unfertigen Erzeugnissen im Monat Juni:

Produktionsstufe 1: Herstellung von unfertigen Erzeugnisse:

Hergestellte Stückzahl:	500
Herstellkosten je Stück:	
Rohstoffverbrauch	60,--
Fertigungslöhne (FL)	10,--

Die Gemeinkostenzuschlagssätze lauten:

Materialgemeinkosten	10 % auf Rohstoffverbrauch
Fertigungsgemeinkosten	800 % auf Fertigungslöhne

Produktionsstufe 2: Weiterverarbeitung zu fertigen Erzeugnissen:

Hergestellte Stückzahl:	400
Herstellkosten je Stück: Fertigungslöhne (FL)	20,--

Die Gemeinkostenzuschlagssätze lauten:

Materialgemeinkosten	20 % auf Materialverbrauch (unfertige Erzeugnisse)
Fertigungsgemeinkosten	1.000 % auf Fertigungslöhne

(Näheres zur Ermittlung von Zuschlagssätzen siehe Heinhold, Kosten- und Erfolgsrechnung in Fallbeispielen, 2010, S. 291 ff.)

Aufgabe: Führen Sie die folgenden Buchungen sowohl mit Vollkosten als auch mit Teilkosten durch:

- Buchen Sie (Buchungssätze und T-Konten) die Produktions- und Verkaufsvorgänge im Monat Juni nach dem Umsatzkostenverfahren
- Ermitteln Sie die Werte der Endbestände der Rohstoffe, der unfertigen Erzeugnisse und der fertigen Erzeugnisse zum 30. Juni.
- Erstellen Sie einen Zwischenabschluss zum 30. Juni.

Lösungen

Beispiel 1: Gesamtkostenverfahren

Buchungssätze:
1) *Rohstoffe:*

    4 Rohstoffverbrauch   an   3 Rohstoffe 30.000

2) *Fertige Erzeugnisse:*

Inventurbestand (30. Juni.)	100.000
./. Anfangsbestand (1. Juni.)	70.000
= Bestandsmehrung	30.000

    9 Schlussbilanzkonto   an   7 fertige Erzeugnisse 100.000
    7 fertige Erzeugnisse   an   8 Bestandsänderungen fE 30.000

3) *Unfertige Erzeugnisse:*

Inventurbestand (30. Juni.)	30.000
./. Anfangsbestand (1. Juni)	50.000
= Bestandsminderung	20.000

    9 Schlussbilanzkonto   an   7 unfertige Erzeugnisse 30.000
    8 Bestandsänderungen uE   an   7 unfertige Erzeugnisse 20.000

4) *Waren:*

Die Buchung erfolgt mit geteilten Warenkonten nach dem Nettoverfahren.

    9 Schlussbilanzkonto   an   3 Waren 10.000
    8 Umsatzerlöse   an   3 Waren 10.000

Buchung und Abschluss beim Gesamtkostenverfahren auf T-Konten:

0 Anlagevermögen

AB	100.000	SBK	100.000

1 Bank

AB	70.000	SBK	70.000

3 Rohstoffe

AB	50.000	1)	30.000
		SBK	20.000
	50.000		50.000

7 Fertige Erzeugnisse

AB	70.000	SBK	100.000
2)	30.000		
	100.000		100.000

7 Unfertige Erzeugnisse

AB	50.000	SBK	30.000
		3)	20.000
	50.000		50.000

0 Fremdkapital

SBK	50.000	AB	50.000

0 Eigenkapital

SBK	280.000	AB	100.000
		BEK	180.000
	280.000		280.000

3 Waren

AB	20.000	4)	10.000
		SBK	10.000
	20.000		20.000

4 Löhne

AB	70.000	BEK	70.000

4 Rohstoffverbrauch

1)	30.000	BEK	30.000

8 BÄ-Fertige Erzeugnisse

BEK	30.000	2)	30.000

8 BÄ-Unfertige Erzeugnisse

3)	20.000	BEK	20.000

8 Umsatzerlöse

4)	10.000	AB	280.000
BEK	270.000		
	280.000		280.000

Betriebsergebniskonto (BEK)

Soll	(Gesamtkostenverfahren)		Haben
Löhne	70.000	Umsatzerlöse	270.000
Rohstoffverbrauch	30.000	Bestandsänderungen fertige Erzeugnisse	30.000
Bestandsänderungen unfertige Erzeugnisse	20.000		
Betriebsergebnis (Gewinn)	180.000		
	300.000		300.000

Soll		Schlussbilanzkonto (SBK)		Haben
Anlagevermögen	100.000	Eigenkapital		280.000
Rohstoffe	20.000	Fremdkapital		50.000
Waren	10.000			
unfertige Erzeugnisse	30.000			
fertige Erzeugnisse	100.000			
Bank	70.000			
	330.000			330.000

Beispiel 2: Umsatzkostenverfahren

Variante a) Verbrauchs- und Bestandsbewertung mit Vollkosten

1. *Buchung der Kosten des Monats:*

   Buchungssatz:
   4 verschied. Kosten   an   1 weitere Vermögensgegenstände 200.000

2. *Berechnung und Buchung des Wertes der hergestellten unfertigen Erzeugnisse:*

Rohstoffverbrauch (500 Stück à 60,--)	30.000
Materialgemeinkosten (10 % von 30.000,--)	3.000
Fertigungslöhne (500 Stück à 10,--)	5.000
Fertigungsgemeinkosten (800 % von 5.000,--)	40.000
= Herstellkosten unfertige Erzeugnisse	78.000
Das ergibt Herstellkosten je Stück (78.000/500)	156

   Buchungssatz:
   7 unfertige Erzeugnisse 78.000
            an   3 Rohstoffe 30.000
            an   4 versch. Kosten 48.000

3. *Berechnung und Buchung des Wertes der hergestellten fertigen Erzeugnisse:*

Verbrauch an unfertigen Erzeugnissen (400 Stück à 156,--)	62.400
Materialgemeinkosten (20 % von 62.400,--)	12.480
Fertigungslöhne (400 Stück à 20,--)	8.000
Fertigungsgemeinkosten (1.000 % von 8.000,--)	80.000
= Herstellkosten fertige Erzeugnisse	162.880
Das ergibt Herstellkosten je Stück (162.880/400)	407,20

   Buchungssatz:
   7 fertige Erzeugnisse 162.880
            an   7 unfertige Erzeugnisse 62.400
            an   4 versch. Kosten 100.480

4. *Buchung der Umsatzerlöse*:

   1.000 Stück à 500,-- = 500.000
   1 weitere Vermögensgegenstände   an   8 Erlöse 500.000

5. *Abschluss des Erlöskontos:*

   8 Erlöse   an   9 Betriebsergebniskonto 500.000

6. *Abschluss der Kostenkonten:*

Aus Buchung Nr. 1)	200.000
Aus Buchung Nr. 2)	– 48.000
Aus Buchung Nr. 3)	– 100.480
= Saldo des Kontos	
»4 verschieden Kosten«	51.520

   8 Betriebsergebniskonto   an   4 versch. Kosten 51.520

7. *Abschluss des Rohstoffkontos:*

   9 Schlussbilanzkontoan   3 Rohstoffe 70.000

8. *Abschluss des Kontos »7 unfertige Erzeugnisse«*

Anfangsbestand	750.000
+ Zugang (500 Stück à 156,--)	+ 78.000
./. Abgang (400 Stück à 156,--)	– 62.400
= Endbestand	765.600

   Buchungssatz:
   9 Schlussbilanzkonto   an   7 unfertige Erzeugnisse 765.600

9. *Abschluss des Kontos »7 fertige Erzeugnisse«*

Anfangsbestand	850.000
+ Zugang (400 Stück à 407,20)	+ 162.880
./. Abgang (1.000 Stück à 407,20)	– 407.200
= Endbestand	605.680

   Buchungssatz:
   8 Betriebsergebniskonto   an   7 fertige Erzeugnisse 407.200
   9 Schlussbilanzkonto   an   7 fertige Erzeugnisse 605.680

10. *Abschluss des Kontos »1 weitere Vermögensgegenstände«*

Anfangsbestand	1.000.000
./. Abgang (Kosten)	– 200.000
+ Zugang (Erlöse)	+ 500.000
= Endbestand	1.300.000

Buchungssatz:
9 Schlussbilanzkonto an 1 weitere Vermögensgegenst. 1.300.000

11. Abschluss des Kontos »9 Betriebsergebnis«

Erlöse	500.000
./. Herstellkosten der verkauften fertigen Erzeugnisse	– 407.200
./. Saldo versch. Kosten	– 51.520
= Betriebsergebnis	+ 41.280

Buchungssatz:
9 Betriebsergebniskonto an 0 Eigenkapital 41.280

12. Abschluss des Kontos »0 Eigenkapital«

0 Eigenkapital an 9 Schlussbilanzkonto 2.741.280

Buchungen und Abschluss beim Umsatzkostenverfahren auf T-Konten
Variante a) Bewertung mit Vollkosten

1 weitere Vermögensgegenstände

AB	1.000.000	1)	200.000
4)	500.000	SBK	1.300.000
	1.500.000		1.500.000

7 fertige Erzeugnisse

AB	850.000	BEK	407.200
3)	162.880	SBK	605.680
	1.012.880		1.012.880

3 Rohstoffe

AB	100.000	2)	30.000
		SBK	70.000
	100.000		100.000

4 verschiedene Kosten

1)	200.000	2)	48.000
		3)	100.480
		BEK	51.520
	200.000		200.000

7 unfertige Erzeugnisse (uE)

AB	750.000	3)	62.400
2)	78.000	SBK	765.600
	828.000		828.000

0 Eigenkapital

SBK	2.741.280	AB	2.700.000
		11)	41.280
	2.741.280		2.741.280

8 Erlöse

BEK	500.000	4)	500.000

Betriebsergebniskonto (BEK)

Soll	(Umsatzkostenverfahren mit Vollkosten)		Haben
6) versch. Kosten	51.520	5) Erlöse	500.000
9) Abgang von fertigen			
Erzeugnisse	407.200		
11) Betriebsgewinn ($\rightarrow$EK)	41.280		
	500.000		500.000

Schlussbilanzkonto (SBK)

Soll	(Umsatzkostenverfahren mit Vollkosten)		Haben
Rohstoffe	70.000	Eigenkapital	2.741.280
Unfertige Erzeugnisse	765.600		
Fertige Erzeugnisse	605.680		
Weitere Vermögens-			
gegenstände	1.300.000		
	2.741.280		2.741.480

Variante b)
Verbrauchs- und Bestandsbewertung mit Teilkosten

1. Buchung der Kosten des Monats:

   4 verschied. Kosten an 1 weitere Vermögensgegenstände 200.000

2. Berechnung und Buchung des Wertes der hergestellten unfertigen Erzeugnisse:

Rohstoffverbrauch (500 Stück à 60,--)	30.000
Fertigungslöhne (500 Stück à 10,--)	5.000
= Herstellkosten unfertige Erzeugnisse	35.000
Das ergibt Herstellkosten je Stück (35.000/500)	70

   Buchungssatz:
   7 unfertige Erzeugnisse 35.000   an   3 Rohstoffe 30.000
                                          an   4 versch. Kosten 5.000

3. Berechnung und Buchung des Wertes der hergestellten fertigen Erzeugnisse:

Verbrauch an unfertigen Erzeugnissen	
(400 Stück à 70,--)	28.000
Fertigungslöhne (400 Stück à 20,--)	8.000
= Herstellkosten fertige Erzeugnisse	36.000
Das ergibt Herstellkosten je Stück (36.000/400)	90

Buchungssatz:

| 7 fertige Erzeugnisse 36.000 | an | 7 unfertige Erzeugnisse 28.000 |
| | an | 4 versch. Kosten 8.000 |

4. *Buchung der Umsatzerlöse*:

1.000 Stück à 500,-- = 500.000,--

Buchungssatz:

| 1 weitere Vermögensgegenstände | an | 8 Erlöse 500.000 |

5. *Abschluss des Erlöskontos:*

| 8 Erlöse | an | 9 Betriebsergebniskonto 500.000 |

6. *Abschluss der Kostenkonten:*

Aus Buchung Nr. 1)	200.000
Aus Buchung Nr. 2)	– 5.000
Aus Buchung Nr. 3)	– 8.000
= Saldo des Kontos	
»4 verschieden Kosten«	187.000

| 8 Betriebsergebniskonto | an | 4 versch. Kosten 187.000 |

7. *Abschluss des Rohstoffkontos:*

| 9 Schlussbilanzkonto | an | 3 Rohstoffe 70.000 |

8. *Abschluss des Kontos »7 unfertige Erzeugnisse«*

Anfangsbestand	750.000
+ Zugang (500 Stück à 70,--)	+ 35.000
./. Abgang (400 Stück à 70,--)	– 28.000
= Endbestand	757.000

Buchungssatz:

| 9 Schlussbilanzkonto | an | 7 unfertige Erzeugnisse 757.000 |

9. *Abschluss des Kontos »7 fertige Erzeugnisse«*

Anfangsbestand	850.000
+ Zugang (400 Stück à 90,--)	+ 36.000
./. Abgang (1.000 Stück à 90,--)	– 90.000
= Endbestand	796.000

Buchungssatz:

| 8 Betriebsergebniskonto | an | 7 fertige Erzeugnisse 90.000 |
| 9 Schlussbilanzkonto | an | 7 fertige Erzeugnisse 796.000 |

10. Abschluss des Kontos »1 weitere Vermögensgegenstände«

Anfangsbestand	1.000.000
./. Abgang (Kosten)	– 200.000
+ Zugang (Erlöse)	+ 500.000
= Endbestand	1.300.000

Buchungssatz:
9 Schlussbilanzkonto   an   1 weitere Vermögensgegenst. 1.300.000

11. Abschluss des Kontos »9 Betriebsergebnis«

Erlöse	500.000
./. Herstellkosten der verkauften fertigen Erzeugnisse	– 90.000
./. Saldo versch. Kosten	– 187.000
= Betriebsergebnis	+ 223.000

Buchungssatz:
9 Betriebsergebniskonto an   0 Eigenkapital 223.000

12. Abschluss des Kontos »0 Eigenkapital«

0 Eigenkapital   an   9 Schlussbilanzkonto   2.923.000

Buchungen und Abschluss beim Umsatzkostenverfahren auf T-Konten
Variante b) Bewertung mit Teilkosten

1 weitere Vermögensgegenstände					7 fertige Erzeugnisse		
AB	1.000.000	1)	200.000	AB	850.000	BEK	90.000
4)	500.000	SBK	1.300.000	3)	36.000	SBK	796.000
	1.500.000		1.500.000		886.000		886.000

3 Rohstoffe					4 verschiedene Kosten		
AB	100.000	2)	30.000	1)	200.000	2)	5.000
		SBK	70.000			3)	8.000
	100.000		100.000			BEK	187.000
					200.000		200.000

7 unfertige Erzeugnisse (uE)			
AB	750.000	3)	28.000
2)	35.000	SBK	757.000
	785.000		785.000

0 Eigenkapital			
SBK	2.923.000	AB	2.700.000
		11)	223.000
	2.923.000		2.923.000

8 Erlöse			
BEK	500.000	4)	500.000

Betriebsergebniskonto (BEK)

Soll		(Umsatzkostenverfahren mit Teilkosten)		Haben
6) versch. Kosten	187.000	5) Erlöse		500.000
9) Abgang von fertigen Erzeugnissen	90.000			
11) Betriebsgewinn (→EK)	223.0000			
	500.000			500.000

Schlussbilanzkonto (SBK)

Soll		(Umsatzkostenverfahren mit Teilkosten)		Haben
Rohstoffe	70.000	Eigenkapital		2.923.000
Unfertige Erzeugnisse	757.000			
Fertige Erzeugnisse	796.000			
Weitere Vermögens- gegenstände	1.300.000			
	2.923.000			2.923.000

Lerneinheit 15: Die kalkulatorischen Kosten

Lernziele

- *Wesen der kalkulatorischen Kosten als »erfolgsneutrale« Kosten*
- *Kalkulatorischer Unternehmerlohn*
- *Kalkulatorische Zinsen*
- *Kalkulatorische Abschreibungen*
- *Kalkulatorische Wagnisse*
- *Kalkulatorische Kosten in der Praxis*

Einführung

In LE 7 über die sachliche Abgrenzung wurde zwischen neutralem und betriebsbedingtem Aufwand unterschieden. Der getrennte Ausweis des letzteren als Kosten in einer eigenen Kontenklasse ist zweckmäßig, weil hierdurch sämtliche Bestandteile, die in die Herstellungskosten, in die Selbstkosten und damit in die Angebotspreise eingehen müssen, gesondert erfasst sind. Ebenso wie die neutralen Aufwendungen mindern auch die Kosten den Gewinn in der GuV-Rechnung.

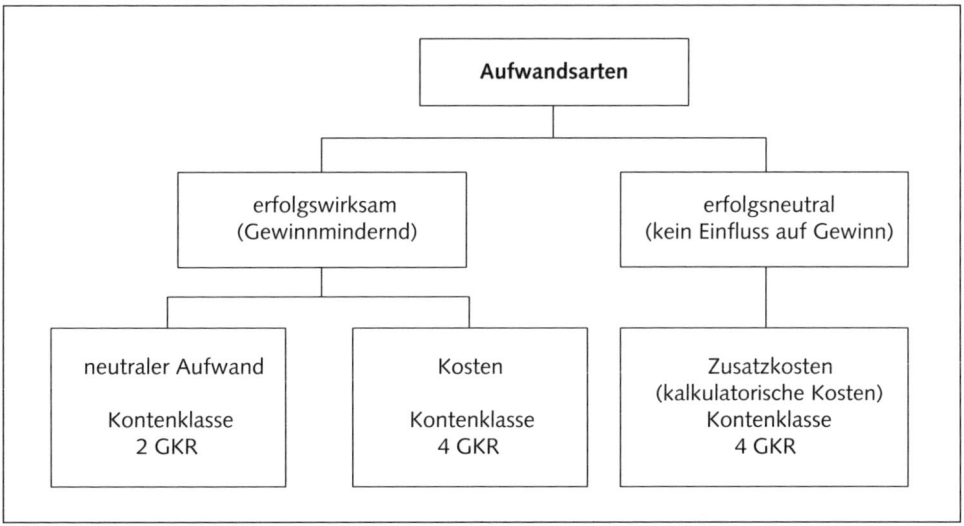

Abb. 15.1: Aufwandsarten

Es gibt nun noch weitere Kostenarten, die betriebswirtschaftlich gesehen unbedingt Bestandteil der Selbstkosten sein müssen und damit in der Kontenklasse 4 zu buchen sind, die jedoch aus gesetzlichen Gründen (HGB und EStG) **den Gewinn nicht mindern dürfen.** Dies sind die sog. kalkulatorischen Kosten (vgl. Abb. 15.1).

Wenn man in Kontenklasse 4 alle für die Kalkulation und Kostenrechnung wichtigen Kosten erfassen will, dann müssen auch die kalkulatorischen Kosten hier gebucht werden. Da aber die Salden der Kostenkontenklasse 4 über das Betriebsergebniskonto in das GuV-Konto gehen, muss durch eine Ertragsgegenbuchung der Einfluss der kalkulatorischen Kosten im **GuV-Konto wieder neutralisiert** werden. Der Buchungssatz hierzu heißt:

4 kalkulatorische Kosten   an   2 verrechnete kalkulatorische Kosten.

Durch die Ertragsgegenbuchung wird erreicht, dass die kalkulatorischen Kosten

- als Kosten in Kontenklasse 4 stehen. (Diese enthält somit alle für die Betriebsabrechnung und Kalkulation erforderlichen Kosten.)
- als Kosten das Betriebsergebnis beeinflussen,
- jedoch den Gewinn (Gesamterfolg) im Gewinn- und Verlustkonto nicht beeinflussen.

In Abb.15.2 ist das Buchungsschema auf T-Konten dargestellt.

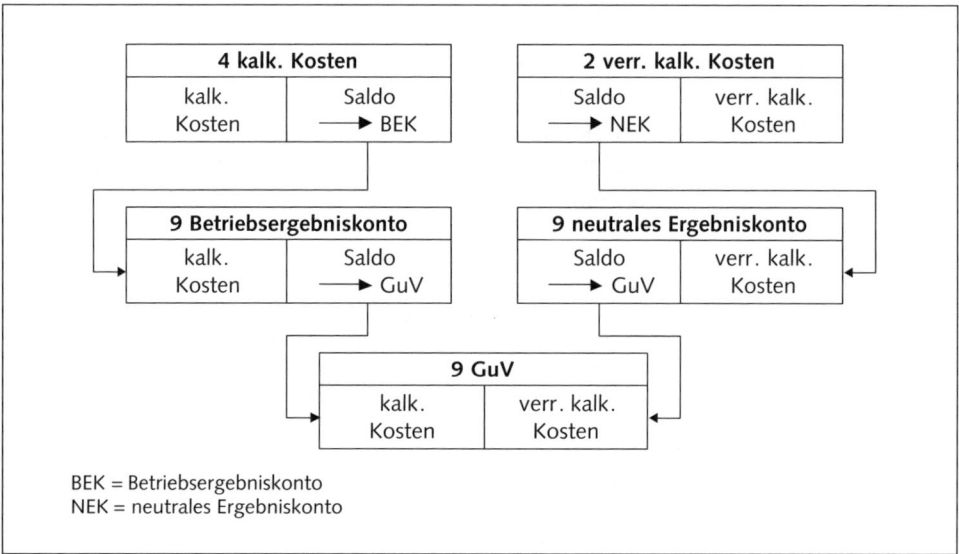

Abb. 15.2: Die Buchung kalkulatorischer Kosten auf T-Konten

Der kalkulatorische Unternehmerlohn

Die Gehälter von mitarbeitenden Gesellschaftern bei Personengesellschaften dürfen ebenso wie das Gehalt des Einzelunternehmers nach HGB und EStG den Gewinn nicht mindern. Das Gehalt ist hier als Privatentnahme zu buchen. Um jedoch langfristig diese Privatentnahmen zu sichern, ist es erforderlich, die Verkaufspreise entsprechend höher zu kalkulieren, zumindest so hoch, dass sie dem Gehalt eines angestellten Managers entsprechen. Dies erfolgt durch Lastschrift des entsprechenden Betrages auf dem Konto »4 kalkulatorischer Unternehmerlohn«. Die erfolgsneutralisierende Gegenbuchung findet im Haben des Kontos »2 verrechnete kalkulatorische Kosten« statt.

Kalkulatorische Zinsen

In erster Linie ist hier an die Verzinsung des Eigenkapitals gedacht, das ein Gesellschafter nur dann in seinem Unternehmen belassen wird, wenn es eine entsprechende Verzinsung bringt. Um dies zu gewährleisten, müssen die kalkulatorischen Zinsen bei der Kalkulation der Selbstkosten und der Angebotspreise berücksichtigt werden.

Beim Fremdkapital ist ein Ansatz kalkulatorischer Zinsen nur sinnvoll, wenn es zu branchenunüblichen Zinsen zur Verfügung steht.

Buchungssatz: 4 kalkulatorische Zinsen   an   2 verrechnete kalkulatorische Kosten.

Eventuelle effektive Fremdkapitalzinsen sind dann als neutraler Aufwand zu buchen.

Kalkulatorische Abschreibungen

Aus steuerlichen Gründen wird sehr häufig in einer Höhe abgeschrieben, die dem tatsächlichen und betriebswirtschaftlich richtigen Wertverzehr eines Wirtschaftsgutes nicht entspricht (z. B. Sonderabschreibungen, degressive Abschreibungen). Weiterhin reichen oft die handelsrechtlichen (bilanziellen) Abschreibungen nicht aus, um das Wirtschaftsgut nach Ablauf seiner Lebensdauer aus den (über die Preise) verdienten Abschreibungen wieder zu beschaffen, weil es zwischenzeitlich teurer geworden ist. In der Kalkulation sind all diese Aspekte zu berücksichtigen.

Man bucht deshalb in Kontenklasse 4 die kalkulatorischen Abschreibungen vom Wiederbeschaffungswert, während die bilanzsteuerlich zulässigen, die sog. bilanziellen Abschreibungen, als neutraler Aufwand in Kontenklasse 2 gebucht werden.

Kalkulatorische Wagnisse

Man kennt eine Reihe von Einzelwagnissen, gegen die sich ein Unternehmen »selbst versichern« kann. Durch eine entsprechende Kostenbuchung ist die Berücksichtigung in der Kalkulation und der Preisgestaltung möglich. Die betroffenen Wagnisarten sind vor allem:

- Beständewagnis (Ausschuss)
- Anlagenwagnis (Explosion, Brand usw.)

- Gewährleistungswagnis (Garantieverpflichtungen)
- Entwicklungswagnis (Fehlentwicklungen)
- Forderungswagnis (Forderungsausfall).

Die Buchung erfolgt analog zu den bisher besprochenen Fällen mit dem Buchungssatz:

4 kalkulatorische Wagnisse   an   2 verrechnete kalkulatorische Kosten.

Unabhängig hiervon werden die tatsächlich eingetretenen und im Allgemeinen von den kalkulatorischen Ansätzen wertverschiedenen Wagnisverluste als neutraler Aufwand in Kontenklasse 2 gebucht.

Gelegentlich wird noch die **kalkulatorische Miete** für eigengenutzte Gebäude als kalkulatorische Kostenart angeführt. Hiergegen lässt sich einwenden, dass die kalkulatorischen Abschreibungen auf Gebäude sowie etwaige anteilige kalkulatorische Zinsen dem Sachverhalt der Eigennutzung bereits Rechnung tragen. Die kalkulatorische Miete wird jedoch immer dann zu berücksichtigen sein, wenn die in Rechnung gestellte Fremdmiete außergewöhnlich niedrig ist.

Handhabung der kalkulatorischen Kosten in der Praxis

Die Buchung der kalkulatorischen Kosten im Rahmen der Doppik hat den Vorteil, dass alle zu kalkulierenden Kosten auf den Kostenkonten der Klasse 4 enthalten sind. Dem steht der Nachteil gegenüber, dass durch die buchungstechnische Neutralisierung der kalkulatorischen Kosten im GuV- Konto der Buchungs- und Arbeitsaufwand wesentlich erhöht wird.

Häufig, vor allem bei kleineren Betrieben, berücksichtigt man die kalkulatorischen Kosten außerhalb des Systems der Doppik. Die Betriebsabrechnung erhält die erfolgswirksamen Kosten aus der Geschäftsbuchhaltung. Die kalkulatorischen Kosten laufen nicht über die Konten der Geschäftsbuchhaltung. Die Kostenrechnung und Kalkulation findet hier nicht im Rahmen der doppelten Buchführung, sondern tabellarisch statt, meist auch organisatorisch von der Finanzbuchhaltung losgelöst in einer gesonderten Abteilung (z. B. Betriebsbuchhaltung, Kostenstatistik o. ä.).

Aufgaben

Geben Sie für die folgenden Geschäftsvorfälle die Buchungssätze an, buchen Sie auf T-Konten und schließen Sie die Konten über das neutrale Ergebniskonto und das Betriebsergebniskonto ab.

1) Für die Geschäftsführertätigkeit des Unternehmers sollen 100.000,-- € als Kosten kalkuliert werden.

2) a) Für das Eigenkapital sind kalkulatorische Zinsen anzusetzen 30.000,-- €.

   b) Wie würde die Buchung lauten, wenn auf das gesamte betriebsnotwendige Kapital (EK und FK) 30.000,-- € als Zinsen zu kalkulieren sind und für das Fremdkapital effektiv 20.000,-- € Zinsen bezahlt werden?

3) Abschreibungen auf Maschinen: kalkulatorisch 5.000,-- €

                                        handelsrechtlich (bilanziell) : 4.000,-- €.

4) Als Wagniskosten im Fertigfabrikatelager sollen 5.000,-- € kalkuliert werden. Der tatsächliche Verderb von Produkten beträgt nur 4.000,-- €.

Lösungen

1) Kalkulatorischer Unternehmerlohn

Buchung des kalk. Unternehmerlohns:

    4 kalk. Unternehmerlohn   an   2 verr. kalk. Kosten 100.000

Abschluss der Konten:

2 verr. kalk. Kosten	an	9 Neutrales Ergebniskonto 100.000
9 Betriebsergebniskonto	an	4 kalk. Unternehmerlohn 100.000
9 GuV-Konto	an	9 Betriebsergebniskonto. 100.000
9 Neutrales Ergebniskto.	an	9 GuV-Konto 100.000

Buchung und Abschluss auf T-Konten:

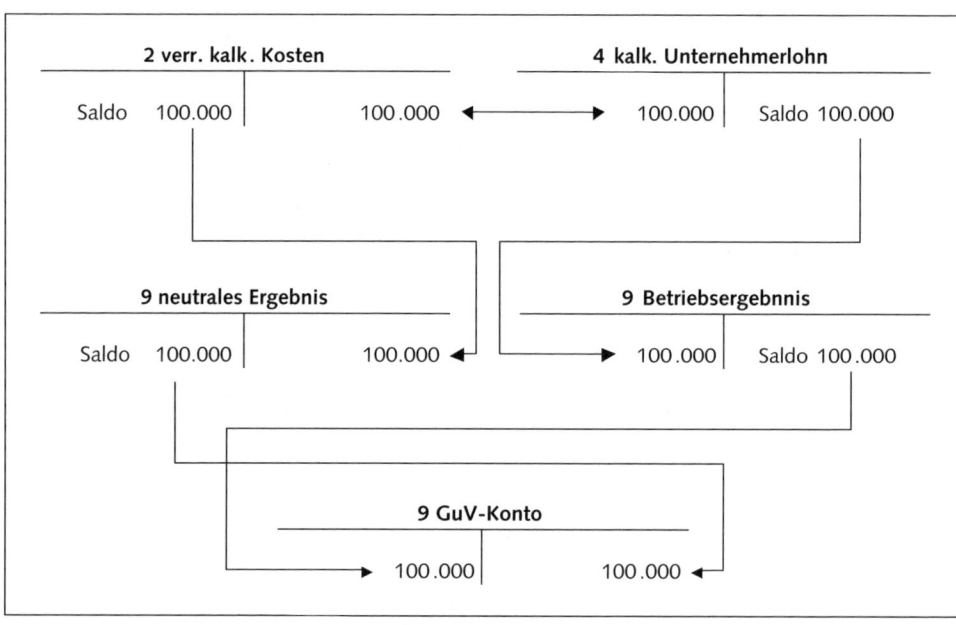

2) Kalkulatorische Zinsen

a) Die Buchungen erfolgen hier genau wie beim kalkulatorischen Unternehmerlohn. Das Konto »4 kalkulatorische Eigenkapitalzinsen« tritt an die Stelle des Kontos »4 kalk. Unternehmerlohn«.

b) Kalkulatorische Zinsen auf das gesamte betriebsnotwendige Kapital

Buchung der effektiven Fremdkapitalzinsen:

     2 Zinsaufwand   an   1 Kasse 20.000

Buchung der kalkulatorischen Zinsen:

     4 kalk. Zinsen   an   2 verr. kalk. Kosten 30.000

Abschluss der Konten:

     2 verr. kalk. Kosten   an   9 Neutrales Ergebnis 30.000
     9 Betriebsergebnis   an   4 kalk. Zinsen 30.000
     9 Neutrales Ergebnis   an   2 Zinsaufwand 20.000
     9 GuV   an   9 Betriebsergebnis 30.000
     9 Neutrales Ergebnis   an   9 GuV 10.000

Buchung und Abschluss auf T-Konten:

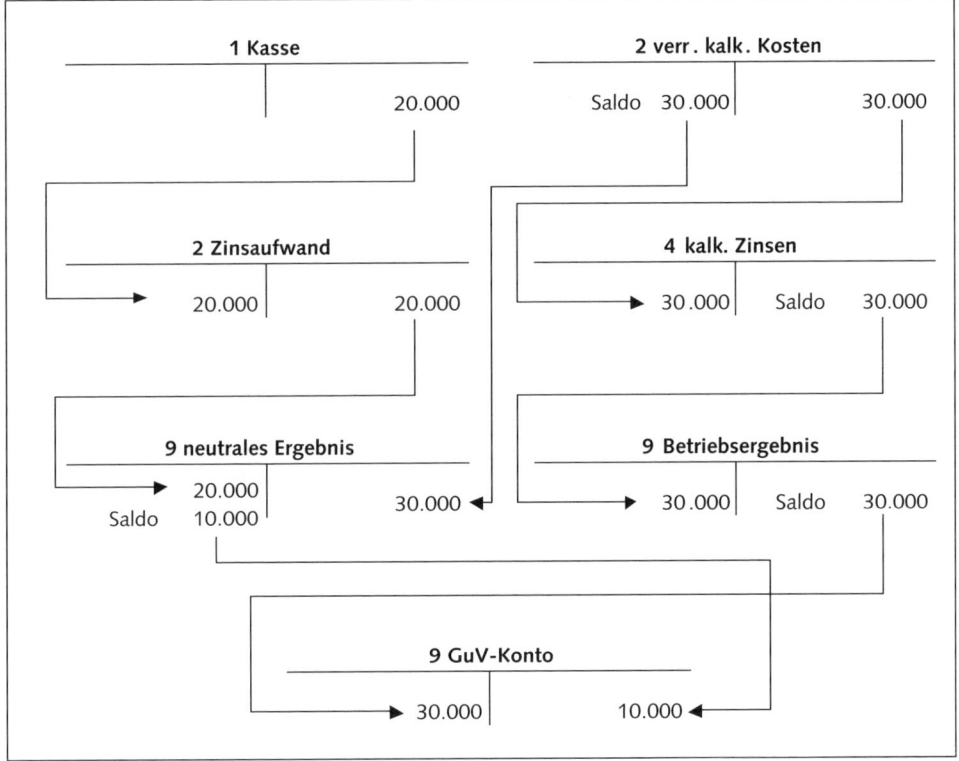

3) Kalkulatorische Abschreibung

Buchung der bilanzmäßigen Abschreibungen:

     2 bilanzielle Abschreibung   an   0 Maschinen 4.000

Buchung der kalkulatorischen Abschreibung:

4 kalk. Abschreibung	an	2 verr. kalk. Kosten 5.000

Abschluss der Konten:

9 Neutrales Ergebnis	an	2 bilanzielle Abschreibungen 4.000
2 verr. kalk. Kosten	an	9 Neutrales Ergebnis 5.000
9 Betriebsergebnis	an	4 kalk. Abschreibung 5.000
9 GuV	an	9 Betriebsergebnis 5.000
9 Neutrales Ergebnis	an	9 GuV 1.000

Buchung und Abschluss auf T-Konten:

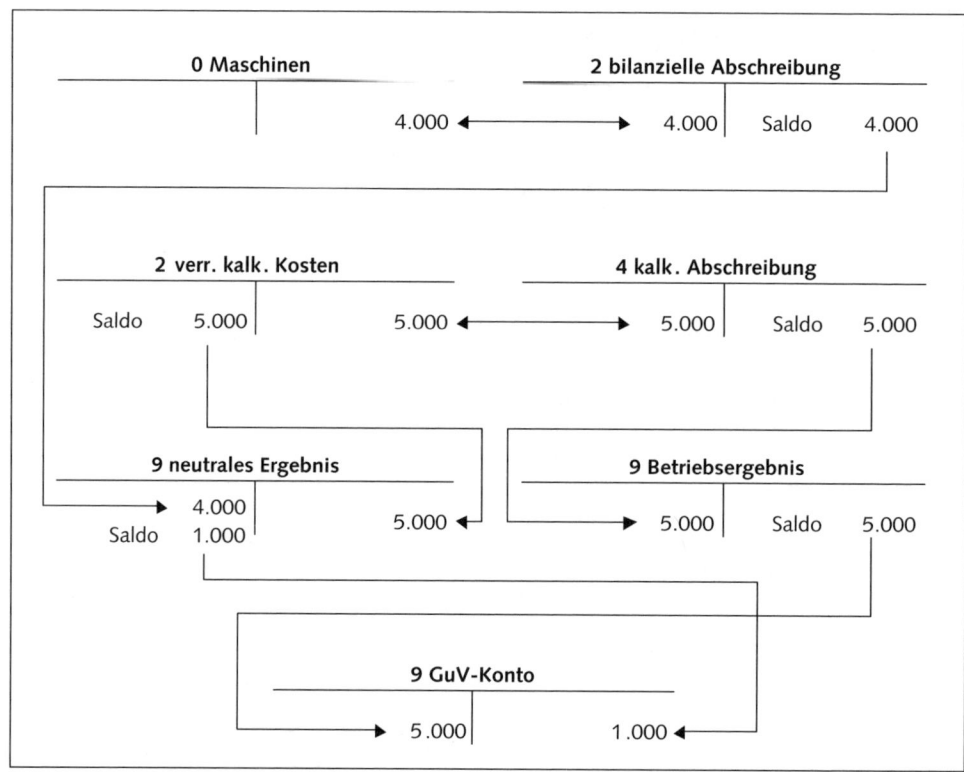

4) Kalkulatorische Wagnisse

Buchung des tatsächlichen Ausfalls:

2 bilanzielles Wagnis	an	7 fertige Erzeugnisse 4.000

Buchung des kalkulatorischen Beständewagnisses:

4 kalkulatorisches Wagnis	an	2 verr. kalk. Kosten 5.000

Abschluss der Konten:

9 Neutrales Ergebniskonto	an	2 bilanzielles Wagnis 4.000
2 verr. kalk. Kosten	an	9 Neutrales Ergebniskonto 5.000
9 Betriebsergebniskonto	an	4 kalkulatorisches Wagnis 5.000
9 Neutrales Ergebniskonto	an	9 GuV-Konto 1.000
9 GuV-Konto	an	9 Betriebsergebniskonto. 5.000

Buchung und Abschluss auf T-Konten:

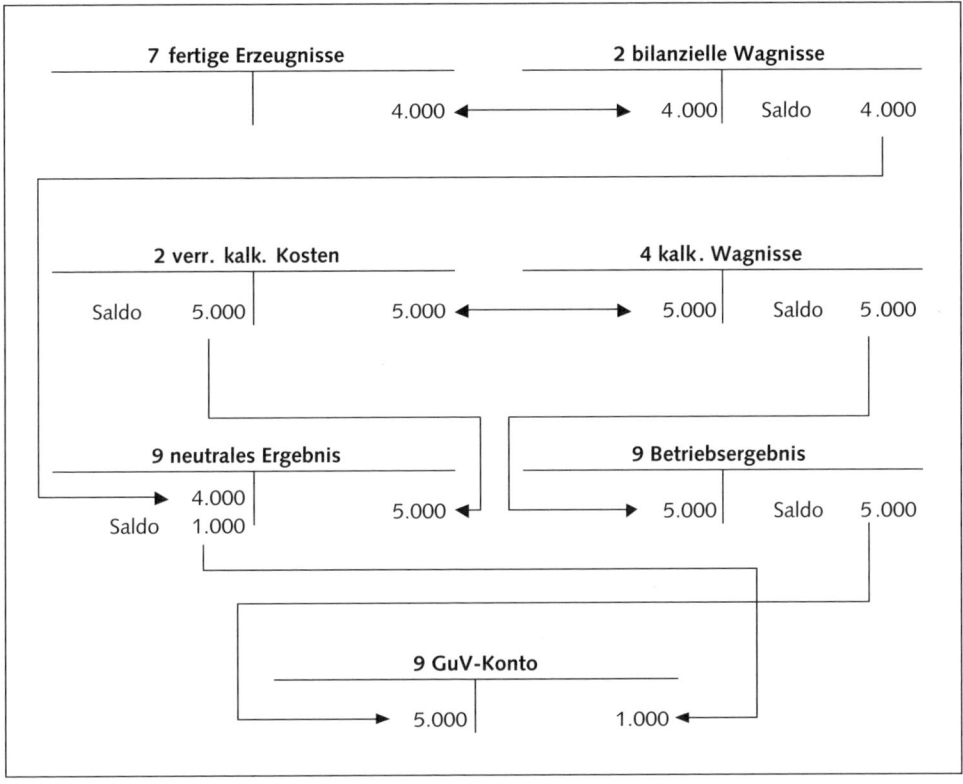

Lerneinheit 16: Buchungen beim Wechselverkehr

Lernziele

- *Der Wechsel als Zahlungsmittel*
- *Das Buchen der Wechselschuld*
- *Diskont und Spesen*
- *Die Verwendung des Wechsels*
- *Wechselprolongation*
- *Wechselprotest*

Einführung

Viele Warengeschäfte werden durch Wechsel finanziert. Der Wechsel ist ein Wertpapier, in dem sich der Bezogene (Schuldner) verpflichtet, einen bestimmten Betrag an einem festgelegten Termin (dem sog. Verfalltag) an den auf dem Wechsel angegebenen Empfänger (Remittent) zu bezahlen. Im Normalfall liegt der folgende Sachverhalt vor:

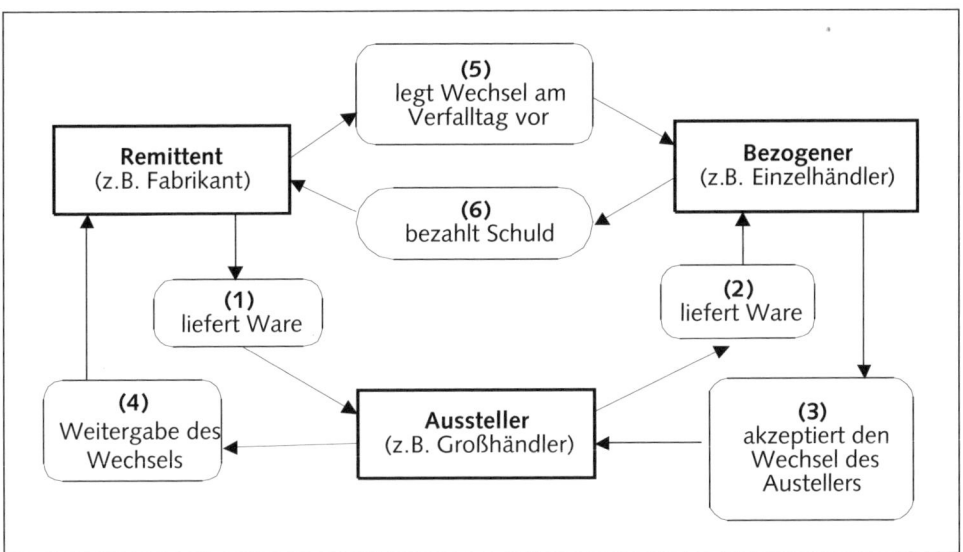

Abb. 16.1: Der Wechsel als Zahlungsmittel

Auf diese Weise kann erreicht werden, dass die bezogenen Waren erst dann bezahlt werden müssen, wenn sie bereits an den Endabnehmer verkauft sind. Dies ist auch über mehrere Handelsstufen hinweg möglich, da der Wechselnehmer (Remittent) den Wechsel an einen anderen als Zahlungsmittel weitergeben kann.

Beispiel:

A	stellt einen Wechsel über 1.000,-- € aus.
B	akzeptiert als Bezogener den Wechsel durch »Querschreiben« (Unterschrift).
R_1	(Remittent 1) erhält den Wechsel von A.
R_1	gibt den Wechsel an R_2 zur Begleichung seiner eigenen Schulden weiter.

Der Wechsel, den R_2 erhält, hat folgende Bestandteile, die gesetzlich vorgeschrieben sind (Art. 1 Wechselgesetz, im Beispiel fett gedruckt):

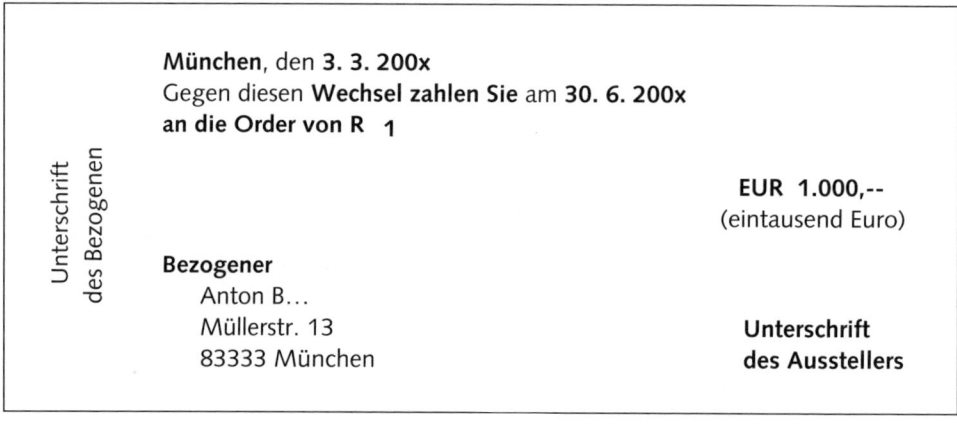

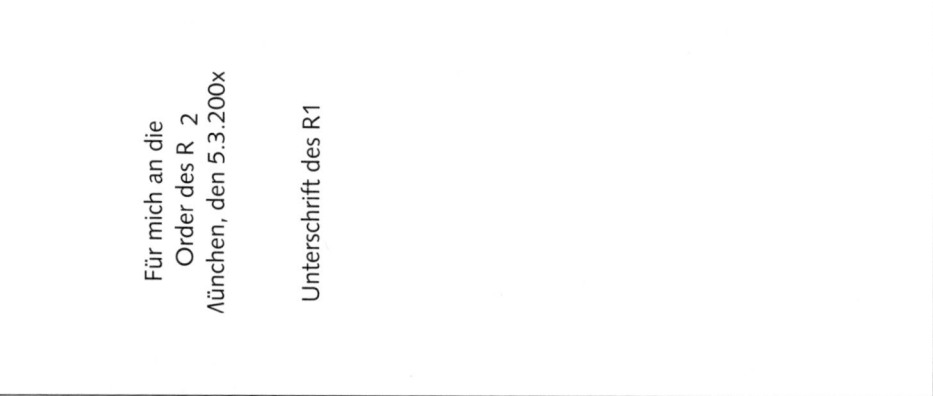

Abb. 16.2: Vorder- und Rückseite eines Wechselformulars

Den Weitergabevermerk auf der Rückseite nennt man Indossament. Ein Wechsel kann auf diese Weise beliebig oft als Zahlungsmittel weitergegeben werden. Selbstverständlich sind Spezialfälle möglich, derart, dass

- Aussteller und Bezogener identisch sind,
- Aussteller und Remittent identisch sind.

Das Buchen der Wechselschuld

Buchungstechnisch hat jeder Wechsel zwei Seiten:

Als **Besitzwechsel** stellt er eine Forderung für den jeweiligen Remittenten dar, die durch die besondere Strenge des Wechselgesetzes gesichert ist. Als **Schuldwechsel** (Akzept) ist er eine Verbindlichkeit für den Bezogenen.

Diskont und Spesen

Da die Wechselsumme dem Remittenten erst am Verfalltag des Wechsels zur Verfügung steht, er seine Forderung bis dahin also stunden muss, stellt er dem Bezogenen die zwischenzeitlichen Zinsverluste in Rechnung. Diesen Wechselzins nennt man Diskont. Er ist beim Gläubiger (Besitzwechsel) ein Ertrag (Konto »2 Diskontertrag«), beim Schuldner (Schuldwechsel) ein Aufwand (Konto »2 Diskontaufwand«).

Zusätzlich zu den Zinsverlusten können dem Besitzwechselinhaber Spesen entstehen (etwa durch Porti bei der Weitergabe usw.). Auch diese Spesen werden dem Bezogenen in Rechnung gestellt. Sie werden auf dem Konto »4 Nebenkosten des Geldverkehrs« gebucht. Beim normalen Warenwechsel - also einem Wechsel, dem ein Warengeschäft zugrunde liegt - ist die Weiterverrechnung sowohl von Diskont als auch von Spesen umsatzsteuerpflichtig (vgl. oben, S. 68 vgl. auch Abschn. 29a Abschn. 2 UStR).

Der Wechselinhaber muss entsprechend buchen:

1 Forderungen	an	2 Diskontertrag
	an	1 USt

Der Bezogene bucht:

2 Diskontaufwand		
1 Vorsteuer	an	1 Verbindlichkeiten

Bei einem reinem Finanzwechsel tritt keine Umsatzsteuerpflicht ein. Umsatzsteuerpflicht auf Diskont und Spesen ist auch dann nicht gegeben, wenn eine Bank beim Einlösen eines Warenwechsels diese Beträge abzieht, da es sich jetzt nicht mehr um ein Warengeschäft, sondern um ein steuerbefreites Kreditgeschäft handelt (§ 4 Nr. 8c UStG).

Die Verwendung des Wechsels

Der Inhaber R eines Besitzwechsels hat drei Möglichkeiten seiner Verwendung:

1. Er behält ihn bis zum Verfalltag

Am Verfalltag legt er den Wechsel dem Bezogenen (B) vor, der die Schuld bezahlt.

R bucht:	1 Bank	an	1 Besitzwechsel
B bucht:	1 Schuldwechsel	an	1 Bank

2. Er gibt ihn vor Verfall als Zahlungsmittel an einen Dritten weiter

Dieser stellt ihm Diskont, Spesen und USt in Rechnung.
Der alte Wechselinhaber bucht:

1 Verbindlichkeiten	an	1 Besitzwechsel

2 Diskontaufwand		
4 Nebenkosten des Geldverkehrs		
1 Vorsteuer	an	1 Verbindlichkeiten

Der neue Wechselinhaber bucht:

1 Besitzwechsel	an	1 Forderungen

Diskont und Spesen werden gebucht:

1 Forderungen	an	2 Diskontertrag
	an	4 Nebenkosten des Geldverkehrs
	an	1 USt

3. Er gibt ihn zur vorzeitigen Diskontierung (Einlösung) einer Bank

Die Bank zahlt nicht die volle Wechselsumme aus, sondern zieht Diskont und Spesen ab. Allerdings berechnet sie – im Gegensatz zu Fall 2 – keine USt. Im Normalfall wird der Wechseleinreicher wie folgt buchen:

1 Bank		
2 Diskontaufwand		
4 Nebenkosten des Geldverkehrs	an	1 Besitzwechsel

In § 17 UStG ist die Möglichkeit vorgesehen, dass der Wechseleinreicher den Diskont, den er von der Bank abgezogen bekommt, als nachträgliche Entgeltminderung (ähnlich wie bei Kundenskonti) behandeln kann. Er darf deshalb die im Diskontbetrag steckende USt, die zuviel berechnet ist, berichtigen. Für die Wechselspesen ist dies nicht vorgesehen.

Buchungssatz:

    1 Bank

    2 Diskontaufwand

    1 USt

    4 Nebenkosten des Geldverkehrs   an   1 Besitzwechsel.

In der Praxis wird diese USt-Berichtigungsbuchung allerdings meist nicht durchgeführt, weil sie einen umständlichen Rückkoppeleffekt zur Folge hat: Auch der Kunde, von dem der Wechsel kommt, muss dann nämlich seine Vorsteuer um denselben Betrag reduzieren.

Wechselprolongation

Kann der Bezogene am Verfalltag die Wechselsumme nicht bezahlen, dann besteht die Möglichkeit der Prolongation, also der Verlängerung der Zahlungsfrist. Hier sind zwei Fälle möglich:

1. Der Wechselinhaber stimmt der Prolongation zu. Dann wird der alte Wechsel gegen einen neuen mit verlängerter Laufzeit ausgetauscht. Diskont und Spesen sowie USt hierauf werden dem Bezogenen belastet.
2. Der Wechselinhaber besteht auf sofortiger Zahlung der Wechselsumme. Hier muss sich der Bezogene einen ihm wohl gesonnenen Geschäftspartner suchen (meist ist dies der Aussteller des Wechsels), der gegen einen neuen Wechsel die alte Wechselsumme bar zur Verfügung stellt. Auch hier fallen Diskont, Spesen und USt an.

Der neue Aussteller bucht: 1 Besitzwechsel   an   1 Bank

                             1 Forderungen   an   2 Diskontertrag

                                          an   4 NK des Geldverkehrs

                                          an   1 USt

Der Bezogene bucht: 1 Bank   an   1 Schuldwechsel (neu!)

                         2 Diskontaufwand

                         4 NK des Geldverkehrs

                         1 Vorsteuer   an   1 Verbindlichkeiten

Die Bezahlung der alten Wechselschuld löst die Buchung aus:

                         1 Schuldwechsel   an   1 Bank.

Wechselprotest und Rückgriff

Ist der Bezogene am Verfalltag nicht in der Lage, die Wechselsumme zu bezahlen und bleibt auch sein Prolongationsansuchen ohne Erfolg, dann wird der Wechselbesitzer Protest mangels Zahlung erheben. Der Wechselprotest ist eine öffentliche, vom Notar oder einem Gericht zu erstellende Urkunde (Art. 79 WG).

Der Besitzwechsel wird zum Protestwechsel.

Buchungssatz: 1 Protestwechsel an 1 Besitzwechsel.

Jetzt kann der Wechselbesitzer beliebig jeden der früheren Vorbesitzer des Wechsels zur Zahlung der Wechselsumme verpflichten (Rückgriff, Regress), wobei er noch zusätzliche Forderungen in Rechnung stellt (Art. 48 WG):

Wechselsumme
+ Protestkosten (z. B. Notar)
+ sonstige Auslagen
+ Verzugszinsen (6 % p. a. seit Verfalltag)
+ Provision (1/3 % der Wechselsumme)
= Rückgriffssumme

Die zusätzlichen Forderungen (Protestkosten usw.) sind nicht USt-pflichtig (Abschn. 3 Abs. 3 UStR).

Der Regressnehmer bucht also:

1 Forderungen	an	1 Protestwechsel (Wechselsumme)
	an	4 NK.d. Geldverk. (Protestkosten, Auslagen)
	an	2 a.o. Ertrag (Provision)
	an	2 Zinsertrag (Verzugszinsen)

Genau umgekehrt bucht der Regresspflichtige:

1 Protestwechsel		
4 NK. d. Geldverkehrs		
2 a. o. Aufwand		
2 Zinsaufwand	an	1 Verbindlichkeiten

Der so betroffene Regresspflichtige hat nun seinerseits die Möglichkeit, die Beträge von seinen »Vormännern« zu fordern.

Wegen dieser latenten Gefahr des Wiederauflebens einer alten Wechselschuld müssen unter den Bilanzen nach § 251 HGB die möglichen Regresssummen unter dem Begriff »Wechselobligo« aufgeführt werden. Es ist weder Bestandteil der Aktiva noch der Passiva, sondern steht außerhalb des Systems Doppik als Zusatzinformation.

Aufgaben

1)   Entstehung der Wechselschuld:

X hat an Y Waren geliefert (Wert 5.000,-- € zuzügl. 20 % USt). Y akzeptiert den Wechsel, den X auf ihn zieht. X stellt gesondert in Rechnung:

> Diskont 6 % p.a. für 3 Monate = 90,-- €,
> Spesen 10,-- €.

Geben Sie die Buchungssätze für X und Y an.

2)   Einzug am Verfalltag

X löst den Wechsel am Verfalltag bei Y bar ein.

Wie bucht X?
Wie bucht Y?

3)   Vorzeitige Weitergabe des Wechsels durch Indossament

X gibt den Wechsel (6.000,-- €) nach 1 Monat zur Begleichung seiner eigenen Schulden an Z. Dieser stellt dem X in Rechnung:

> Diskont (6 % p.a. für 2 Monate) = 60,-- €,
> Spesen = 5,-- €

Geben Sie die Buchungssätze für X und Z an!

4)   Vorzeitige Diskontierung bei der Bank

X gibt den Wechsel sofort nach Erhalt (Restlaufzeit 3 Monate) seiner Bank zur Diskontierung. X erhält folgende Bankabrechnung:

Wechselsumme	6.000,-- €
./. Diskont	90,-- €
./. Spesen	10,-- €
Auszahlung	5.900,-- €

Wie bucht X?

5)   Wechselprolongation

Y kann am Verfalltag die 6.000,-- € nicht bezahlen.

a) X, der den Wechsel immer noch im Besitz hat, stellt einen Prolongationswechsel aus, wobei er Diskont (90,--) und Spesen (10,--) einschließlich USt (20,--) in die Wechselsumme mit einbezieht (sog. spesenfreies Papier).

Geben Sie die Buchungssätze bei X und Y an.

b) X ist nicht mehr im Besitz des Wechsels. Er stellt dem Y jedoch die alte Wechselsumme (6.000,-- €) bar zur Verfügung und erhält dafür einen neuen Wechsel. Diskont (90,--) und Spesen (10,--) werden gesondert in Rechnung gestellt.

Geben Sie die Buchungssätze bei X und Y an

6) Wechselprotest

Ein Wechsel über 12.000,-- € geht zu Protest. Der Wechselbesitzer stellt folgende Rückrechnung:

1. Wechselsumme	12.000,-- €
2. Protestkosten	100,-- €
3. Auslagen	40,-- €
4. Provision (1/3 % von 12.000)	40,-- €
5. Verzugszinsen (6 % p.a. für 30 Tage)	60,-- €
Regresssumme	12.240,-- €

Wie buchen Regressnehmer und Regresspflichtiger?

Lösungen

1) X bucht: 1 Besitzwechsel 6.000   an   8 Warenverkauf 5.000
                                             an   1 USt 1.000

Zusätzlich zur Wechselsumme muss X auch Diskont, Spesen und USt buchen:

                1 Forderungen 120   an   2 Diskontertrag 90
                                            an   4 NK. d. Geldverkehrs 10
                                            an   1 USt 20

Y bucht: 3 Waren 5.000
                1 Vorsteuer 1.000   an   1 Schuldwechsel 6.000

                2 Diskontaufwand 90
                4 NK. d. Geldverkehrs 10
                1 Vorsteuer 20   an   1 Verbindlichkeiten 120

2) X bucht: 1 Kasse   an   1 Besitzwechsel 6.000
     Y bucht: 1 Schuldwechsel   an   1 Kasse 6.000

3) X bucht: 1 Verbindlichkeiten   an   1 Besitzwechsel 6.000

                2 Diskontaufwand 60
                4 NK. d. Geldverkehrs 5
                1 Vorsteuer 13   an   1 Verbindlichkeiten 78

      Z bucht: 1 Besitzwechsel   an   1 Forderungen 6.000

               1 Forderungen 78   an   2 Diskontertrag 60
                                     an   4 Nk. d. Geldverkehrs 5
                                   an   1 USt 13

4) **X bucht:**   1 Bank 5.900
               2 Diskontaufwand 90
               4 NK. d. Geldverkehrs 10 an   1 Besitzwechsel 6.000

5a) **X bucht:**   1 Besitzwechsel (neu) 6.120
                                  an   1 Besitzwechsel (alt) 6.000
                                  an   2 Diskontertrag 90
                                  an   4 NK. d. Geldverkehrs 10
                                  an   1 USt 20

      Y bucht: 1 Schuldwechsel (alt) 6.000
               2 Diskontaufwand 90
               4 NK. d. Geldverkehrs 10
               1 Vorsteuer 20   an   1 Schuldwechsel (neu) 6.120

5b) **X bucht:**   1 Besitzwechsel   an   1 Kasse 6.000

               1 Forderungen 120   an   2 Diskontertrag 90
                                    an   4 NK. d. Geldverkehrs 10
                                  an   1 USt 20

      Y bucht: 1 Kasse   an   1 Schuldwechsel 6.000

               2 Diskontaufwand 90
               4 NK. d. Geldverkehrs 10
               1 Vorsteuer 20   an   1 Verbindlichkeiten 120

6) **Der Regressnehmer bucht:**
               1 Protestwechsel   an   1 Besitzwechsel 12.000

               1 Forderungen 12.240 an   1 Protestwechsel 12.000
                                  an   4 NK. d. Geldverkehrs 140
                                  an   2 a.o. Erträge 40
                                  an   2 Zinserträge 60

    Der Regresspflichtige bucht:
               1 Schuldwechsel   an   1 Protestwechsel 12.000

               1 Protestwechsel 12.000
               4 NK. d. Geldverkehrs 140
               2 a.o. Aufwand 40
               2 Zinsaufwand 60   an   1 Verbindlichkeiten 12.240

Lerneinheit 17: Zeitliche Abgrenzung

Lernziele

- *Das Wesen der Rechnungsabgrenzungsposten*
- *Die transitorische Rechnungsabgrenzung*
- *Transitorisches Aktivum – aktive Rechnungsabgrenzungsposten*
- *Transitorisches Passivum – passive Rechnungsabgrenzungsposten*
- *Die antizipative Rechnungsabgrenzung*
- *Damnum (Darlehensabgeld, Disagio)*

Einführung

Das Wesen der Rechnungsabgrenzung

Es gibt eine Reihe von erfolgswirksamen Geschäftsvorfällen, die in zwei Rechnungsjahre hineinreichen, so etwa wenn Versicherungsprämien von Juli des laufenden Jahres bis Juli des Folgejahres bezahlt werden. Eine der wichtigsten Aufgaben der Buchführung ist es, den Periodenerfolg richtig zu ermitteln. Solche jahresübergreifenden Erfolgsvorgänge müssen deshalb exakt getrennt werden:

- in den Anteil des Erfolgs, der noch das laufende Jahr betrifft und
- in den anderen Erfolgsteil, der sich erst auf das nächste Jahr bezieht.

Hier sind zwei grundsätzliche Fälle gegeben.

Fall 1: Transitorische Vorgänge:
        Zahlung noch im alten Jahr,
        Erfolg erst im neuen Jahr

Fall 2: Antizipative Vorgänge:
        Zahlung erst im neuen Jahr,
        Erfolg noch im alten Jahr

Würde man auf die Zerlegung des Erfolgs auf die richtigen Jahre verzichten, dann hätte dies zur Folge, dass der Erfolg sofort bei der Zahlung, also noch im alten Jahr, voll gebucht würde, obwohl er wirtschaftlich ins neue Jahr gehören würde (Fall 1), bzw. dass der Erfolg erst im neuen Jahr gebucht würde, weil erst dann die Zahlung erfolgt, obwohl er wirtschaftlich bereits im alten Jahr entstanden ist (Fall 2).

Die transitorische Rechnungsabgrenzung

Erfolgt die Zahlung für einen Vorgang, der erst im Folgejahr erfolgswirksam wird, bereits im alten Jahr (z. B. Mietvorauszahlung), dann darf die Erfolgsbuchung erst im nächsten Jahr erfolgen. Die Gegenbuchung zur Zahlung kann also im alten Jahr nicht auf einem Erfolgskonto stattfinden. Man bucht deshalb auf einem Bestandskonto (»0 Rechnungs-abgrenzungskonto«) und kann so eine erfolgsneutrale Übernahme des Vorgangs ins neue Jahr erreichen. Im neuen Jahr wird dieses Konto erfolgswirksam aufgelöst.

Transitorisches Aktivum – aktive Rechnungsabgrenzungsposten:

Handelt es sich bei dem abzugrenzenden Erfolg um einen Aufwand, dann bucht man an-statt ins Soll eines Aufwandskontos ins Soll des aktiven Bestandskontos »0 akt. Rech-nungsabgrenzungsposten (RAP)«; z. B. Vorauszahlung der Versicherungsprämie:

    0 akt. RAP   an 1 Kasse.

Wenn im neuen Jahr der Erfolg gebucht wird, dann löst man das Konto »0 akt. RAP« erfolgswirksam auf:

    4 Versicherungskosten   an 0 akt. RAP.

Transitorisches Passivum – passive Rechnungsabgrenzungsposten:

Ist ein Ertrag abzugrenzen, dann erfolgen die Buchungen analog, lediglich seitenverkehrt: Statt einer Ertragsbuchung im Haben des Ertragskontos bucht man im Haben des Be-standskontos »0 pass. RAP«. Die Auflösung des Kontos »0 pass. RAP« im neuen Jahr erfolgt analog zu oben: 0 pass. RAP an 2 bzw. 8 Erfolgskonto.

Die antizipative Rechnungsabgrenzung

Hier handelt es sich um Nachzahlungen von Erfolgsvorfällen, z. B. Die Miete für das lau-fende Jahr wird erst im Folgejahr überwiesen. Dies ist nicht eine Rechnungsabgrenzung im eigentlichen Sinne, vielmehr eine Kreditierung von Zahlungsverpflichtungen. Entspre-chend schreibt der Gesetzgeber vor (§ 250 HGB, § 5 EStG), dass solche »antizipativen Rechnungsabgrenzungen« auf den Konten

    »1 sonstige Forderungen« bei Ertragsbuchungen
    »1 sonstige Verbindlichkeiten« bei Aufwandsbuchungen

zu erfolgen haben. Zum Beispiel sind Mieterträge des alten Jahres, die erst im nächsten Jahr eingehen, zu buchen: 1 so. Forderung   an 2 Mieterträge.

In Abb. 17.1 auf der Folgeseite sind die Unterschiede zwischen transitorischen und an-tizipativen Posten sowie die Verbuchung dieser Vorgänge übersichtlich zusammengefasst.

		Zahlung im alten Jahr	Zahlung im neuen Jahr
Erfolg im alten Jahr	Aufwand	Normale Buchung als Aufwand bzw. Ertrag des alten Jahres	Konto: »1 sonst. Verbindlichkeit« 4/2 Kosten/Aufwand an 1 so.Verbindlichkeit
	Ertrag		Konto: »1 sonstige Forderung« 1 so. Forderung an 2/8 Ertrag
Erfolg im neuen Jahr	Aufwand	Konto: »0 aktiver Rechnungs- abgrenzungsposten« 0 akt. RAP an 1 Kasse/Bank	Normale Buchung als Aufwand bzw. Ertrag des neuen Jahres
	Ertrag	Konto : »0 passiver Rechnungsabgren- zungsposten« 1 Kasse/Bank an 0 pass. RAP	

Abb. 17.1: Unterschied zwischen antizipativen und transitorischen Posten

Darlehensabgeld (Damnum bzw. Disagio)

Eine besondere Art von transitorischer Rechnungsabgrenzung stellt das Damnum dar. Bei der Aufnahme von Darlehen (langfristige Verbindlichkeiten) weichen der Rückzahlungs- betrag der Schuld und der Verfügungsbetrag häufig voneinander ab. Diese Differenz zwi- schen höherem Rückzahlungsbetrag und niedrigerem Verfügungsbetrag bezeichnet man als **Damnum** (auch Darlehensabgeld oder Disagio). Wirtschaftlich kann es sich hierbei sowohl um vorweggenommene Zinsen als auch um Kreditbearbeitungsgebühren handeln. Da Schulden in der Bilanz immer zum höheren Rückzahlungsbetrag ausgewiesen werden müssen, ist das Damnum gesondert auf einem geeigneten Konto zu buchen.

Man kann den Disagiobetrag sofort im Jahr der Darlehensauszahlung als Zinsaufwand buchen. § 250 Abs. 3 HGB erlaubt es aber auch, das Disagio (Damnum) zu aktivieren und unter den Posten der Rechnungsabgrenzung auszuweisen. In diesem Fall ist es über das Konto »2 Zinsaufwand« oder »2 Abschreibungen auf Disagio« planmäßig abzuschreiben.

    Wird die Schuld vorzeitig getilgt, dann ist der noch nicht abgeschriebene Teil des Dam- nums als periodenfremder Aufwand zu behandeln. Bei einer Verkürzung der Laufzeit ist der noch nicht abgeschriebene Teil des Damnums auf die neue Restlaufzeit im Wege von Abschreibungen zu verteilen.

Aufgaben

Geben Sie für die folgenden Geschäftsvorfälle die Buchungssätze an. Bei den Vorfällen 1–4 soll auch die Auflösung der Abgrenzungskonten bzw. der Zahlungseingang im neuen Jahr gebucht werden.

1) Ein Mieter überweist die Miete für die Monate Oktober bis einschließlich Januar bereits am 1. Oktober, 4.000,-- €.

2) Vertragsgemäß überweist der Unternehmer die Versicherungsprämie für die Kfz-Versicherung des Firmenwagens für den Zeitraum September bis einschließlich August (1.200,-- €) bereits am 1. September.

3) Am Jahresende sind Grundsteuern von insgesamt 700,-- €, die noch das alte Jahr betreffen, noch nicht gebucht. Sie werden erst im nächsten Jahr beglichen. Wie lauteten die Buchungssätze am Ende des alten Jahres und bei Bezahlung im neuen Jahr?

4) Für ein Darlehen an einen Schuldner ist der Zins für das abgelaufene Jahr am Jahresende noch nicht eingegangen, 1.300,-- €. Die Zahlung geht am 15. Januar ein.

5) Die X-GmbH nimmt zu Jahresbeginn bei ihrer Hausbank ein langfristiges endfälliges Darlehen auf, Laufzeit 10 Jahre.

   Vertraglich werden folgende Konditionen vereinbart:
   Rückzahlungsbetrag: 100.000,-- €
   Auszahlungsbetrag: 95.000,-- €
   Zinsen (in % des Rückzahlungsbetrages,   5 %
   fällig jeweils am Jahresende)

   Nach 4 Jahren verkürzt die Bank die Restlaufzeit des Darlehens auf Wunsch des Schuldners auf 6 Jahre.
   Am Ende des 5. Jahres zahlt die X-GmbH die Schuld im Einvernehmen mit der Bank vorzeitig zurück.
   Wie lauten die Buchungssätze bei der X-GmbH
   a) bei Darlehensaufnahme?
   b) jeweils am Jahresende der Jahre 1 – 4?
   c) bei Verkürzung der Laufzeit ab Jahr 5?

Lösungen

1) 3/4 der Miete = 3.000,-- = Ertrag noch im alten Jahr
   1/4 der Miete = 1.000,-- = Ertrag erst im neuen Jahr = pass. RAP

   Buchung im alten Jahr: 1 Bank 4.000   an   2 Mieterträge 3.000
                                                     an   0 passive RAP 1.000

   Buchung im neuen Jahr: 0 pass. RAP   an   2 Mieterträge 1.000

2) 4/12 der Prämie = 400,-- = Kosten noch im alten Jahr
   8/12 der Prämie = 800,-- = Kosten erst im neuen Jahr = akt. RAP

   Buchung im alten Jahr: 4 Kosten des Fuhrparks 400
                                 0 akt. RAP 800   an   1 Bank 1.200

   Buchung im neuen Jahr: 4 Kosten des Fuhrparks
                                                   an   0 akt. RAP 800

3) Buchung im alten Jahr:
   2 Haus- u. Grundstücksaufwand   an   1 sonst. Verbindlichkeiten 700

   Buchung im neuen Jahr bei Bezahlung:
                   1 sonst. Verbindlichkeiten   an   1 Bank 700

4) Buchung im alten Jahr:
                   1 sonst. Forderung   an   2 Zinserträge 1.300

   Buchung im neuen Jahr bei Zahlungseingang:
                   1 Bank   an   1 sonst. Forderung 1.300

5) a) Buchungen bei Darlehensaufnahme:
      1 Kasse 95.000
      0 RAP (Damnum) 5.000   an   0 Langfristige Verbindlichkeiten 100.000
      Abschreibung des Damnums:
      5.000 €/ 10 Jahre = 500,-- € je Jahr
      Dieser Betrag von 500,-- € ist als Zinsaufwand zu buchen.

   b) Buchungen jeweils am Ende der Jahre 1 bis 4:
      2 Zinsaufwand   5.500   an   1 RAP (Damnum) 500
                                   an   1 Bank 5.000.

   c) Neuverteilung des verbliebenen Damnums ab Jahr 5:
      Verbliebenes Damnum = 5.000 – 2.000 = 3.000.
      Restlaufzeit: 2 Jahre

Neue Abschreibung auf Damnum:

3.000 : 2 Jahre = 1.500 je Jahr für die Jahre 5 und 6.

Buchungen am Ende des 5. Jahres bei vorzeitiger Tilgung:

      0 langfristige Verbindlichkeiten 100.000

      2 Zinsaufwand 5.000

      2 periodenfr. Aufwand (Damnum) 3.000

                    an   1 Bank 105.000

                    an   0 RAP (Damnum) 3.000

Lerneinheit 18: Rückstellungen

Lernziele

- *Das Wesen von Rückstellungen*
- *Rückstellungsgründe und Rückstellungsarten*
- *Buchungen bei Bildung und Auflösung von Rückstellungen*
- *Abweichungen zwischen Handels- und Steuerbilanzrecht*

Einführung

Das Wesen von Rückstellungen

Ähnlich wie bei der antizipativen Rechnungsabgrenzung werden Rückstellungen für Aufwendungen gebildet, die wirtschaftlich noch ins laufende Jahr gehören, die aber erst in späteren Jahren zu Verbindlichkeiten oder Ausgaben führen. Der Unterschied liegt in der Fristigkeit und in der Sicherheit der zukünftigen Verpflichtung.

- Fristigkeit: Im Gegensatz zu den sonstigen Verbindlichkeiten ist die Zahlung i.d.R. nicht bereits im Folgejahr, sondern meist erst in späteren Jahren fällig.
- Sicherheit: Mindestens eines der beiden folgenden Merkmale steht zum Zeitpunkt der Aufwandsbuchung noch nicht genau fest: Die Höhe oder die Fälligkeit der Schuld.

Rückstellungsgründe und Rückstellungsarten

§ 249 HGB lässt nur vier Rückstellungsgründe zu:

1. Es handelt sich um eine ungewisse Verbindlichkeit. Eine **Rückstellung für ungewisse Verbindlichkeiten** darf nur gebildet werden, wenn mit einer Inanspruchnahme durch einen Dritten zu rechnen ist: z.B. aufgrund einer bereits rechtswirksamen Verpflichtung (Beispiel: Pensionsrückstellung für künftige Pensionszahlungen an Arbeitnehmer des Unternehmens); z.B. aufgrund einer wirtschaftlich bereits verursachten, aber noch nicht rechtswirksamen Verpflichtung (Beispiel: Steuerrückstellungen; der Gewinn, nach dem sich die Steuer berechnet, ist bereits erwirtschaftet, der die Rechtswirksamkeit auslösende Steuerbescheid liegt jedoch noch nicht vor); z. B: aufgrund der Wahrscheinlichkeit, dass eine Verpflichtung entstehen wird (Beispiel: ein laufender Scha-

denersatzprozess wird voraussichtlich verloren; oder es ist anzunehmen, dass wir für Garantieleistungen in Anspruch genommen werden).

2. Es droht ein Verlust aus einem schwebenden Geschäft mit einem Dritten. Eine **Rückstellung für drohende Verluste aus schwebenden Geschäften** ist z. B. dann zu bilden, wenn bei unveränderbaren Lieferverträgen mit verlustbringenden Kostensteigerungen fest zu rechnen ist (z. B. zwischenzeitliche Lohn- oder Beschaffungspreissteigerungen).

3. Eine **Rückstellung für unterlassene Instandhaltung oder Abraumbeseitigung** muss gebildet werden, wenn an sich fällige Instandhaltungsarbeiten (z. B. Wartung einer Maschine) ins nächste Jahr verschoben und dort innerhalb von 3 Monaten nachgeholt werden. Wenn es sich nicht um eine Instandhaltung i.e.S. handelt, sondern um die Verpflichtung, Abraum zu beseitigen (z. B. Schutthalden), dann verlängert sich die Frist auf 1 Jahr.

4. **Rückstellungen für Gewährleistungen, die ohne rechtliche Verpflichtung** geleistet werden. Ist zu erwarten, dass künftige Gewährleistungen zu erbringen sind, für die zwar keine rechtliche Verpflichtung besteht, denen sich das Unternehmen aber aus wirtschaftlichen Gründen nicht entziehen kann, dann ist der zugehörige Aufwand bereits in dem Jahr zu berücksichtigen, in dem die Lieferung oder Leistung erfolgt ist. Die ungewisse Verbindlichkeit kann in der Verpflichtung sowohl zu einer Geldleistung als auch zu einer Sach- oder Dienstleistung bestehen. Letzteres wird im Gewährleistungsfall die Regel sein.

Buchungen bei Bildung und Auflösung von Rückstellungen

Je nachdem ob die Rückstellungsbildung in einem ordentlichen, betriebstypischen oder in einem außerordentlichen Vorgang begründet ist, belastet man bei der Bildung der Rückstellung ein entsprechendes Kostenkonto (z. B. »4 Zuführungen zu Rückstellungen«) oder ein entsprechendes Aufwandskonto (z. B. »2 a. o. Aufwand« oder »2 sonstiger betrieblicher Aufwand«).

Die Unterschiede und Gemeinsamkeiten zwischen den in der Praxis am häufigsten vorkommenden Rückstellungen für Ungewisse Verbindlichkeiten und der antizipativen Rechnungsabgrenzung (sonstige Verbindlichkeiten) sind in Abb. 17.2 zusammengefasst.

Auflösung von Rückstellungen

Rückstellungen müssen aufgelöst werden, wenn der Grund für die Bildung der Rückstellung entfallen ist (§ 249 Abs. 3 HGB).

Bei **Rückstellungen für ungewisse Verbindlichkeiten** ist dies der Fall, wenn die Verbindlichkeit gewiss wird (z. B. der Steuerbescheid ist ergangen, z. B. ein Prozess ist beendet und es erfolgt eine rechtskräftige Verurteilung zur Zahlung eines bestimmten Betrags). War die Rückstellung in der richtigen Höhe gebildet, dann erfolgt die Auflösung erfolgsneutral mit dem Buchungssatz

0 Rückstellungen   an   0 Verbindlichkeiten (oder: an 1 Bank).

	Rückstellungen für ungewisse Verbindlichkeiten	Antizipative Rechnungsabgrenzung
Gemeinsam-keiten	Aufwand bzw. Kosten jetzt, Zahlung später	
Unterschiede	Konto »0 Rückstellungen«	Konto »1 sonst. Verbindlichkeiten«
	• Höhe der Schuld unbekannt, nur geschätzt und/oder • genaue Fälligkeit der Schuld ist unbekannt	• Höhe der Schuld bekannt und • Genaue Fälligkeit der Schuld ist bekannt
	Meist langfristige Schuld	Kurzfristige Schuld
Beispiele	• Schadenersatzrückstellungen • Garantierückstellungen • Pensionsrückstellungen • Steuerrückstellungen	Noch nicht bezahlte • Mieten • Zinsen • Versicherungsprämien

Abb. 17.2: Unterschiede zwischen Rückstellungen für ungewisse Verbindlichkeiten und antizipativer Rechnungsabgrenzung

War die Rückstellung zu hoch oder zu niedrig gebildet, dann muss der Unterschied zwischen dem Rückstellungsbetrag und der tatsächlichen Zahlungsverpflichtung als sonstiger betrieblicher (periodenfremder), gegebenenfalls als außerordentlicher Ertrag oder Aufwand gebucht werden. Buchungssätze:

0 Rückstellungen	an	0/1 Verbindlichkeiten
	an	2 so. betrieblicher Ertrag
0 Rückstellungen		
2 so. betrieblicher Aufwand	an	0/1 Verbindlichkeiten.

Bei **Rückstellungen für drohende Verluste aus schwebenden Geschäften** muss die Auflösung erfolgen, wenn das Geschäft abgewickelt ist, spätestens bei Rechnungsausgang. Sie ist i.d.R. erfolgswirksam zu buchen. Durch die Rückstellungsbildung wurden die drohenden Verluste bereits vorzeitig als Aufwand gebucht. Die später durch Kostensteigerungen eingetretenen Verluste wurden zum Zeitpunkt ihres Entstehens während der Auftragsabwicklung nochmals als Aufwand gebucht (z.B. bei den laufenden Lohnbuchungen, bei den Materialverbrauchsbuchungen usw.). Um diese doppelte Buchung des nunmehr eingetretenen Verlustes zu neutralisieren, muss eine Ertragsbuchung erfolgen. Tritt der Verlust, für den die Rückstellung gebildet wurde, nicht ein, z.B. weil die drohende Preissteigerung doch nicht stattgefunden hat, dann muss die Rückstellung ebenfalls ertragswirksam rückgängig gemacht werden. Der Buchungssatz lautet in jedem Fall:

0 Rückstellungen	an	2 sonstiger betrieblicher Ertrag.

Instandhaltungs- und Abraumbeseitigungsrückstellungen müssen aufgelöst werden, wenn der betroffene Aufwand nachgeholt wird (z. B. die aufgeschobene Wartung). Auch hier erfolgt die Gegenbuchung als sonstiger betrieblicher Ertrag, z. B. als periodenfremder Ertrag. Damit werden die Instandhaltungskosten neutralisiert, die ansonsten zweimal gebucht würden (im Jahr der Rückstellungsbildung und nochmals im Jahr der Instandhaltung).

Keinesfalls darf die Rückstellung durch Habenbuchung auf dem Aufwandskonto aufgelöst werden, auf dem sie gebildet wurde (Verrechnungsverbot des § 246 Abs. 2 HGB).

Abweichungen zwischen Handels- und Steuerbilanzrecht

Die Zuführung zu einer Rückstellung erfolgt durch eine Aufwandsbuchung, die nicht bzw. nicht sofort mit einer Zahlungsverpflichtung verbunden ist. Es liegt deshalb nahe, dass die Steuerpflichtigen versuchen, ihren Gewinn und damit das steuerpflichtige Einkommen durch Rückstellungsbuchungen zu minimieren. Um dies zu verhindern lässt das Steuerrecht wesentlich weniger Rückstellungsarten zu als das Handelsrecht (steuerliches Verbot für Drohverlustrückstellungen, näheres siehe § 5 Abs. 3-4b EStG). Im Gegensatz zur Handelsbilanz müssen Rückstellungen in der Steuerbilanz i.d.R. abgezinst werden (§ 6 Abs. 1 Nr. 3a EStG), was ebenfalls zu einem niedrigeren steuerlichen Wertansatz führt. Da in diesem Buch die kaufmännische handelsrechtliche Buchführung behandelt wird, soll auf die steuerrechtlichen Besonderheiten hier nicht weiter eingegangen werden. Zur Problematik und Buchung der dadurch ausgelösten latenten Steuern siehe unten, Lerneinheit 20).

Aufgaben

1) Der Pensionsrückstellung sind 10.000,-- € zuzuführen.

2) Für einen schwebenden Prozess wird eine Rückstellung von 50.000,-- € gebildet.

3) Der Prozess ist beendet. Das Urteil lautet

    Fall a) auf Bezahlung von   50.000,-- €
    Fall b) auf Bezahlung von   40.000,-- €
    Fall c) auf Bezahlung von   60.000,-- €

4) Im Oktober des Jahres 1 wurde ein Vertrag mit der XY-AG über Lieferung von 1.000 Stück eines hochwertigen technischen Produktes zum Festpreis von 6.820,-- € pro Stück abgeschlossen. Der Angebotspreisberechnung lag folgende Kalkulation zugrunde:

Fertigungsmaterial	3.000,-- €
Materialgemeinkosten	200,-- €
Fertigungslöhne	400,-- €
Fertigungsgemeinkosten	2.000,-- €
Herstellungskosten	5.600,-- €
anteilige Verwaltungs- und Vertriebs-gemeinkosten	600,-- €
Selbstkosten	6.200,-- €
10 % Gewinnaufschlag	620,-- €
Angebotspreis	6.820,-- €

Als verbindlicher Liefertermin wurde der 1. September des Jahres 2 festgelegt.

Zum Ende des Jahres sind die Rohstoffpreise sehr stark gestiegen. Nach dem obigen Kalkulationsschema steigen die Selbstkosten auf voraussichtlich 8.000,-- €. Buchen Sie die erforderliche Rückstellung für den drohenden Verlust aus diesem schwebenden Geschäft.

Wie ist im September des Folgejahres bei Abrechnung des Auftrags zu buchen? Gehen Sie davon aus, dass die befürchteten Kostensteigerungen tatsächlich eingetreten sind und das Unternehmen die benötigten Rohstoffe für diesen Auftrag zu den teureren Weltmarktpreisen eingekauft hat.

Lösungen

1) 4 Freiwill. Sozialaufwand   an   0 Pensionsrückstellungen 10.000

2) 2 a.o. Aufwand   an   0 Rückstellungen 50.000

3) Fall a: 0 Rückstellungen   an   1 Bank 50.000

    Fall b: 0 Rückstellungen 50.000   an   1 Bank 40.000
                                             an   2 so. betriebl. Ertrag 10.000

    Fall c: 0 Rückstellungen 50.000
            2 sonst. betrieblicher Aufwand 10.000
                              an   1 Bank 60.000

4) Berechnung der Rückstellungshöhe:
Voraussichtliche Mehrkosten je zu liefernder Einheit:

Selbstkosten neu:	8.000
Selbstkosten alt:	6.200
drohender Verlust je Einheit	1.800

Drohender Verlust insgesamt:
1.000 Einheiten zu je 1.800,--   = 1.800.000

Buchung bei Bildung der Rückstellung:
2 sonstiger betrieblicher Aufwand   an 0 Drohverlust-Rückstellung 1.800.000

Buchung bei der Rückstellungsauflösung:
0 Drohverlust-Rückstellung   an 2 sonst. betrieblicher Ertrag 1.800.000

Lerneinheit 19: Die Buchung von Steuern

Lernziele

- *Untergliederung der Steuerarten*
- *Aktivierungspflichtige Steuern*
- *Kostensteuern*
- *Steuern als neutraler Aufwand*
- *Durchlaufsteuern*
- *Privatsteuern*
- *Besonderheiten bei Gewerbesteuerbuchungen*
- *Besonderheiten bei Buchungen mit Körperschaftsteuer*
- *Besonderheiten bei Buchungen mit Einkommensteuer, Solidaritätszuschlag, Kapitalertragsteuern und Kirchensteuern*

Einführung

Die Untergliederung der Steuerarten

In der Bundesrepublik Deutschland gibt es mehr als 40 verschiedene Steuerarten. Diese kann man nach unterschiedlichsten Kriterien untergliedern: z. B. nach dem Steuergläubiger in Gemeinschaftsteuern (z. B. LSt, veranlagte ESt, KSt, USt, Kapitalertragsteuer, Zinsabschlag) Bundessteuern (z. B. SolZ, VersSt, MinÖlSt, TabakSt, KaffeeSt), Landessteuern (z. B. ErbSt, GrESt, KraftSt, BierSt) und Gemeindesteuern (z. B. GewSt, GrSt, GetränkeSt, ZweitwohnSt, HundeSt, VergnügungSt); nach der Identität zwischen Steuerschuldner und Steuerträger in direkte (z. B. ESt, KSt, SolZ, KiSt, ErbSt, GewSt) und indirekte (z. B. USt, MinÖlSt, TabakSt) Steuern, nach der Erhebungsform in Veranlagungssteuern (z. B. ESt, KSt, GewSt, USt), Abzugsteuern (z. B. LSt, Kapitalertragsteuer, Zinsabschlag, seit 2009 die sog. Abgeltungsteuer, eine Sonderform der Kapitalertragsteuer) und sonstige Steuern (z. B. Zölle).

Aus **buchungstechnischer** Sicht untergliedern sich die Steuern in fünf Kategorien:

1. Aktivierungspflichtige Steuern

Sie müssen im Rahmen der Herstellungskosten bzw. der Anschaffungskosten auf den betroffenen Bestandskonten aktiviert werden (§ 255 HGB). Bei abnutzbaren Vermögensgegenständen werden sie über die Abschreibungen zu Kosten. Zu diesen Steuern gehören:

- Die Grunderwerbsteuer (GrESt). Sie ist im Soll des Kontos
»0 Grundstücke und Gebäude« zu buchen.
- Die als Vorsteuer bezahlte Umsatzsteuer (USt), soweit sie nach
§ 15 Abs. 2 UStG vom Vorsteuerabzug ausgeschlossen ist.

2. Kostensteuern

Sie sind im Jahr ihres wirtschaftlichen Entstehens als Kosten zu buchen. Werden sie nicht im selben Jahr, sondern erst in einem späteren Jahr bezahlt, dann muss im Entstehungsjahr kostenwirksam eine Steuerrückstellung gebildet werden. In jedem Fall ist ein Kostenkonto zu belasten, z. B. das Konto »4 Kostensteuern«, oder »4 Betriebssteuern« oder ein Konto, das den jeweiligen Steuernamen trägt (z. B. »4 Gewerbesteuer«).

Zu den Kostensteuern zählen z. B.
- Die **Gewerbesteuer** (GewSt): Konto »4 Gewerbesteuer«
sämtliche **Verbrauchsteuern** (z. B. die MinÖlSt, die StromSt):
- Konto »4 Verbrauchsteuern«
- die **Kraftfahrzeugsteuer** (KraftSt): Konto »4 Kosten des Fuhrparks«

3. Steuern, die neutralen Aufwand darstellen

Hier sind die Steuern zu buchen, die ihrem Wesen nach gewinnmindernden Aufwand darstellen, jedoch nicht als Kosten in die Kalkulation eingehen sollen. Auch hier ist aufwandswirksam eine Rückstellung zu bilden, wenn die Steuern nicht im Jahr ihres wirtschaftlichen Entstehens, sondern erst in einem späteren Jahr bezahlt werden.

Zu den Aufwandsteuern gehören z. B.:
- die **Körperschaftsteuer** (KSt):
Konto »2 Körperschaftsteueraufwand«
- der **Solidaritätszuschlag** (SolZ) auf die KSt:
Konto »2 Solidaritätszuschlag«
- die **Kapitalertragsteuer** als Vorauszahlung auf die KSt-Schuld: Konto »2 Kapitalertragsteueraufwand«
- die **Grundsteuer** (GrSt):
Konto »2 Grundsteuer« oder »2 Haus und Grundstücksaufwand«
- **Nachzahlungen auf** noch nicht gebuchte **Kostensteuern** (z. B. aufgrund einer in einem späteren Jahr stattfindenden Steuerprüfung durch das Finanzamt). Die Buchung muss auf einem Aufwandskonto der Kontengruppe »2 periodenfremder Aufwand« erfolgen.

4. Durchlaufsteuern

Hierunter fallen alle Steuern die nicht das buchführende Unternehmen zu tragen hat, sondern die es von anderen einbehält, um sie an das Finanzamt abzuführen.

Hierzu zählen insbesondere:

- die **Umsatzsteuer** (USt): Konto »1 USt«, vgl. Lerneinheit 8,
- die **Lohnsteuer** (LSt), der **Solidaritätszuschlag** (SolZ) und die **Kirchensteuer** (KiSt) von Arbeitnehmern des Unternehmens: Konto »1 sonstige Verbindlichkeiten« oder »1 noch abzuführende Angaben«, vgl. Lerneinheit 13,
- Die **Kapitalertragsteuer, der Zinsabschlag und seit 2009 die sog. Abgeltungsteuer**, die das Unternehmen bei der Auszahlung der Dividenden oder Zinsen einbehalten und für den Empfänger an das Finanzamt abführen muss: Konto »1 sonstige Verbindlichkeit« oder »1 noch abzuführende Abgaben«.

5. Privatsteuern

Bei Einzelunternehmen und bei Personengesellschaften (z. B. OHG, KG und GbR) dürfen die folgenden Steuern des Unternehmers bzw. der Gesellschafter nicht als Aufwand oder Kosten des Unternehmens gebucht werden.

- die Einkommensteuer (ESt)
- der Solidaritätszuschlag (SolZ)
- die Kirchensteuer (KiSt)
- die Erbschaftsteuer (ErbSt).

Nach dem Willen des Gesetzgebers betreffen diese Steuern den Privatbereich des Unternehmers bzw. der Gesellschafter. Wenn sie vom Unternehmen bezahlt werden, dann müssen sie als Privatentnahme im Soll des Kontos »1 Privat« gebucht werden. In diese Gruppe gehört auch die Kapitalertragsteuer auf Dividenden und der Zinsabschlag auf Bankzinsen, die einem Einzelunternehmen oder einer Personengesellschaft zufließen. Sie gelten als Vorauszahlung auf die ESt des Unternehmers bzw. Gesellschafters.

Die Buchung der Steuerzahlung bei Veranlagungssteuern

Die Bezahlung von Veranlagungssteuern erfolgt grundsätzlich auf zwei Weisen:

1. Vorauszahlungen auf die voraussichtliche Jahressteuerschuld: Bei der ESt, der KSt, beim SolZ und bei der GewSt müssen vierteljährliche Vorauszahlungen in Höhe von einem Viertel der letztjährigen Steuerschuld geleistet werden. Bei der Umsatzsteuer erfolgen die Vorauszahlungen im Normalfall mit der sog. USt-Voranmeldung zum Ende jedes Monats. Die USt-Vorauszahlung bemisst sich nach den aktuellen Monatsumsätzen.
2. Abschlusszahlung aufgrund des Jahressteuerbescheids. Von der im Steuerbescheid festgesetzten Jahressteuer werden die während des Jahres geleisteten Vorauszahlungen abgezogen. Der sich ergebende Differenzbetrag ist im Falle einer Steuerschuld binnen 4 Wochen an das Finanzamt zu bezahlen (sog. Abschlusszahlung). Sind die Vorauszahlungen größer als die festgesetzte Jahressteuer, dann wird das Guthaben entweder ausbezahlt oder mit künftigen Steuerschulden verrechnet.

Vorauszahlungen und Abschlusszahlungen sind grundsätzlich über die für die jeweiligen Steuern geltenden Konten zu buchen.

Besonderheiten bei Gewerbesteuerbuchungen

Die GewSt ist eine Veranlagungssteuer und wird durch vierteljährliche Vorauszahlungen und eine Abschlusszahlung bzw. -erstattung entrichtet. Sie weist zwei Besonderheiten auf:

1. Weil sie eine Kostensteuer ist, muss die Steuer in dem Jahr als Kosten gebucht werden, in dem sie wirtschaftliche entstanden ist. Die vierteljährlichen GewSt-Vorauszahlungen werden deshalb sofort mit ihrer Bezahlung als Kosten gebucht.

   Buchungssatz: 4 Gewerbesteuer   an   1 Bank

   Da der GewSt Bescheid erst erhebliche Zeit nach dem Jahreswechsel vorliegt, muss zum Ende des Jahres eine Gewerbesteuerrückstellung gebildet werden. Sie berechnet sich wie folgt:

   > voraussichtliche Gewerbesteuern für das Jahr
   > ./. geleistete GewSt-Vorauszahlungen für das Jahr
   > = Höhe der Gewerbesteuerrückstellung.

   Die Buchung der Rückstellung erfolgt mit dem Buchungssatz:

   > 4 Gewerbesteuer   an   0 Gewerbesteuerrückstellung

   Sollte sich später aufgrund des Steuerbescheids herausstellen, dass die tatsächliche GewSt-Schuld größer (bzw. kleiner) ist als die bereits als Kosten gebuchten GewSt-Rückstellungen und die Vorauszahlungen, dann muss eine spätere Korrekturbuchung erfolgen:

   Fall 1:   Die Abschlusszahlung ist größer als die GewSt-Rückstellung:
   Buchungssatz:

   > 2 periodenfremder Aufwand
   > 0 GewSt-Rückstellung   an   1 Bank

   Fall 2:   Die Abschlusszahlung ist kleiner als die GewSt-Rückstellung:
   Buchungssatz:

   > 0 GewSt-Rückstellung   an   1 Bank
   >   an   2 periodenfremder Ertrag

2. Die GewSt ergibt sich durch Multiplikation des Gewerbeertrags mit der bundeseinheitlichen Steuermesszahl (m) und dem von Gemeinde zu Gemeinde verschiedenen Hebesatz (h):

   $$GewSt = m \times h \times GE$$

   wobei GE den Gewerbeertrag symbolisiert.

Mit m = 3,5 % (einheitlich für alle Unternehmen) und z. B. h = 400 % ergibt sich 14 % als der Gewerbesteuersatz, der auf den Gewerbeertrag (GE anzuwenden ist. Von wenigen Ausnahmen abgesehen liegen die kommunalen GewSt-Hebesätze in Deutschland zwischen 300 % und 500 %.

Die Höhe der GewSt-Rückstellung berechnet sich dann wie folgt:

> Voraussichtliche Gewerbesteuer des Jahres = GE × m × h
> ./. als Kosten gebuchte Vorauszahlungen während des Jahres
> = GewSt-Rückstellung

Besonderheiten bei Buchungen mit Körperschaftsteuer

Die KSt besteuert die Gewinne von Kapitalgesellschaften. Derzeit werden Gewinne von Kapitalgesellschaften mit einem einheitlichen KSt-Satz von 15 % besteuert, unabhängig davon, ob der Gewinn ausgeschüttet oder einbehalten (thesauriert) wird. Ist der Empfänger der Dividende eine Kapitalgesellschaft, dann vereinnahmt er die Dividende steuerfrei. Zusätzlich zur KSt muss die Kapitalgesellschaft eine Zuschlagsteuer bezahlen, den sog. Solidaritätszuschlag. Er beträgt derzeit 5,5 % der KSt.

Auch die KSt ist eine Veranlagungssteuer und wird durch vierteljährliche Vorauszahlungen und eine Abschlusszahlung entrichtet. Die **KSt-Vorauszahlungen** bucht man mit dem Buchungssatz:

> 2 KSt-Aufwand   an   1 Bank

Wie bei der GewSt, so muss auch für die KSt-Abschlusszahlung eine **KSt-Rückstellung** gebildet werden, und zwar in Höhe der Differenz zwischen dem voraussichtlichen Jahressteuerbetrag und den bereits als Aufwand gebuchten KSt-Vorauszahlungen.

> Voraussichtliche Körperschaftsteuer des Jahres = voraussichtlicher Gewinn × 15 %
> ./. als Aufwand gebuchte Vorauszahlungen während des Jahres
> = KSt-Rückstellung

Dies erfolgt mit dem Buchungssatz:

> 2 KSt-Aufwand   an   0 KSt-Rückstellung

Der **Solidaritätszuschlag** teilt als Zuschlagsteuer auf die KSt das Schicksal der KSt. Er muss gleichzeitig mit der KSt-Vorauszahlung bezahlt und gebucht werden. Auch für ihn ist aufwandswirksam eine Rückstellung zu bilden:

> SolZ-Aufwand   an   0 SolZ-Rückstellung

Während die KSt und der SolZ in der handelsrechtlichen Bilanz (Handelsbilanz, siehe auch Anhang 2 in diesem Buch) als Aufwand zu buchen sind, dürfen sie in der Steuerbilanz den Gewinn nicht mindern. Für die Berechnung der Rückstellungen für KSt und SolZ muss man deshalb den handelsrechtlichen Gewinn um die bereits als Aufwand gebuchte KSt und SolZ (Vorauszahlungen und Rückstellung) erhöhen.

Handelsrechtlicher Gewinn

+	als Aufwand gebuchte KSt- und SolZ-Vorauszahlungen
+	Zuführung zur Rückstellung für KSt- und SolZ
+/–	ggfs. weitere Korrekturen des handelsrechtlichen Gewinns
=	steuerlicher Gewinn = Bemessungsgrundlage für die KSt
×	Körperschaftsteuersatz (15 %)
=	Körperschaftsteuer (Jahresschuld)
×	Solidaritätszuschlagssatz (5.5 %)
=	Solidaritätszuschlag (Jahresschuld)

Schüttet eine Kapitalgesellschaft Gewinne aus (Dividenden), dann hängt es davon ab, ob der Dividendenempfänger eine Privatperson, ein Personenunternehmen (z. B. Einzelkaufmann, KG, OHG) oder eine Kapitalgesellschaft ist.

Im ersten Fall (Dividendenempfänger = Privatperson) muss die Kapitalgesellschaft die sog. Abgeltungsteuer von 25 % zuzüglich SolZ einbehalten und an das Finanzamt abführen:

Buchungssatz:

0 Gewinnrücklagen an 1 noch abzuführende Abgaben (Abgeltungsteuer)

Im zweiten Fall (Dividendenempfänger = Personenunternehmen) muss die ausschüttende Kapitalgesellschaft Kapitalertragsteuer (25 % der Dividende) einbehalten und an das Finanzamt führen (Durchlaufsteuern).

Buchungssatz:

0 Gewinnrücklagen an 1 noch abzuführende Abgaben (Kapitalertragsteuer)

Für das empfangende Unternehmen sind diese Quellensteuern zum Zeitpunkt des Abzugs der Steuer Aufwand, bei der Anrechnung auf die ESt ist die Aufwandsbuchung zu korrigieren.

Im dritten Fall (Kapitalgesellschaft) ist die Dividende für die Empfängerin steuerfrei (§ 8b KStG). Eine eventuell einbehaltene Kapitalertragsteuer wird vom Finanzamt erstattet.

Besonderheiten bei Buchungen mit Einkommensteuer

Bei Einzelunternehmen und Personengesellschaften ist die ESt (anders als die KSt bei Kapitalgesellschaften) weder handelsrechtlich noch steuerrechtlich als Aufwand zu buchen. Deshalb muss sie, wenn sie vom Unternehmen bezahlt wird, grundsätzlich über das

Privatkonto des Unternehmers bzw. Gesellschafters gebucht werden. Das gilt nicht nur für die vierteljährlichen ESt-Vorauszahlungen und für die nach Erhalt des ESt-Bescheids fälligen Abschlusszahlungen, sondern auch für die Kapitalertragsteuer und den Zinsabschlag. Auch die Zuschlagsteuern auf die ESt (SolZ und KiSt) müssen über das Privatkonto gebucht werden. Bei Einzelunternehmen und Personengesellschaften dürfen deshalb auch keine Rückstellungen für die ESt, den SolZ und die KiSt gebildet werden.

Bei Gewinnausschüttungen von Kapitalgesellschaften an Personenunternehmen (Einzelkaufmann, KG, OHG) gilt seit dem Jahr 2009 das sog. Teileinkünfteverfahren. 60 % der Dividende muss der persönlichen ESt unterworfen werden, 40 % sind steuerfrei. Die von der ausschüttenden Kapitalgesellschaft einbehaltene Kapitalertragsteuer (25 %) wird auf die ESt angerechnet.

Ist der Dividendenempfänger eine Privatperson, dann unterliegt die Dividende im Normalfall der sog. Abgeltungsteuer (25 %). Diese wird von der ausschüttenden Kapitalgesellschaft einbehalten und an das Finanzamt abgeführt. Für den Dividendenempfänger ist damit die ESt abgegolten, d. h. er braucht die Dividende nicht in seine ESt-Erklärung einzubeziehen.

Aufgaben

1) **GewSt-Buchungen:**

   Die XY-GmbH hat am 15. Februar, am 15. Mai, am 15. August und am 15. November des Jahres 1 Gewerbesteuervorauszahlungen jeweils in Höhe von 25.000,-- € zu leisten. Bei den Abschlussarbeiten zum Ende von Jahr 1 stellt sich heraus, dass der vorläufige Gewerbeertrag diese Jahres 1.000.000,-- € beträgt.

   Im Dezember des Jahres 2 geht der GewSt-Bescheid für das Jahr 1 ein. Hiernach muss die XY-GmbH eine Abschlusszahlung in Höhe von 100.000,-- € bis zum 15. Januar des Jahres 3 leisten. Tatsächlich wird die Abschlusszahlung aber erst am 10. Februar des Jahres 3 überwiesen.

   a) Wie lautet der jeweilige Buchungssatz bei Überweisung der Vorauszahlungen?

   b) Berechnen Sie die Höhe der GewSt-Rückstellung, die für Jahr 1 zu bilden ist, und geben Sie den zugehörigen Buchungssatz an.

   c) Welche Buchungen sind bei Eingang des Steuerbescheids im Dezember des Jahres 2 erforderlich?

   d) Wie ist bei Überweisung der Abschlusszahlung im Februar des Jahres 3 zu buchen?

2) **KSt-Buchungen:**

   Die vierteljährlichen KSt-Vorauszahlungen der obigen XY-GmbH betrugen im Jahr 1 jeweils 10.000,-- €. Diese und der zugehörige SolZ wurden im Jahr 1 aufwandswirksam gebucht. Der handelsrechtliche Gewinn der XY-GmbH vor Berücksichtigung der KSt-Rückstellung und der Rückstellung für den SolZ beträgt zum Ende dieses Jahres 300.000,-- €.

a)   Wie lautet der Buchungssatz bei Überweisung der KSt- und SolZ-Vorauszahlungen?

b)   Berechnen Sie die Höhe der erforderlichen Rückstellungen für die KSt und den SolZ und geben Sie die zugehörigen Buchungssätze an.

3)   ESt-Buchungen:

Anton Maier betreibt ein Einzelunternehmen. Er hat am 10. März vom Firmenkonto eine ESt-Vorauszahlung in Höhe von 20.000,-- € zuzüglich 5,5 % SolZ und 8 % KiSt an das Finanzamt überwiesen. Zum Betriebsvermögen seines Unternehmens gehören einige Aktien der A&B-AG. Aufgrund des Gewinnverteilungsbeschlusses der Hauptversammlung der A&B-Aktiengesellschaft am 15. April erwartet Herr Maier eine Dividende von 10.000,-- €. Im Juli wird die Dividende dem betrieblichen Bankkonto gutgeschrieben. Die Depot führende Bank schickt folgenden Gutschriftsbeleg:

Bruttodividende	10.000,--
Kapitalertragsteuer	2.500,--
Solidaritätszuschlag	137,50
Gutschriftbetrag	7.362,50

Im September geht der ESt-Bescheid für das Vorjahr ein. Hiernach muss Herr Maier eine Abschlusszahlung in Höhe von 34.050,-- € (ESt 30.000,--, SolZ 1.650,-- und KiSt 2.400,--) bezahlen, die sofort vom Firmenkonto überwiesen wird.

Geben Sie die Buchungssätze an, die erforderlich sind

a)   bei der Buchung der Vorauszahlungen am 10. März,

b)   bei Entstehen des Dividendenanspruchs am 15. April,

c) bei Eingang der Dividende auf dem betrieblichen Bankkonto im Juli,

d)   bei Überweisung der Abschlusszahlung im September.

4)   Weitere Steuerbuchungen:

Bilden Sie die Buchungssätze zu folgenden Geschäftsvorfällen:

a)   Überweisung der Grundsteuer 600,-- €.

b)   Die bei der letzten Gehaltsabrechnung einbehaltenen Steuern (LSt, SolZ, KiSt) der Arbeitnehmer von 11.000,-- € werden an das Finanzamt überwiesen.

c)   Kraftfahrzeugsteuer wird vom betrieblichen Bankkonto überwiesen:
Für den Firmenwagen 1.200,-- €
Für den Privatwagen des Unternehmers 700,-- €

d)   Grundstückskauf 100.000,-- €, GrESt 3.500,-- €

e)   Warenverkauf netto 10.000,-- €, USt 2.000,-- €.

f)   Der Saldo des Kontos Vorsteuer (600,-- €) wird auf das USt-Konto übertragen und die Steuerzahllast von 400,-- € an das Finanzamt überwiesen.

Lösungen

1) GewSt-Buchungen

a) *Überweisung der GewSt-Vorauszahlung:*
Je Überweisung ist zu buchen:
4 Gewerbesteuer   an   Bank 25.000

b) *Berechnung der GewSt-Rückstellung für Jahr 1:*

Vorläufiger Gewerbeertrag des Jahres 1	1.000.000,--

Die voraussichtliche GewSt für Jahr 1 beträgt:

14 % von 1.000.000 = 140.000,--

Die GewSt-Rückstellung berechnet sich nun wie folgt:

voraussichtliche GewSt für Jahr 1	140.000,--
– als Kosten gebuchte GewSt-Vorauszahlungen	–100.000,--
= GewSt-Rückstellung für Jahr 1	40.000,--

Buchungssatz: 4 Gewerbesteuer   an   0 GewSt-Rückstellung 40.000

c) *Buchungen im Dezember 2 bei Zugang des GewSt-Bescheids:*
Da die GewSt-Schuld jetzt nicht mehr unsicher ist, muss eine Umbuchung auf Verbindlichkeiten erfolgen. Der übersteigende Betrag ist periodenfremder Aufwand.
Buchungssatz: 0 GewSt-Rückstellung 40.000
2 periodenfremder Aufwand 60.000
an   1 sonstige Verbindlichkeiten 100.000

d) *Buchung im Februar 3 bei Überweisung:*
Buchungssatz: 1 sonstige Verbindlichkeiten
an   1 Bank 100.000

2) KSt-Buchungen

a) *Überweisung der KSt- und SolZ-Vorauszahlungen:*
Buchungssatz: 2 KSt- Aufwand 10.000
2 SolZ-Aufwand 550   an   1 Bank 10.550

b) *Berechnung und Buchung der Rückstellungen für KSt und SolZ:*

Handelsrechtlicher Gewinn	300.000,--
+ als Aufwand gebuchte KSt-Vorauszahlung (4 mal 10.000)	+ 40.000,--
+ als Aufwand gebuchte SolZ-Vorauszahlung (4 mal 550)	+ 2.200,--
= steuerlicher Gewinn	342.200,--

KSt für Jahr 1:	15 % von 342.200	=	51.330,--
SolZ für Jahr 1:	5,5 % von 51.330,--	=	2.823,15

Die KSt-Rückstellung ist in Höhe der Differenz zwischen der Jahressteuer und den bereits während des Jahres als Aufwand gebuchten KSt-Vorauszahlungen zu bilden (51.330 – 40.000 = 11.330)

Buchungssatz: 2 KSt-Aufwand   an   0 KSt-Rückstellung 11.330

Die Rückstellung für den Solidaritätszuschlag ist analog zu berechnen:

SolZ- Jahresbetrag	2.823,15
./. SolZ-Vorauszahlungern (4 mal 550,--)	– 2.200,--
= Rückstellung für den Solidaritätszuschlag	= 623,15

Buchungssatz: 2 SolZ-Aufwand an   0 Rückstellung für SolZ 623,15

3) ESt-Buchungen

a) *Buchung der Vorauszahlungen am 10. März:*

ESt	20.000,--
SolZ (5,5 % von 20.000)	1.100,--
KiSt (8 % von 20.000)	1.600,--
Überweisungsbetrag	22.700,--

Buchungssatz: 1 Privatentnahme   an   1 Bank 22.700

b) *Buchung des Dividendenanspruchs im April:*

Buchungssatz: 1 sonst. Forderung   an   2 Dividendenerträge 10.000

c) *Buchung der Dividendenüberweisung im Juli:*

Buchungssatz: 1 Bank 7.362,50
1 Privatentnahme 2.637,50   an   1 sonstige Forderung 10.000

d) *Buchung der Steuerabschlusszahlungen:*

Buchungssatz: 1 Privatentnahme   an   1 Bank 34.050

4) Weitere Steuerbuchungen

a)   2 Haus- und Grundstücksaufwand
             an   1 Bank 600

b)   1 noch abzuführende Abgaben
             an   1 Bank 11.000

c)   4 Kosten des Fuhrparks 1.200
   1 Privat 700   an   1 Bank 1.900

d)   0 Grundstücke   an   1 Bank 103.500

e)   1 Kasse 12.000   an   8 Warenverkauf 10.000
             an   1 USt 2.000

f)   1 USt   an   1 Vorsteuer 600
   1 USt   an   1 Bank 400

Lerneinheit 20: Latente Steuern

Lernziele

- *Künftige Steuerbe- bzw. -entlastung*
- *Auseinanderfallen von Handelsbilanz- und Steuerbilanzvermögen*
- *Aktive und passive latente Steuern*
- *Steuerliche Verlustvorträge*
- *Ausschüttungssperre*
- *Die Verbuchung der latenten Steuern*

Einführung

Künftige Steuerbe- bzw. -entlastung

Die Buchung von Steuern, die in Lerneinheit 18 behandelt wurde, betrifft Steuerbe- bzw. -entlastungen, die wirtschaftlich im betroffenen Jahr bereits entstanden sind.

Im Gegensatz zu diesen Steuerbuchungen beziehen sich die sog. latenten Steuern auf zukünftige Steuerbe- oder -entlastungen. Die Erfassung und der Ausweis der latenten Steuern in der Bilanz geben dem Bilanzadressaten Informationen über künftige Steuerzahlungen, die im Berichtsjahr bereits verursacht wurden, aber aus der Handelsbilanz sonst nicht ersichtlich wären.

Auseinanderfallen von handels- und steuerrechtlichem Reinvermögen

Dem externen Bilanzadressaten steht im Normalfall nur der handelsrechtliche Jahresabschluss zur Verfügung. Die Steuerbilanz hingegen kennt er nicht.

Bestehen zwischen den handelsrechtlichen Wertansätzen von Vermögensgegenständen, Schulden und Rechnungsabgrenzungsposten und ihren steuerlichen Wertansätzen Differenzen, die sich in späteren Geschäftsjahren voraussichtlich abbauen, führt das zu einer künftigen Steuerbe- oder -entlastung, die der Bilanzleser aus der Handelsbilanz nicht erkennen kann.

Ein **einfaches Beispiel** soll dies verdeutlichen:

Eine GmbH hat ein Anlagegut angeschafft, das in der Handelsbilanz linear abgeschrieben wird. In der Steuerbilanz wird im ersten Nutzungsjahr zusätzlich zur linearen Abschreibung eine Sonderabschreibung durchführt.

Das hat folgende Auswirkungen:

Im ersten Jahr ist der handelsrechtliche Gewinn höher als der steuerliche Gewinn. D.h. die tatsächliche Steuerbelastung ist niedriger, als der Bilanzleser anhand des handelsrechtlichen Jahresabschlusses annehmen würde.

In den Folgejahren gleicht sich das wieder aus. Der handelsrechtliche Gewinn ist niedriger als der steuerliche, weil in der Steuerbilanz durch die Sonderabschreibung Abschreibungspotenzial vorweggenommen wurde und deshalb die Abschreibungen in den Folgejahren entsprechend geringer sind. In den Folgejahren findet folglich eine höhere Steuerbelastung statt. Die ursprüngliche Steuerersparnis durch die Sonderabschreibung wird wieder nachgeholt.

Das Steuerrecht sieht in § 5 Abs. 1 EStG den Grundsatz der Maßgeblichkeit der Handelsbilanz für die Steuerbilanz vor (vgl. Anhang 2). Er fordert, dass ein Ansatz in der Handelsbilanz grundsätzlich auch in die Steuerbilanz übernommen werden muss. Mit Inkrafttreten des sog. Bilanzrechtsmodernisierungsgesetzes (BilMoG) im Jahr 2009 wurde dieser Grundsatz durch die Einfügung des folgenden Nebensatzes in § 5 Abs. 1 EStG allerdings stark aufgeweicht: »…es sei denn, im Rahmen der Ausübung eines steuerlichen Wahlrechts wird oder wurde ein anderer Ansatz gewählt.« Da das Steuerrecht zahlreiche Wahlrechte kennt (vgl. Anhang 2), können diese seit 2009 unabhängig von der handelsrechtlichen Bilanzierung ausgeübt werden. Die hierdurch entstehenden abweichenden Gewinne bzw. Verluste in der Handels- und in der Steuerbilanz führen damit zu unterschiedlichen Steuerbe- bzw.-entlastungen in den Folgejahren. Um dem Handelsbilanzleser über diese künftigen Steuerwirkungen zu informieren, fordert § 274 HGB den Ausweis dieser künftigen Steuerwirkungen als passive oder aktive latente Steuern.

Die Beträge der sich ergebenden Steuerbe- und -entlastungen sind mit dem unternehmensindividuellen Steuersatz zu bewerten, der im Zeitpunkt des zukünftigen Ausgleichs der Wertdifferenzen gilt. Die betroffenen Steuern sind bei Kapitalgesellschaften die Körperschaftsteuer (KSt-Steuersatz derzeit 15 %), die Gewerbesteuer (GewSt-Steuersatz derzeit durchschnittlich 14 %) und der Solidaritätszuschlag (SolZ-Satz derzeit 5,5 % der KSt).

Aktive und passive latente Steuern

Solche künftigen Steuerbelastungen sind als passive latente Steuern (§ 266 Abs. 3 E HGB) zu buchen, künftige Steuerentlastungen können als aktive latente Steuern (§ 266 Abs. 2 D HGB) gebucht werden.

Es gilt folgende Grundregel:

Aktive latente Steuern		Passive latente Steuern	
Vermögen ist in der HB niedriger als in der SB bewertet	Schulden sind in der HB höher als in der SB bewertet	Vermögen ist in der HB höher als in der SB bewertet	Schulden sind in der HB niedriger als in der SB bewertet
Vermögensgegenstände sind nur in der SB angesetzt und nicht in der HB	Schulden sind nur in der HB angesetzt und nicht in der SB	Vermögensgegenstände sind nur in der HB angesetzt und nicht in der SB	Schulden sind nur in der SB angesetzt und nicht in der HB

HB = Handelsbilanz, SB = Steuerbilanz

Für passive latente Steuern besteht eine Passivierungspflicht. Für aktive latente Steuern ein Aktivierungswahlrecht.

Einige Beispiele für passive latente Steuern:

- Aktivierung von F&E-Kosten in der Handelsbilanz (§ 248 HGB)
  Aktivierungsverbot in der Steuerbilanz (§ 5 Abs. 2 EStG)
- Aktivierung von selbsterstellten immateriellen Vermögensgegenständen in der Handelsbilanz (§ 248 Abs. 2 HGB)
  Aktivierungsverbot in der Steuerbilanz (§ 5 Abs. 2 EStG)
- Wahlrecht für Sonderabschreibungen und erhöhte Absetzungen in der Steuerbilanz (§§ 7a ff. EStG)
- Abzinsung bei Pensionsrückstellungen mit dem aktuellen Kapitalmarktzins in der Handelsbilanz (§ 253 Abs. 2 HGB), in der Steuerbilanz mit einem festen Zinssatz von 6 % (§ 6a Abs. 3 EStG).
  Passive latente Steuern, wenn der Kapitalmarktzins > 6 %
- Abzinsung von anderen Rückstellungen mit dem Kapitalmarktzinssatz in der Handelsbilanz (§ 253 Abs. 2 HGB), in der Steuerbilanz mit 5,5 % (§ 6 Abs. 1 Nr. 3e EStG).
  Passive latente Steuern, wenn der Kapitalmarktzins > 5,5 %
- Steuerliches Wahlrecht, bestimmte Veräußerungsgewinne erfolgsneutral auf ein Ersatzwirtschaftsgut zu übertragen (§ 6b EStG)

Einige Beispiele für aktive latente Steuern:

- Die Abschreibung des Firmenwerts ist in der Handelsbilanz (§ 253 Abs. 3 HGB) höher als in der Steuerbilanz (§ 7 Abs. 1 Satz 3 EStG)
- Passivierungspflicht von Drohverlustrückstellungen in der Handelsbilanz (§ 249 Abs. 1 HGB). Passivierungsverbot in der Steuerbilanz (§ 5 Abs. 4a EStG)

- Abzinsung bei Pensionsrückstellungen mit dem aktuellen Kapitalmarktzins in der Handelsbilanz (§ 253 Abs. 2 HGB), in der Steuerbilanz mit einem festen Zinssatz von 6 % (§ 6a Abs. 3 EStG)
  Aktive latente Steuern, wenn der Kapitalmarktzins < 6 %
- Abzinsung von anderen Rückstellungen mit dem Kapitalmarktzinssatz in der Handelsbilanz (§ 253 Abs. 2 HGB), in der Steuerbilanz mit 5,5 % (§ 6 Abs. 1 Nr. 3e EStG)
- Aktivierungsverbot bestimmter Rechnungsabgrenzungsposten (Zölle, Verbrauchsteuern, USt) in der Handelsbilanz (§ 250 Abs. 2 HGB), Aktivierungspflicht in der Steuerbilanz (§ 5 Abs. 5 EStG)
- Abwertungswahlrecht für bestimmte außerplanmäßige Abschreibungen bei nicht dauernder Wertminderung von Finanzanlagen in der Handelsbilanz (§ 253 Abs. 3 Satz 4HGB), Abwertungsverbot in der Steuerbilanz (§ 6 Abs. 1 Nr. 2 EStG)
- Steuerliche Verlustvorträge

Steuerliche Verlustvorträge

Hat ein Unternehmen aus früheren Jahren steuerliche Verluste angehäuft (Verlustvorträge), dann können diese nach § 10d Abs. 2 EStG von den Gewinnen folgender Jahre abgezogen werden und führen somit zu einer geringeren Steuerbelastung in den Jahren, in denen dieser Verlustabzug erfolgt. Da es sich hierbei um einen rein steuerlichen Vorgang handelt, der aus der Handelsbilanz nicht ersichtlich wird, schreibt § 274 Abs. 1 Satz 4 HGB vor, dass solche künftigen Steuerentlastungen als aktive latente Steuern auf der Aktivseite der Bilanz ausgewiesen werden müssen. Außerdem ist der Verlustabzug auf die nächsten 5 Jahre begrenzt.

Ausschüttungssperre bei aktiven latenten Steuern

Die Buchung von aktiven latenten Steuern schlägt sich in der Bilanz in einem Aktivposten nieder, die entsprechende Gegenbuchung ist i.d.R. erfolgswirksam und erhöht damit das Eigenkapital. Da diese künftige Steuerentlastung zukunftsbezogen und damit unsicher ist, dürfen Gewinne nur ausgeschüttet werden, wenn die nach der Ausschüttung verbleibenden frei verfügbaren Rücklagen den Saldo aus aktiven und passiven latenten Steuern übersteigen.

Beispiel:

Gewinn + Rücklagen	500
Aktive latente Steuern	1.000
Passive latente Steuern	600
Ausschüttungssperre	400
Maximale Gewinnausschüttung	100

Die Buchung der latenten Steuern

Erträge aus der Aktivierung sind auf dem Konto »2 Latente Steuererträge« zu buchen. Aufwendungen aus der Passivierung werden auf dem Konto »2 Latente Steueraufwendungen« gebucht. Die entsprechende Gegenbuchung erfolgt auf dem Bestandskonto »1 Aktive latente Steuern« bzw. »1 Passive latente Steuern!

Aufgaben

1) Die XY-GmbH hat ein Anlagegut angeschafft (Anschaffungskosten = 300.000,-- €). Die Abschreibung erfolgt in der Handelsbilanz linear über 6 Jahre. Steuerlich können in den ersten 2 Jahren jeweils 25 %, in den restlichen 4 Jahre 12,5 % der Anschaffungskosten abgeschrieben werden.
    Stellen Sie die Entwicklung des Bilanzpostens »Passive latente Steuern« bzw. »Aktive latente Steuern« während der 6 Jahre dar und führen Sie die entsprechenden Buchungen je Jahr durch. Der anzuwendende Steuersatz betrage 30 %.

2) Eine Aktiengesellschaft hat im Berichtsjahr folgende Buchungen durchgeführt:
    1. Handelsrechtlich wurde eine Drohverlustrückstellung in Höhe von 300.000 € gebildet, die steuerlich nicht zulässig ist.
    2. Ein in diesem Jahr entgeltlich erworbener Geschäfts- oder Firmenwert in Höhe von 900.000 € wird handelsrechtlich über 5 Jahre abgeschrieben. Das Steuerrecht schreibt einen Abschreibungszeitraum von 15 Jahren vor.
    3. Entwicklungskosten für ein selbsterstelltes EDV-Programm in Höhe von 90.000 € werden in der Handelsbilanz aktiviert und über 3 Jahre abgeschrieben. In der Steuerbilanz gilt ein Aktivierungsverbot.
    4. Die Höhe der Pensionsrückstellungen beträgt in der Handelsbilanz 600.000 €, in der Steuerbilanz nur 550.000 €.
    5. Ein Grundstück, das mit 400.000 € zu Buche steht, wird für 500.000 € verkauft. Der Veräußerungsgewinn wird steuerlich auf eine steuerfreie Rücklage nach § 6b EStG gebucht und im Folgejahr auf ein Ersatzwirtschaftsgut übertragen.

    Der vorläufige Gewinn in der Handels- und Steuerbilanz vor Berücksichtigung dieser Buchungen betrug 700.000 €.

    Ermitteln Sie für die Handelsbilanz dieses Jahres
    *   den endgültigen Gewinn und
    *   die Höhe der aktiven und passiven latenten Steuern und buchen Sie diese!

    Der anzuwendende Steuersatz (KSt, SolZ und GewSt) betrage 30 %.

Lösungen

1) Entwicklung der latenten Steuern der XY-GmbH

	Jahr 1	Jahr 2	Jahr 3	Jahr 4	Jahr 5	Jahr 6	Summe
Steuerbilanz:							
Buchwert zu Jahresbeginn	300.000	225.000	150.000	112.500	75.000	37.500	
Steuerliche Abschreibung	-75.000	-75.000	-37.500	-37.500	-37.500	-37.500	300.000
Buchwert am Jahresende	225.000	150.000	112.500	75.000	37.500	0	
Handelsbilanz							
Buchwert zu Jahresbeginn	300.000	250.000	200.000	150.000	100.000	50.000	
Handelsrechtl. Abschreibung	-50.000	-50.000	-50.000	-50.000	-50.000	-50.000	300.000
Buchwert am Jahresende	250.000	200.000	150.000	100.000	50.000	0	
Abschreibungs-(= Buchwert) differenz	25.000	25.000	-12.500	-12.500	-12.500	-12.500	0
Entwicklung der latenten Steuern (Steuersatz = 30%)							
Passive latente Steuern	7.500	7.500					15.000
Aktive latente Steuern			3.750	3.750	3.750	3.750	15.000

Buchungssätze:

Jahr 1:	2 latenter Steueraufwand	an	1 passive latente Steuern	7.500
Jahr 2:	2 latenter Steueraufwand	an	1 passive latente Steuern	7.500
Jahr 3:	1 aktive latente Steuern	an	2 latenter Steuerertrag	3.750
Jahr 3:	1 aktive latente Steuern	an	2 latenter Steuerertrag	3.750
Jahr 3:	1 aktive latente Steuern	an	2 latenter Steuerertrag	3.750
Jahr 3:	1 aktive latente Steuern	an	2 latenter Steuerertrag	3.750

2) Berechnung der latenten Steuern für die Aktiengesellschaft

	Handels-bilanz	Steuer-bilanz	Differenz	Aktive latente Steuern	Passive latente Steuern
Vorläufiger Gewinn	700.000	700.000			
Drohverlust-Rückstellung	-300.000	0	-300.000	-90.000	
Abschreibung Firmenwert	-180.000	-60.000	-120.000	-36.000	
Selbsterstellte Software	-30.000	-90.000	60.000		18.000
Zuführung zur Pensionsrückstellung	-50.000	0	-50.000	-15.000	
Bildung 6b-Rücklage	0	-100.000	100.000		30.000
Endgült. Gewinn/Summe latente Steuern	140.000	450.000	-310.000	-141.000	48.000
Tatsächliche Steuerzahlung	135.000	135.000			
Latente Steuerbe-/-entlastung	-93.000				
Erwartete Steuerzahlung lt. Handelsbilanz	42.000				

Nach § 274 Abs. 1 HGB kann die Summe der latenten Steuern eines Jahres entweder saldiert oder unsaldiert ausgewiesen werden.

Im Falle des saldierten Ausweises lautet der Buchungssatz:

      1 Aktive latente Steuern   an   2 latenter Steuerertrag   93.000

Im Falle des unsaldierten Ausweises lauten die Buchungssätze:

      1 Aktive latente Steuern   an   2 latenter Steuerertrag   141.000
      2 latenter Steueraufwand   an   1 Passive latente Steuern   48.000

Lerneinheit 21:
Wertpapier- und Devisenbuchungen

Lernziele

- *Arten von Wertpapieren und zugehörige Konten*
- *Kauf und Verkauf von Dividendenpapieren*
- *Kauf und Verkauf von Zinspapieren*
- *Devisen- und Währungsbuchungen*

Einführung

Wertpapier- und Devisengeschäfte haben die Gemeinsamkeit, dass Kursgewinne und Kursverluste auftreten können. Aus diesem Grund sind die Buchungen von solchen Geschäftsvorfällen keine ausschließlichen Bestandsbuchungen. Die Praxis verwendet hierfür häufig noch das gemischte Wertpapierkonto bzw. das gemischte Devisenkonto. Die Übersichtlichkeit der Buchführung wird selbstverständlich erhöht, wenn man gemischte Konten vermeidet und reine Wertpapier- bzw. Devisenbestandskonten führt und die Kursgewinne oder -verluste auf den Konten »2 Kursgewinne« bzw. »2 Kursverluste« bucht.

Die zwei wichtigsten Arten von Wertpapieren sind:
- Dividendenpapiere und
- Zinspapiere

Ihre wesentlichen Merkmale sind in Abb. 21.1 dargestellt

Werden Aktien mit dem Ziel einer langfristigen Beteiligung an dem anderen Unternehmen erworben (z. B. zur Sicherung der Rohstoffversorgung), dann ist das Konto »0 Beteiligungen« zu verwenden. Entsprechend wird der Erwerb von Zinspapieren, sofern er nicht aus Spekulationsgründen, sondern mit langfristiger Anlageabsicht erfolgt, auf dem Konto »0 Wertpapiere des Anlagevermögens« gebucht, oder (entsprechend dem Bilanzposten nach § 266 Abs. 2 A.III.6 HGB) auf dem Konto »0 sonstige Ausleihungen«.

Werden Zins- oder Dividendenpapiere nur kurzfristig zur Spekulation oder aus Liquiditätsgründen erworben, dann ist das Konto »1 Wertpapiere des Umlaufvermögens« zu verwenden, oder (entsprechend der Bezeichnung des Bilanzpostens nach § 266 Abs. 2 B. III. 2. HGB das Konto »1 sonstige Wertpapiere«).

Dividendenpapiere	Zinspapiere
Verbriefen einen Anteil am Eigenkapital des Unternehmens	Verbriefen eine Forderung gegen das Unternehmen
Erbringen Dividende (=Anteil am Gewinn)	Erbringen Zinsen
Kurswert meist höher als Nennwert Die Differenz erhöht beim emittierenden Unternehmen als Agio das Eigenkapital	Kurswert häufig niedriger als Nennwert Die Differenz ist beim Schuldner i.d.R als Damnum bzw. Disagio unter den RAP zu buchen und über die Laufzeit des Darlehens abzuschreiben
i.d.R keine Rückzahlung, solange das Unternehmen besteht	Rückzahlung zum Nennwert nach Fristablauf
Beispiele: Aktien Investmentanteile	Beispiele: Industrieobligationen Pfandbriefe Bundesanleihen

Abb. 21.1: Unterschiede zwischen Dividenden- und Zinspapieren

Wertpapierkonten		
Zweck des Wertpapiererwerbs:	Dividendenpapiere:	Zinspapiere:
Langfristige Beteiligung am Unternehmen	Konto »0 Beteiligungen«	---
Langfristige Geldanlage	Konto: »0 Wertpapiere des Anlagevermögens«	Konto: »0 sonstige Ausleihungen« oder »0 Wertpapiere des Anlagevermögens«
Kurzfristige Geldanlage	Konto: »1 sonstige Wertpapiere« oder »1 Wertpapiere des Umlaufvermögens«	Konto: »1 sonstige Wertpapiere« oder »1 Wertpapiere des Umlaufvermögens«

Abb. 21.2: Wertpapierkonten

Kauf von Dividendenpapieren

Neben dem Kurswert sind alle Nebenkosten der Anschaffung zu aktivieren, z. B. Courtage des Börsenmaklers, Provision der auftragsdurchführenden Bank, Spesen.

Anschaffungswert = Kurswert + Nebenkosten
Buchungssatz: z. B. 1 Wertpapiere an 1 Bank.

Verkauf von Dividendenpapieren

Der einfachste Fall liegt vor, wenn der gesamte Wertpapierbestand veräußert wird, weil man dann auch die gesamten Anschaffungsnebenkosten ausbuchen kann. Wird nur ein Teil der Wertpapiere veräußert, dann muss neben dem Anschaffungskurswert auch der entsprechende Teil der aktivierten Anschaffungsnebenkosten aus dem Wertpapierbestand herausgenommen werden._

Die Kosten des Verkaufs (ebenso wie beim Kauf fallen wiederum an: Courtage, Provision, Spesen) reduzieren die Bankauszahlung. In jedem Fall ist beim Verkauf von Dividendenpapieren die folgende Nebenrechnung erforderlich:

Kurswert der verkauften Aktien zum Verkaufskurs
./. Verkaufskosten (Courtage, Provision, Spesen)
= Gutschrift auf dem Bankkonto

Die Verkäufe, bewertet zum (alten) Anschaffungskurs, berechnet man wie folgt:

Kurswert der verkauften Aktien zum (alten) Anschaffungskurs
+ anteilige Anschaffungsnebenkosten (z. B. 20/100)
= Wertpapierverkäufe zum Anschaffungswert

Der Endbestand zum Anschaffungswert lässt sich nun leicht berechnen:

Gesamtwert der Aktien zum Anschaffungskurs
+ gesamte Anschaffungsnebenkosten
./. Verkäufe zum Anschaffungswert
= Endbestand zum Anschaffungswert

Bucht man die Aktienverkäufe nicht auf einem gemischten Konto, sondern trennt Erfolgs- und Bestandsbuchungen, dann gilt der Buchungssatz (bei Kursgewinn):

       1 Bank   an   1 Wertpapiere
                an   2 Kursgewinne

Im Verlustfall ist ein entsprechender Aufwand im Soll zu buchen.

Hinter diesem einfachen Buchungssatz verbergen sich also umfangreiche Nebenrechnungen. In der Praxis werden deshalb zusätzlich zur Führung der Wertpapierkonten gesonderte Listen mit allen wichtigen Angaben geführt (sog. Nebenbücher, die jedoch nicht im System der Doppik stehen – d. h. ohne Buchung und Gegenbuchung).

Kauf von Zinspapieren

Wie beim Aktienkauf sind auch beim Anleihenkauf die Anschaffungsnebenkosten zu aktivieren. Zusätzlich muss beim Kauf dem Vorbesitzer der Anleihe noch sein Anteil an den Zinsen (sog. Stückzinsen) des Papiers bezahlt werden. Da die Zinsen nachträglich bezahlt werden, und zwar im Allgemeinen halbjährlich, bekommt der neue Eigentümer der Papiere den vollen Zinsertrag gutgeschrieben, selbst wenn er die Papiere erst kurz vor dem Zinstermin gekauft hat. Der Anteil der Zinsen, der auf den Besitzzeitraum des Vorbesitzers entfällt, muss deshalb dem Vorbesitzer bezahlt werden.

Folgende Berechnung wird erforderlich:

Kurswert der gekauften Anleihe
+   Anschaffungsnebenkosten
= Anschaffungswert (aktivieren)
+   anteiliger Zins für Vorbesitzer (Stückzinsen), z. B. für
    3 Monate = 3/6 des Halbjahreszinses
= zu bezahlender Betrag

Buchungssatz:
     1 Wertpapiere
     2 Zinsaufwand   an   1 Bank

Verkauf von Zinspapieren

Beim Verkauf sind zu ermitteln:
Kurswert am Verkaufstag
    ./. Verkaufskosten
    = Verkaufserlös
    + Stückzinsen (=anteilige Zinsen
       seit dem letzten Zinstermin)
    = Zahlungseingang

Den Verkaufswert der Zinspapiere, bewertet zum (alten) Anschaffungskurs, berechnet man genauso wie bei Dividendenpapieren:

Kurswert der verkauften Anleihen zum (alten) Anschaffungskurs
+   anteilige Anschaffungsnebenkosten (z. B. 20/100)
= Verkäufe zum Anschaffungswert

Der Buchungssatz bei Verwendung eines geteilten Wertpapierkontos lautet dann:

1 Bank	an	1 Wertpapiere (Verkäufe zum Anschaffungswert)
	an	2 Zinserträge (anteilige Zinsen)
	an	2 Kursgewinne

Bei Buchung auf einem gemischten Wertpapierkonto würden die Kursgewinne (bzw. -verluste) mit den Verkäufen zum Anschaffungswert in einer Zahl zusammengefasst und dem Wertpapierkonto gutgeschrieben werden.

Devisen- und Währungsbuchungen

Nach den gesetzlichen Vorschriften hat die Buchführung und Bilanzierung in Euro zu erfolgen (§ 244 HGB). Deshalb sind Geschäftsvorfälle, die in anderer Währung abgewickelt werden, zu Buchführungs- und Bilanzierungszwecken in Euro umzurechnen. Insbesondere kann es sich hierbei handeln um

- Forderungen an ausländische Kunden, die auf ausländische Währungen lauten,
- Verbindlichkeiten gegenüber ausländischen Schuldnern, die auf ausländische Währungen lauten;
- Devisenbestände.

Devisen sind Ansprüche auf Zahlungen in fremder Währung. Hierzu gehören vor allem auf ausländische Währung lautende Schecks, Wechsel sowie Guthaben bei ausländischen Banken.

Auslandsforderungen und -verbindlichkeiten werden – in Euro umgerechnet – auf die entsprechenden Forderungs- und Verbindlichkeitskonten der Kontenklasse 1 gebucht. Devisenbestände sind auf dem Konto »1 Devisen« zu buchen – wiederum nicht in ausländischer Währung, sondern in Euro. Wegen der Möglichkeit sich ändernder Wechselkurse können Kursgewinne oder Kursverluste entstehen.

Der Wechselkurs gibt den Preis der ausländischen Währung in Euro wieder (z. B. 1 US-$ = 0,80 €).

Ein **steigender Wechselkurs** bedeutet:

- Die ausländische Währungseinheit kostet bzw. bringt mehr Euro (für denselben z. B. US-$-Betrag ergibt sich ein höherer Euro-Betrag);
- Der Euro ist weniger wert (für denselben Euro-Betrag ergibt sich ein kleinerer US-$-Betrag).

Ein **fallender Wechselkurs** bedeutet:

- Die ausländische Währungseinheit kostet bzw. bringt weniger Euro (für denselben US-$-Betrag ergibt sich ein kleinerer Euro-Betrag);
- Der Euro ist mehr wert (für denselben Euro-Betrag ergibt sich ein höherer US-$-Betrag).

Währungsverluste treten auf:

- Bei Auslandsforderungen und Devisenbeständen: Wenn der Wechselkurs fällt. Der Euro ist mehr wert, der Euro-Gegenwert des Auslandsbetrags sinkt.
- Bei Auslandsverbindlichkeiten: Wenn der Wechselkurs steigt. Der Euro ist weniger wert, der Euro-Gegenwert der Auslandsverbindlichkeit steigt.

Währungsgewinne treten auf:

- Bei Auslandsforderungen und Devisenbeständen: Wenn der Wechselkurs steigt. Der Euro ist weniger wert, der Euro-Gegenwert des Auslandsbetrags steigt.

- Bei Auslandsverbindlichkeiten: wenn der Wechselkurs fällt. Der Euro ist mehr wert, der Euro-Gegenwert des Auslandsbetrags sinkt.

Für die Verbuchung von Kursgewinnen und Kursverlusten bei der Währungsumrechnung gilt folgende strenge Verfahrensregel (§ 252 Abs. 1 Nr. 4 HGB):

Drohende Umrechnungsverluste müssen gebucht werden, auch wenn der Verlust noch nicht eingetreten ist (z. B. weil die Forderung noch nicht fällig ist, weil Auslandsschecks oder -Wechsel noch nicht eingelöst werden sollen, weil die Verbindlichkeit noch nicht bezahlt werden muss). Man nennt dieses Prinzip das Imparitätsprinzip, (vgl. Anhang 1, S. 241)

Währungsgewinne dürfen dagegen erst dann gebucht werden, wenn sie tatsächlich eingetreten (realisiert) sind (z. B. wenn die Auslandsschuld bezahlt wird, wenn die Auslandsforderung in Euro eingeht, wenn der Auslandsscheck in Euro eingelöst wird). Man nennt dieses Prinzip das Realisationsprinzip (vgl. Anhang 1, S. 241).

Kursdifferenzen werden als »2 Kursgewinne« bzw. »2 Kursverluste« gebucht. Verwendet man das Konto »Devisen« als gemischtes Konto (vgl. S. 31ff.), dann entfällt diese Aufwands- bzw. Ertragsbuchung.

Aufgaben

Buchen Sie die folgenden Vorfälle sowohl auf geteilten als auch auf gemischten Wertpapier- und Devisenkonten. Schließen Sie die Konten ab und ermitteln Sie das Ergebnis.

1) Kauf von Aktien, 200 Stück zum Kurs von 120,-- € je Stück. Anschaffungsnebenkosten 350,-- €.

2) Kauf von 6 % Industrieobligationen, Nennwert 10.000,-- €, Kurs 110 %; Anschaffungsnebenkosten 130,-- €. Der nächste Zinstermin ist erst in 4 Monaten. (Zinstermine J/J = Januar/Juli)

3) Verkauf von 100 Stück der unter 1. erworbenen Aktien zum Kurs von 150,-- € je Stück. Verkaufskosten (Courtage etc.) 210,-- €.

4) Verkauf von 8.000,-- € (Nennwert) der unter 2. angeschafften Obligationen am 1. Mai (Zinstermine J/J). Kurs am Verkaufstag 105 %. Verkaufskosten 100,-- €.

5) Eine Dollar-Forderung gegen einen US-amerikanischen Kunden über US-$ 100.000,-- entsteht am 1. August bei einem Wechselkurs von 0,833 (1 US-$ kostet 0,833 €). Am 15. September wird der US-$ auf 0,80 abgewertet. Am 5. Dezember schickt der Kunde einen auf 100.000 US-$ lautenden Scheck (Der Wechselkurs beträgt noch 0,80 €/US-$). Bei Einlösung des Schecks am 10. Dezember beträgt der Wechselkurs des Dollars 0,825 € je US-$.

6) Eine Dollar-Verbindlichkeit an einen US-amerikanischen Lieferanten über US-$ 100.000,-- entsteht am 1. August bei einem Wechselkurs von 0,833 €/US-$. Am 15. September wird der Dollar auf 0,80 €/US-$ abgewertet. Wir bezahlen die Verbindlichkeit am 10. Dezember bei einem Wechselkurs von 0,825.

Lösungen

Erforderlich sind die folgenden Nebenrechnungen:

1) **Kauf der Aktien:**

Kurswert zum Anschaffungskurs 200 × 120	24.000
Anschaffungsnebenkosten	350
Aktienkäufe zum Anschaffungswert	24.350

2) **Kauf der Obligationen:**

	Kurswert zum Anschaffungskurs 10.000 × 110 %	11.000
+	Anschaffungsnebenkosten	130
=	zu aktivierender Anschaffungswert	11.130
+	anteiliger Zins (2/12 × 6 % von 10.000 Nennwert)	100
=	zu bezahlender Betrag	11.230

3) **Verkauf der Aktien:**

	Kurswert am Verkaufstag 100 x 150	15.000
./.	Verkaufskosten	210
=	Zahlungseingang	14.790
	Verkäufe zum Anschaffungskurs (100 × 120)	12.000
+	anteilige Anschaffungsnebenkosten (100/200 von 350)	175
=	Verkäufe zum Anschaffungswert	12.175
	Endbestand zum Anschaffungswert 24.350 – 12.175 =	12.175
	Kursgewinn (14.790 – 12.175)	2.615

4) Verkauf der Obligationen:

Kurswert am Verkaufstag 8.000 × 105 %	8.400
./. Verkaufskosten	100
= Verkaufserlös	8.300
+ Zinsanteil (4/12 × 6 % von 8.000 Nennwert)	160
= Zahlungseingang	8.460

Anschaffungskurswert (8.000 × 110 %)	8.800
+ anteilige Anschaffungsnebenkosten (8/10 von 130)	104
= Verkäufe zum Anschaffungswert	8.904

Endbestand zum Anschaffungswert (11.130 – 8.904)   = 2.226

Kursverlust (8.300 – 8.904)   – 604

5) Dollar-Forderung und Dollarscheck:

a) Entstehen der Forderung am 1. August   83.300
   Bei Exportgeschäften keine USt (§ 4 Nr. 1 UStG)!

b) Abwertung der Forderung am 15. September (Imparitätsprinzip):

alter €-Gegenwert	83.300
neuer €-Gegenwert	80.000
Kursverlust	3.300

c) Scheckeingang am 5. Dezember: Aktivtausch
   Umbuchung von Forderungen auf Devisen   80.000

d) Einlösung des Schecks am 10. Dezember:

Bankeingang	82.500
Buchbestand Devisen	80.000
Kursgewinn	2.500

6) Dollar-Verbindlichkeit:

a) Normaler Zieleinkauf (100.000 US-$ à 0,833 €)   83.300
   Die Einfuhrumsatzsteuer (20 % von 83.300 = 16.660,-- €) darf wie die normale Vorsteuer behandelt werden. Voraussetzung ist, dass sie bezahlt worden ist
   und nicht geschuldet wird (§ 1 Abs. 1 Nr. 4 UStG und § 16 Abs. 2 UStG).

b) Dollar-Abwertung am 15. September
   Keine Abwertung der Verbindlichkeit, kein Ertrag
   keine Buchung, da Realisationsprinzip!

c) Buchwert der Verbindlichkeit   83.300

Bezahlung (Banküberweisung) am 10. Dezember	82.500
Kursgewinn	800

Buchungen auf getrennten Erfolgs- und Bestandskonten

1) Kauf der Aktien:
1 Wertpapiere   an   1 Bank 24.350

2) Kauf der Obligationen:
1 Wertpapiere 11.130
2 Zinsaufwand 100   an   1 Bank 11.230

3) Verkauf von Aktien:
1 Bank 14.790   an   1 Wertpapiere 12.175
                       an   2 Kursgewinne 2.615

4) Verkauf von Obligationen:
1 Bank 8.460
2 Kursverluste 604   an   1 Wertpapiere 8.904
                       an   2 Zinserträge 160

5) Dollarforderung:

   a) Buchung am 1. August:
       1 Forderungen   an   8 Erlöse 83.300

   b) Buchung am 15. September (Abwertung der Forderung):
       4 Abschreibung auf
       Forderungen   an   1 Forderungen 3.300

   c) Buchung am 5. Dezember (Eingang des $-Schecks):
       1 Devisen   an   1 Forderungen 80.000

   d) Buchung am 10. Dezember (Einlösung des $-Schecks):
       1 Bank 82.500   an   1 Devisen 80.000
                        an   2 Kursgewinne 2.500

6) Dollar-Verbindlichkeit:

   a) Buchung am 1. August (Rechnungseingang):
       3 Waren   an   1 Verbindlichkeiten 83.300
       1 Vorsteuer   an   1 Bank 16.660

   b) Dollar-Abwertung am 15. September:
       Keine Buchung!

   c) Buchung am 10. Dezember (Bezahlung der Verbindlichkeit):
       1 Verbindlichkeiten 83.300
                        an   1 Bank 82.500
                        an   2 Kursgewinne 800

Buchung auf T-Konten (mit geteilten Wertpapier- und Devisenkonten):

1 Wertpapiere			
1)	24.350	3)	12.175
2)	11.130	4)	8.904
		SBK	14.401
	35.480		35.480

1 Devisen			
5c)	80.000	5d)	80.000

4 Abschreibung auf Forderungen			
5b)	3.300	GuV	3.300

2 Zinsaufwand			
2)	100	GuV	100

2 Zinserträge			
GuV	160	4)	160

2 Kursverluste			
4)	604	GuV	604
	604		604

2 Kursgewinne			
GuV	5.915	3)	2.615
		5d)	2.500
		6c)	800
	5.915		5.915

1 Bank			
3)	14.790	1)	24.350
4)	8.460	2)	11.230
5d)	82.500	6a)	16.660
SBK	28.990	6c)	82.500
	134.740		134.740

1 Verbindlichkeiten			
6c)	83.300	6a)	83.300

1 Forderungen			
5a)	83.300	5b)	3.300
		5c)	80.000
	83.300		83.300

1 Vorsteuer			
6a)	16.660	SBK	16.660

3 Waren			
6a)	83.300	SBK	83.300

8 Erlöse			
GuV	83.300	5a)	83.300

Soll	**9 Gewinn- und Verlustkonto**		Haben
Zinsaufwand	100	Erlöse	83.300
Kursverluste	604	Zinserträge	160
Abschr. Forderungen	3.300	Kursgewinne	5.915
Saldo = Gewinn	85.371		
	89.375		89.375

Soll	**9 Schlussbilanzkonto**		Haben
Wertpapiere	14.401	Bank	28.990
Vorsteuer	16.660	Eigenkapital = Gewinn	85.371
Waren	83.300		
	114.361		114.361

Buchungen auf gemischten Devisen- und Wertpapierkonten

1) Kauf der Aktien:
    1 Wertpapiere   an   1 Bank 24.350

2) Kauf der Obligationen:
    1 Wertpapiere 11.130
    2 Zinsaufwand 100   an   1 Bank 11.230

3) Verkauf von Aktien:
    1 Bank   an   1 Wertpapiere 14.790

4) Verkauf von Obligationen:
    1 Bank 8.460   an   1 Wertpapiere 8.300
                   an   2 Zinserträge 160

5) Dollarforderung:

    a) Buchung am 1. August:
       1 Forderungen   an   8 Erlöse 83.300

    b) Buchung am 15. September (Abwertung der Forderung):
       4 Abschreibungen auf Forderungen
                     an   1 Forderungen 3.300

    c) Buchung am 5. Dezember (Eingang des $-Schecks):
       1 Devisen   an   1 Forderungen 80.000

    d) Buchung am 10. Dezember (Einlösung des Schecks):
       1 Bank   an   1 Devisen 82.500

6) Dollar-Verbindlichkeit:

    a) Buchung am 1. August (Rechnungseingang):
       3 Waren   an   1 Verbindlichkeiten 83.300
       1 Vorsteuer   an   1 Bank 16.660

b) Dollar-Abwertung am 15. September
Keine Buchung wegen Realisationsprinzip

c) Buchung am 10. Dezember (Bezahlung der Verbindlichkeit):
1 Verbindlichkeiten 83.300

	an	1 Bank 82.500
	an	1 Devisen 800

Buchung auf T-Konten (mit gemischten Wertpapier- und Devisenkonten):

1 Gemischtes Wertpapierkonto				1 Gemischtes Devisenkonto			
1)	24.350	3)	14.790	5c)	80.000	5d)	82.500
2)	11.130	4)	8.300	GuV	3.300	6c)	800
GuV	2.011	EB	14.401		83.300		83.300
	37.491		37.491				

2 Zinsaufwand				2 Zinserträge			
2)	100	GuV	100	GuV	160	4)	160

4 Abschreibungen auf Forderungen				8 Erlöse			
5b)	3.300	GuV	3.300	GuV	83.300	5a)	83.300

Die übrigen Konten (1 Bank, 1 Verbindlichkeiten, 1 Forderungen, 1 Vorsteuer, 3 Waren) weisen dieselben Buchungen auf wie im Falle der getrennten Erfolgs- und Bestandskonten (vgl. S. 208).

Soll	**9 Gewinn- und Verlustkonto**		Haben
Zinsaufwand	100	Erlöse	83.300
Abschreibung Forderungen	3.300	Gewinn Wertpapierkonto	2.011
Saldo = Gewinn	85.371	Gewinn Devisenkonto	3.300
		Zinserträge	160
	88.771		88.771

Soll	**9 Schlussbilanzkonto**		Haben
Wertpapiere	14.401	Bank	28.990
Vorsteuer	16.660	Eigenkapital = Gewinn	85.371
Waren	83.300		
	114.361		114.361

Lerneinheit 22: Handelsvertretung und Kommissionsgeschäfte

Lernziele

- *Handelsvertreter*
- *Das Wesen des Kommissionsgeschäfts*
- *Die Einkaufskommission und ihre Verbuchung*
- *Die Verkaufskommission und ihre Verbuchung*

Einführung

In der Wirtschaftspraxis werden viele Geschäfte nicht direkt abgewickelt, sondern unter Einschaltung eines Handelsvertreters oder eines Kommissionärs.

Handelsvertreter

»Handelsvertreter ist, wer als selbständig Gewerbetreibender ständig damit beauftragt ist, für einen anderen Unternehmer Geschäfte zu vermitteln oder in dessen Namen abzuschließen.« (§ 84 HGB)

Da der Handelsvertreter nicht in eigenem Namen handelt, gehen die von ihm für einen Dritten gekauften oder verkauften Waren nicht in sein Eigentum über. Sie dürfen deshalb auch nicht bei ihm bilanziert werden. Hat er ein Geschäft vermittelt, dann entsteht sein Provisionsanspruch (§ 87a HGB). Die Buchung erfolgt mit dem Buchungssatz:

1 Forderungen	an	8 Provisionsertrag
	an	1 USt

Handelt es sich bei der Tätigkeit des Handelsvertreters nur um eine Nebentätigkeit, dann kommt auch eine Buchung auf einem Ertragskonto der Kontenklasse 2 GKR in Betracht (»2 Provisionsertrag«).

Sein Auftraggeber bucht spiegelbildlich:

2 Provisionsaufwand		
1 Vorsteuer	an	1 Verbindlichkeiten

Wenn zwischen der Abwicklung des Geschäfts und der Provisionsabrechnung ein Bilanz-stichtag liegt, muss der Auftraggeber zunächst eine Rückstellung für ungewisse Verbind-lichkeiten bilden.

Bei Beendigung des Handelsvertretervertrags steht dem Handelsvertreter ein Aus-gleichsanspruch zu, wenn der Auftraggeber mit den vom Handelsvertreter geworbenen Kunden weiterhin Geschäfte macht, ohne dass dieser hiervon Provisionen erhält (§ 89b HGB). Zum Ende des Vertretervertrags muss der Handelsvertreter den Anspruch aktivie-ren mit dem Buchungssatz:

1 Forderungen	an	8 Erlös bzw. 2 Ertrag
	an	1 USt

Die USt-Pflicht ergibt sich aus Abschnitt 3 Abs. 4 UStR.

Der Auftraggeber hat eine entsprechende Rückstellung für den Ausgleichsanspruch des Handelsvertreters zu bilden:

4/2 Kosten/Aufwand		
1 Vorsteuer	an	0 Rückstellung für Ausgleichsanspruch

In der Handelsbilanz darf diese Rückstellung bereits vor Beendigung des Vertretervertrags gebildet werden. Nach der neuesten Rechtsprechung des BFH dürfte dies jetzt auch für die Steuerbilanz gelten.

Kommissionsgeschäfte

»Kommissionär ist, wer es gewerbsmäßig übernimmt, Waren oder Wertpapiere für Rech-nung eines anderen (des Kommittenten) in eigenem Namen zu kaufen oder zu verkaufen.« (§ 383 HGB) Der Kommissionär kauft und verkauft im eigenen Namen. Dies unterschei-det ihn vom Handelsvertreter oder Makler, der in fremdem Namen auf fremde Rechnung handelt. Entsprechend ergeben sich Unterschiede bei der Buchung und Bilanzierung der sog. Kommissionsware.

Man unterscheidet:

Kommittent   =   Auftraggeber

Kommissionär   =   Vermittler, der für den Kommittenten ein- oder verkauft.

Einkaufskommission

Der Kommissionär kauft Waren oder Wertpapiere für Rechnung des Kommittenten, je-doch im eigenen Namen. Er nimmt die Waren vorübergehend in sein Warenlager auf (Konto 3 Kommissionsware). Ist die Ware am Jahresende noch auf dem Lager des Kom-missionärs, dann darf er sie in der Schlussbilanz nicht als eigenen Vermögensposten aus-weisen, da er nicht die wirtschaftliche Verfügungsgewalt darüber hat (er ist nicht wirtschaftlicher Eigentümer). Er darf nur die Forderung gegen den Kommittenten aktivieren, nicht aber die Ware. Deshalb muss er die Kommissionsware zurückbuchen, mit dem Buchungssatz:

> 1 Kontokorrentkonto (= Forderungen
> gegen den Kommittenten)   an   3 Kommissionsware
>   an   1 Vorsteuer

Für Einkaufskommissionsgeschäfte werden folgende Konten benötigt:

Beim Kommissionär:
> 3 Kommissionsware
> 1 Kontokorrentkonto (über dieses Konto werden die gegenseitigen
> Forderungen und Verbindlichkeiten zwischen Kommissionär
> und Kommittent gebucht).

Beim Kommittenten:
> 1 Kontokorrentkonto.

Weiterhin sind selbstverständlich alle beim Warenverkehr üblichen Konten erforderlich (z. B. 1 Vorsteuer, 1 USt, 1 Kasse/Bank usw.)

    Die Buchungen, die bei der Einkaufskommission vom Kommissionär und vom Kommittenten im Einzelnen durchzuführen sind, sind in der nachfolgenden Tabelle (Abb. 20.1) dargestellt.

Verkaufskommission

Auch hier wird der Kommissionär nicht Eigentümer der zu verkaufenden Ware. Hat der Kommissionär am Jahresende noch Kommissionsware auf dem Kommissionswarenkonto, dann muss er sie zurückbuchen (1 Kontokorrentkonto an 3 Kommissionswarenkonto und 1 Vorsteuerkonto), denn er darf in seiner Bilanz keine Bestände in Fremdbesitz ausweisen.

Bei der Verkaufskommission werden folgende Konten benötigt:
> Beim Kommissionär: 3 Kommissionsware
>   1 Kontokorrent
>
> Beim Kommittenten: 3 Ware in Kommission
>   1 Kontokorrent

Die Konten »3 Kommissionsware« beim Kommissionär und »3 Ware in Kommission«, beim Kommittenten werden sehr häufig als gemischte Konten geführt (Soll = Bestandsbuchungen, Haben = Erfolgsbuchungen).

    Das Kontokorrentkonto ist ein Finanzkonto. Sollbuchungen hierauf stellen eine Forderung gegen den Geschäftspartner dar, Habenbuchungen eine Verbindlichkeit. Die Buchungen von Kommissionär und Kommittent sind in Abb. 20.2 ausführlich dargestellt.

Gerade bei der Verkaufskommission gibt es zahlreiche Gestaltungsmöglichkeiten z. B.

- wenn die vereinbarte Provision bereits bei der Übergabe der Ware fällig wird,
- wenn der Kommissionär kein gesondertes Konto »Kommissionsware« führt und die Kommissionsware nicht aktiviert,
- die Buchungen 2, 3 und 4 können zu einem Buchungssatz zusammengefasst werden (siehe Tab. 20.2),
- sowohl der Kommissionär als auch der Kommittent können das gemischte Kommissionswarenkonto in reine Bestands- und Erfolgskonten aufspalten (vgl. S. 29 f.).

Vorgang	Buchungen des Kommissionärs	Buchungen des Kommittenten
Einkauf der Ware mit Bezugskosten und Vorsteuer	3 Kommissionsware 1 Vorsteuer an 1 Kasse/Bank	keine Buchung

Abholung der Ware durch den Kommittenten.
Jetzt entsteht die Forderung gegen den Kommittenten in Höhe von:
+ Einkaufspreis
+ Bezugskosten
+ Provision
+ Umsatzsteuer
	1 Kontokorrentkonto
	  an 3 Kommissionsware
	  an 8 Provision
	  an 1 USt
		3 Wareneinkauf
		3 Bezugskosten (Provision)
		1 Vorsteuer
		  an 1 Kontokorrentkonto

Bezahlung der Ware durch den Kommittenten	1 Bank / Kasse
	  an 1 Kontokorrentkonto
		1 Kontokorrentkonto
		  an 1 Bank/Kasse

Abb. 22.1: Buchungen bei der Einkaufskommission

Vorgang	Buchungen des Kommissionärs	Buchungen des Kommittenten

1. Übergabe der Ware an den Kommissionär (USt !)	3 Kommissionsware
	1 Vorsteuer
	  an 1 Kontokorrent
		3 Ware in Kommission
		  an 3 Wareneinkauf
		1 Kontokorrent
		  an 1 USt

2. Verkauf der Ware durch den Kommissionär	1 Kasse/Bank
	  an 3 Kommissionsware
	  an 1 USt
		1 Kontokorrent
		  an 3 Ware
		  in Kommission

3. Buchung des Anteils am Verkaufsgewinn, der vertragsgemäß dem Kommittenten zusteht	3 Kommissionsware an 1 Kontokorrent	Keine Buchung

4. Buchung des Anteils am Verkaufsgewinn, der vertragsgemäß dem Kommissionär zusteht	3 Kommissionsware
	  an 9 GuV
	Das Konto »3 Kommissionsware« ist jetzt abgeschlossen.
		3 Ware in Kommission
		  an 1 Kontokorrent
		Korrekturbuchung, da unter 2. der ganze Warengewinn dem Kommittenten gutgeschrieben wurde.

Vorgang	Buchungen des Kommissionärs	Buchungen des Kommittenten
5. Buchung der zusätzlich zur Gewinnbeteiligung vereinbarten Provision für den Kommissionär	1 Kontokorrent an 8 Provisionserträge an 1 USt	4 Provisionsaufwand 1 Vorsteuer an 1 Kontokorrent
6. Der Kommissionär bezahlt an den Kommittenten	1 Kontokorrent an 1 Kasse/Bank	1 Kasse/Bank an 1 Kontokorrent
	Das Kontokorrentkonto ist jetzt bei beiden abgeschlossen.	
7. Der Kommittent schließt sein Konto »3 Ware in Kommission« ab	Keine Buchung	3 Ware bin Kommission an 9 GuV

Abb. 22.2: Buchungen bei der Verkaufskommission

Aufgaben

1) H hat mit der X-GmbH einen Handelsvertretervertrag i.S. von § 84 ff. HGB abgeschlossen. Er hat von der X-GmbH am 1. Oktober Ware im Wert von 100.000,-- € in sein Lager übernommen. Am 15. November hat er die Hälfte der Ware für 80.000,-- € verkauft. Hierfür steht ihm eine vertragliche Provision in Höhe von 10 % des Verkaufserlöses zu. Die X-GmbH überweist die Provision erst am 2. Dezember. Die noch nicht verkaufte Ware befindet sich am Jahresende noch in seinem Lager.
Geben Sie an, welche Buchungen H an folgenden Tagen durchführen muss:
a) Bei Übernahme der Ware am 1. Oktober.
b) Bei Verkauf am 15. November.
c) Bei Eingang der Provision am 2. Dezember.
d) Am Jahresende.

2) Der Einkaufskommissionär E kauft für den Kommittenten K Waren für 10.000,-- € (zuzüglich USt). An Fracht entstehen ihm 200,-- € zuzüglich USt). Er nimmt die Ware auf Lager, bis sie der Kommittent abholt und bar bezahlt. Für seine Tätigkeit erhält der Kommissionär 1.000,-- € Provision.

Geben Sie für den Kommissionär und den Kommittenten die Buchungssätze an und buchen Sie den Vorgang auf T-Konten.

3) Der Verkaufskommissionär V erhält vom Kommittenten K Waren für 20.000,-- €. Als Provision sind 2.000,-- € vereinbart. Der Kommissionär verkauft die Ware für 30.000,-- €. Vertragsgemäß steht ihm zusätzlich zu seiner Provision noch die Hälfte des Mehrerlöses zu.

Geben Sie für den Kommissionär und den Kommittenten die Buchungssätze an und buchen Sie den Vorgang auf T-Konten.

Lösungen

1) **Buchungen des Handelsvertreters H**

a) Bei Warenübernahme keine Buchung, da H die Ware nicht bilanzieren darf.

b) Bei Verkauf am 15. November:

      1 Forderungen 9.600   an 8 Provisionserträge 8.000
                           an 1 USt 1.600

c) Bei Zahlungseingang am 2. Dezember:

      1 Bank   an 1 Forderungen 9.600

d) Am Jahresende: Keine Buchung

2) **Einkaufskommission**

Buchungen beim Kommissionär:

a) 3 Kommissionsware 10.200
      1 Vorsteuer 2.040   an 1 Kasse 12.240

b) 1 Kontokorrent 13.440   an 3 Kommissionsware 10.200
                          an 8 Provision 1.000
                          an 1 USt 2.240

c) 1 Kasse   an 1 Kontokorrent 13.4400

d) 1 USt   an 1 Vorsteuer 1.020

3 Kommissionsware				1 Kasse		
1)	10.200,--	2)	10.200,--	3)	13.440,--	1)	12.240,--
						Saldo	1.200,--

1 Kontokorrent				8 Provision		
2)	13.440,--	3)	13.440,--	Saldo	1.000,--	2)	1.000,--

1 Vorsteuer				1 USt		
1)	2.040,--	4)	2.040,--	4)	2.040,--	2)	2.240,--
				Saldo	200,--		

Buchungen beim Kommittenten:

1) Abholung der Ware:

      3 Wareneinkauf 10.200

      3 Bezugskosten (Provision) 1.000

      1 Vorsteuer 2.240   an   1 Kontokorrent 13.440

2) Bezahlung der Ware:

      1 Kontokorrent   an   1 Kasse 13.440

3 Wareneinkauf		1 Vorsteuer	
1) 10.200,--		1) 2.240,--	

3 Bezugskosten	
1) 1.000,--	

1 Kasse		1 Kontokorrent	
	2) 13.440,--	2) 13.330,--	1) 13.440,--

3) Verkaufskommission

Buchungen des Kommissionärs:

a) Bei Erhalt der Kommissionsware

      3 Kommissionsware 20.000

      1 Vorsteuer 4.000   an   1 Kontokorrent 24.000

b) Bei Verkauf der Ware:

      1 Kasse 36.000   an   3 Kommissionsware 30.000

                     an   1 USt 6.000

c) Gewinnanteil des Kommittenten (1/2 von 10.000):

      3 Kommissionsware   an   1 Kontokorrent 5.000

d) Gewinnanteil des Kommissionärs (1/2 von 10.000):

      3 Kommissionsware   an   9 GuV 5.000

e) Provisionsbuchung:

      1 Kontokorrent 2.400   an   8 Provisionserträge 2.000

                      an   1 USt 400

f) Der Kommissionär bezahlt an den Kommittenten:

      1 Kontokorrent   an   1 Kasse 26.600

Die Konten »1 Kontokorrent« und »3 Kommissionsware« sind damit abgeschlossen.

	3 Kommissionsware		
1)	20.000,--	2)	30.000,--
3)	5.000,--		
4)	5.000,--		
	30.000,--		30.000,--

	1 Kasse		
2)	36.000,--	6)	26.600,--
		EB	9.400,--
	36.000,--		36.000,--

	1 Kontokorrent		
5)	2.400,--	1)	24.000,--
6)	26.600,--	3)	5.000,--
	29.000,--		29.000,--

	8 Provisionen	
	5)	2.000,--

	1 Vorsteuer
1)	4.000,--

	1 USt	
	2)	6.000,--
	5)	400,--

	9 GuV	
	4)	5.000,--

Buchungen des Kommittenten:

1) Warenübergabe:
     3 Ware in Kommission   an   3 Wareneinkaufskonto 20.000,--
     1 Kontokorrent   an   1 USt 4.000,--

2) Warenverkauf (zunächst wird der volle Verkaufserlös gebucht):
     1 Kontokorrent   an   3 Ware in Kommission 30.000,--

3) Gewinnanteil des Kommittenten: ist bereits bei 2) gebucht.

4) Gewinnanteil des Kommissionärs:
     3 Ware in Kommission   an   1 Kontokorrent 5.000,--

5) Provisionsbuchung:
     4 Provisionsaufwand 2.000,--
     1 Vorsteuer 400,--   an   1 Kontokorrent 2.400,--

6) Bezahlung durch den Kommissionär:
     1 Kasse   an   1 Kontokorrent 26.600,--

7) Abschluss des gemischten Kontos »3 Ware in Kommission«:
     3 Ware in Kommission   an   9 GuV 5.000,--

	1 Kontokorrent		
1)	4.000,--	4)	5.000,--
2)	30.000,--	5)	2.400,--
		6)	26.600,--
	34.000,--		34.000,--

	3 Ware in Kommission		
1)	20.000,--	2)	30.000,--
4)	5.000,--		
7)	5.000,--		
	30.000,--		30.000,--

	3 Wareneinkauf		
Anf.Best.		1)	20.000,--

	4 Provisionen	
5)	2.000,--	

	1 Vorsteuer	
5)	400,--	

	1 USt	
	1)	4.000,--

	1 Kasse	
6)	26.600,--	

	9 GuV	
	7)	5.000,--

Lerneinheit 23: Die Hauptabschlussübersicht

Einführung

Die Hauptabschlussübersicht ermöglicht es, ohne formalen Kontenabschluss in Grund- und Hauptbuch einen Gesamtüberblick über das Betriebsgeschehen zu erhalten. Deshalb erstellt die Praxis vor dem endgültigen Abschluss der Konten einen vorläufigen Abschluss in Form der Hauptabschlussübersicht (auch Betriebsübersicht, Bilanzübersicht genannt). Sie ist eine tabellarische Übersicht über sämtliche Kontenstände und Abschlussbuchungen bis hin zum Schlussbilanzkonto und GuV-Konto. In der Hauptabschlussübersicht stehen die Konten untereinander. Zu jedem Konto gehören mehrere Soll- und Habenspalten, in denen Abschlussbuchungen für dieses Konto durchgeführt werden.

Summenbilanz: In diese Spalte werden die Soll- und die Habensummen jedes Kontos übertragen (Sollsumme ins Soll, Habensumme ins Haben). Nach den Gesetzen der Doppik ist die gesamte Sollsumme gleich der gesamten Habensumme in dieser Spalte.

Saldenbilanz I (vorläufige Saldenbilanz): Hier werden für jedes Konto die jeweiligen Soll- und Habenzahlen der Summenbilanz subtrahiert. Ergibt sich ein Sollüberschuss, dann wird er auf die Sollseite geschrieben; ergibt sich ein Habenüberschuss, dann kommt er auf die Habenseite. Auch hier muss gelten: Summe aller Sollzahlen = Summe aller Habenzahlen.

Umbuchungen: In dieser Spalte werden die vorbereitenden Abschlussbuchungen vorgenommen, also z.B.

* Abschreibungen auf Anlagen
* Abschreibungen auf Forderungen,
* Abschluss des Privatkontos,
* Buchung der Inventurangaben und Bestandsänderungen,
* Ermittlung der USt-Zahllast.
* Abschluss der Warenkonten

Konto	Summenbilanz		Saldenbilanz I		Umbuchungen		Saldenbilanz II		Bilanz		GuV	
	Soll	Haben	Soll	Haben	Soll	Haben	Soll	Haben	Soll	Haben	Aufw.	Ertr.
0 Grundstücke												
0 Gebäude												
0 Maschinen												
1 Kasse												
1 Bank												
1 Verbindlichkeit												
4 Löhne												
2 a.o.Erträge												
8 Erlöse												
-												
usw.												
-												
-												
-												
-												
-												
-												
Gewinn/Verlust									Ver-lust	Ge-winn	Ge-winn	Ver-lust
	Soll = Haben		Soll = Haben		Soll = Haben		Soll = Haben		Soll = Haben		Soll = Haben	

Abb. 23.1: Vereinfachtes Formularbeispiel einer Hauptabschlussübersicht

Da diese Buchungen streng nach dem System der Doppik erfolgen (also mit Gegenbuchung auf dem entsprechenden Gegenkonto), gilt auch hier: Sollsumme = Habensumme.

Saldenbilanz II (endgültige Saldenbilanz): Auf dieselbe Art wie bei der Saldenbilanz I werden hier die Kontenendbestände berechnet und eingetragen.

Bilanzkonto: Die Endbestände aller Bestandskonten werden in die Bilanzspalte übertragen. Sofern ein Gewinn oder Verlust erwirtschaftet wurde, geht die Bilanzgleichung noch nicht auf, sondern erst, wenn der Gewinn/Verlust von der Gewinn- und Verlustrechnung in der letzten Zeile übertragen wurde.

Gewinn- und Verlustkonto (GuV): Die Salden aller Erfolgskonten werden in die GuV-Spalte übertragen, deren Saldo – Gewinn im Soll, Verlust im Haben – in die Bilanzspalte übertragen wird.

Aufgaben

Die Konten der A & B-KG weisen vor dem Abschluss den folgenden Saldenstand auf:

Saldenliste:	Soll	Haben
0 Maschinen	50.000	
3 Rohstoffe	40 000	
7 unfertige Erzeugnisse	60.000	
7 fertige Erzeugnisse	70.000	
1 Forderungen	60.000	
1 Bank	30 000	
1 Kasse	10.000	
0 Kapital A (Kompl.)		100.000
0 Kapital B (Komm.)		50.000
1 Verbindlichkeiten		60.000
1 USt		10.000
4 Löhne	40.000	
8 Verkaufserlöse		140.000
	360.000	360.000

Abschlussangaben:

A1)   Abschreibung auf Maschinen 10.000,--

A2)   Im Gesamtbetrag der Forderungen ist eine Forderung über 12.000,-- € gegen einen Kunden enthalten, gegen den das Insolvenzverfahren mangels Masse abgelehnt worden ist. Sie ist direkt abzuschreiben, die USt ist zu berichtigen.

A3)   Vom Restbetrag der Forderungen ist eine Pauschalwertberichtigung von 2 % zu bilden.

A4)   Die Gewerbesteuerschuld wird auf 8.000,-- € geschätzt. Hierfür ist eine Rückstellung zu bilden.

A5)   Der Komplementär, Gesellschafter A, hebt 30.000,-- € vom betrieblichen Bankkonto als Entgelt für seine Geschäftstätigkeit ab. (Nicht als kalkulatorische Kosten verbuchen!)

A6)   Während des Geschäftsjahres erfolgte bei der Barrückzahlung einer Schuld von 5.000,-- € versehentlich die Gutschrift auf dem Bankkonto.

A7)   Inventurbestände:

Rohstoffe	20.000,--
unfertige Erzeugnisse	50.000,--
fertige Erzeugnisse	80.000,--

Aufgaben:
1. Geben Sie die Buchungssätze für die Abschlussbuchungen an.
2. Buchen Sie die Abschlussangaben und ermitteln Sie den Gewinn in der Hauptabschlussübersicht.

Lösungen

A1)   4 Abschreibung auf Anlagen an 0 Maschinen 10.000

A2)

Bruttoforderung	12.000
USt	2.000
Nettoforderung	10.000

Abschreibung nur von der Nettoforderung!

2 sonst.betr. Aufwand 10.000
1 USt 2.000   an 1 Forderungen 12.000

A3) Restforderungen   48.000

USt   8.000

Nettoforderungen 40.000

Die Pauschalabschreibung erfolgt von der Nettoforderung:

4 Abschreibung auf Forderungen   an   1 Delcredere 800

A4) 4 Gewerbesteuer   an   0 Steuerrückstellung 8.000

A5) 1 Privat   an   1 Bank 30.000

A6) 1 Bank   an   1 Kasse   5.000

A7) *Rohstoffe:*

Kontenstand   40.000

./. Inventurbestand   20.000

= Rohstoffverbrauch   20.000

4 Rohstoffverbrauch   an   3 Rohstoffe 20.000

unfertige Erzeugnisse (uE):

Kontenstand   60.000

./. Inventurbestand   50.000

= Bestandsminderung   10.000

8 Bestandsänderung unfertige Erzeugnisse

an   7 unfertige Erzeugnisse 10.000

fertige Erzeugnisse:

Kontenstand   70.000

./. Inventurbestand   80.000

= Bestandsmehrung   10.000

7 fertige Erzeugnisse   an   8 Bestandsänderung fE 10.000

A8) Alle Unterkonten müssen auf die Hauptkonten abgeschlossen werden. (Im Beispiel gibt es nur ein Unterkonto, nämlich das Privatkonto.)

0 Eigenkapital   an   1 Privat 30.000

	Konto	Saldenbilanz I		Umbuchungen	
		Soll	Haben	Soll	Haben
1	0 Maschinen	50.000			10.000
2	3 Rohstoffe	40.000			20.000
3	7 unfertige Erzeugnisse	60.000			10.000
4	7 fertige Erzeugnisse	70.000		10.000	
5	1 Forderungen	60.000			12.000
6	1 Bank	30.000		5.000	30.000
7	1 Kasse	10.000			5.000
8	1 Privat			30.000	30.000
9	0 Kapital A		100.000	30.000	
10	0 Kapital B		50.000		
11	1 Delcredere				800
12	1 Verbindlichkeiten		60.000		
13	1 USt		10.000	2.000	
14	0 Steuerrückstellung				8.000
15	4 Löhne	40.000			
16	4 Rohstoffvervbrauch			20.000	
17	4 Abschreibungen auf Anlagen			10.000	
18	4 Abschreibungen auf Forderungen			800	
19	4 Gewerbesteuer			8.000	
20	2 sonst. betr. Aufwand			10.000	
21	8 Umsatzerlöse		140.000		
22	8 BÄ – unfertige Erzeugnisse			10.000	
23	8 BÄ – fertige Erzeugnisse				10.000
24					
25					
		360.000	360.000	135.800	135.800

Saldenbilanz II		Bilanz		GuV	
Soll	Haben	Aktiva	Passiva	Aufwand	Ertrag
40.000		40.000			
20.000		20.000			
50.000		50.000			
80.000		80.000			
48.000		48.000			
5.000		5.000			
5.000		5.000			
	70.000		70.000		
	50.000		50.000		
	800		800		
	60.000		60.000		
	8.000		8.000		
	8.000		8.000		
40.000				40.000	
20.000				20.000	
10.000				10.000	
800				800	
8.000				8.000	
10.000				10.000	
	140.000				140.000
10.000				10.000	
	10.000				10.000
			196.800	98.800	150.000
			+ 51.200	+ 51.200	= Gewinn
346.800	**346.800**	**248.000**	**248.000**	**150.000**	**150.000**

Lerneinheit 24: Die Verbuchung des Erfolgs bei Unternehmen verschiedener Rechtsformen

---

Lernziele

- *Die buchungstechnische Behandlung des Erfolgs bei Einzelunternehmen*
- *Die stille Gesellschaft*
- *Gewinn- und Verlustbeteiligung bei der OHG*
- *Die Gewinnverteilungstabelle*
- *Besonderheiten der KG*
- *Gewinnverwendung und Gewinnverteilung bei der GmbH und der AG*

Einführung

Die Gewinnverwendung der Einzelunternehmung

Da hier im Normalfall keine weiteren Gesellschafter vorhanden sind, steht der gesamte Gewinn dem Unternehmer zu, ebenso wie der gesamte Verlust von ihm zu tragen ist. Der Erfolg (Saldo laut GuV-Konto) wird deshalb direkt zu Lasten oder zu Gunsten des Eigenkapitalkontos gebucht, mit dem Buchungssatz:

Bei Gewinn:	9 GuV	an	0 Eigenkapital
Bei Verlust:	0 Eigenkapital	an	9 GuV.

Die in § 266 HGB vorgeschriebene detaillierte Gliederung des Eigenkapitals in »gezeichnetes Kapital«, »Kapitalrücklage«, »Gewinnrücklage«, »Gewinn-Verlustvortrag«, »Jahresüberschuss/-fehlbetrag« kann und muss von Einzelunternehmen grundsätzlich nicht eingehalten werden. Es genügt eine Position »Eigenkapital«. Selbst wenn das Unternehmen publizitätspflichtig ist (§ 1 PublG) braucht die detaillierte Untergliederung nicht eingehalten zu werden (§ 9 Abs. 3 PublG).

Da der Einzelunternehmer mit seinem Gesamtvermögen für die Schulden des Unternehmens haftet, ist es auch nicht nötig, das Eigenkapitalkonto stets in Höhe einer festen Haftsumme zu halten (etwa wie bei der AG oder der GmbH).

Inwieweit der Gewinn dem Unternehmen entnommen werden soll, ist nicht eine Frage der Gewinnverbuchung. Privatentnahmen berühren das GuV-Konto nicht. Sie werden auf dem Konto »1 Privat« gebucht, welches direkt über das Eigenkapitalkonto abgeschlossen wird. (vgl. S. 34).

Stille Gesellschaft

Ein Sonderfall der Einzelunternehmung liegt vor, wenn ein stiller Gesellschafter beteiligt ist. Das vom stillen Gesellschafter eingebrachte Vermögen geht in das Vermögen des Unternehmers über (§ 230 HGB). Eine stille Gesellschaft ist von Außenstehenden meist nicht erkennbar, da die Kapitaleinlagen des Stillen nicht besonders gekennzeichnet werden müssen.

Hier sind zwei Fälle zu unterscheiden:

a) Der sog. typische stille Gesellschafter: Er leistet eine Geld- oder Sacheinlage gegen eine vertraglich festzulegende Gewinnbeteiligung, jedoch mit der Besonderheit, dass er an stillen Reserven nicht beteiligt ist. Entsprechend ist er auch nicht an Gewinnen beteiligt, die aus der Auflösung stiller Reserven resultieren (z. B. aus Anlageverkäufen). Seine Einlage wird nicht als Eigenkapital gebucht, sondern als langfristiges Darlehen. Neben einer Gewinnbeteiligung, die gesetzlich zwar gefordert, jedoch nicht näher umrissen wird (§ 232 HGB), ist die Gewährung eines festen Zinses möglich. Verlustbeteiligung ist möglich, aber nicht üblich. Der Gewinnanteil des »Stillen« ist als Aufwand (etwa wie Zinsaufwand) zu buchen. Er erhöht nicht seine Einlage, sondern wird ausbezahlt. Ein Verlustanteil reduziert die Einlage des stillen Gesellschafters, sofern die Verlustbeteiligung vertraglich vereinbart worden ist.

Buchungen bei Einbringung der stillen Beteiligung:

    Verschiedene Aktivkonten   an   0 langfristiges Fremdkapital

Buchung bei Gewinn:

    2 Zinsaufwand   an   1 Bank/Kasse
                                     bzw. 1 Gewinngutschrift (sonst. Verbindlichkeit)

Buchung bei Verlust:

    0 langfristiges Fremdkapital   an   9 GuV

b) Der sog. atypische stille Gesellschafter: Er ist an den stillen Reserven sowie an den Gewinnen bei der Auflösung stiller Reserven beteiligt. Da er steuerlich praktisch wie ein Gesellschafter einer OHG behandelt wird, buchen die meisten Unternehmen seine Beteiligung sowie seinen Gewinnanteil wie bei der OHG (variables Eigenkapitalkonto, siehe unten).

Die Offene Handelsgesellschaft – OHG

Wie der Einzelunternehmer haften die OHG-Gesellschafter den Gläubigern des Unternehmens mit ihrem Gesamtvermögen. Da das Eigenkapital deshalb ohnehin nicht die Haftsumme angibt, braucht und kann es nicht in Höhe der Haftsumme fix gehalten zu werden. Gewinne und Verluste können deshalb direkt an die Eigenkapitalkonten abgeschlossen werden. Für jeden Gesellschafter ist ein gesondertes Eigenkapitalkonto zu führen.

Die Gewinn- und Verlustverteilung bei der OHG: Da der Erfolg des Unternehmens auf mehrere Gesellschafter zu verteilen ist, sind Vereinbarungen über die Gewinn- und Verlustverteilung erforderlich. Meistens erfolgt dies unternehmensindividuell im Gesellschaftsvertrag. Ist jedoch dort keine Vereinbarung über die Gewinn- und Verlustverteilung getroffen, dann greift die Regelung des § 121 HGB ein:

Im Gewinnfall:

- Zunächst Verzinsung der Kapitalanteile mit 4 %,
- verbleibender Gewinn: gleichmäßige Verteilung auf die Gesellschafter.

Im Verlustfall:

- gleichmäßige Verteilung auf die Gesellschafter (nach Köpfen.)

Buchungssatz bei Gewinn:

> 9 GuV- Konto   an   0 Eigenkapital X
>   an   0 Eigenkapital Y

Buchungssatz bei Verlust:

> 0 Eigenkapital X
> 0 Eigenkapital Y   an   9 GuV-Konto

Die Berechnung der verteilbaren Gewinnanteile erfolgt in einer sog. **Gewinnverteilungstabelle.**

Beispiel für eine typische Gewinnverteilungsregelung in einem Gesellschaftsvertrag (OHG mit 3 Gesellschaftern X, Y und Z). Im Gesellschaftsvertrag ist Folgendes vereinbart:

- X erhält vorab 20 % des Gewinns als Geschäftsführergehalt;
- sodann erhält Y, da er mit einem besonders hohen Privatvermögen haftet, bis zu 100.000,-- € als besondere Risikoprämie;
- ein hiernach verbleibender Restgewinn ist im Verhältnis der Kapitalanteile zu Jahresbeginn zu verteilen;
- etwaige Verluste sind nach Köpfen (= gleichmäßig) zu verteilen.

Gewinnverteilungstabelle: XYZ – OHG Gewinn = 500.000,-- €				
	Gesellschafter			Gewinn-rest
	X	Y	Z	
Kapitalanteil zu Jahresbeginn	5.000.000	1.000.000	4.000.000	–
Gewinnvorab für Geschäftsführung Risikoprämie Verteilung des Restgewinns (5:1:4)	100.000 – 150.000	– 100.000 30.000	– – 120.000	400.000 300.000 0
Gewinnanteil je Gesellschafter	250.000	130.000	120.000	–
Neues Eigenkapital	5.250.000	1.130.000	4.120.000	–

Abb. 24.1: Beispiel für eine Gewinnverteilungstabelle einer OHG

Die Kommanditgesellschaft (KG)

Auch für die Gewinnverteilung der KG sieht das HGB eine Regelung vor für den Fall, dass im Gesellschaftsvertrag nichts vereinbart wurde (§ 168 HGB):

- Zunächst 4 % Verzinsung der Kapitaleinlage;
- Restgewinne werden in angemessenem Verhältnis verteilt;
- Verluste werden in angemessenem Verhältnis verteilt.

Der Gewinn-/Verlustanteil des **Komplementärs** (Vollhafters) einer KG wird wie beim Einzelunternehmer oder OHG-Gesellschafter direkt auf das Kapitalkonto gebucht, da auch er mit seinem Gesamtvermögen haftet. Die Buchung der Gewinnanteile von **Kommanditisten** ist differenzierter, da sie nur mit ihrer Kapitaleinlage haften (siehe die Abb. 24.2).

Die Kapitalgesellschaften

Für kaufmännische Unternehmen kommen hier im Wesentlichen die Rechtsformen der Aktiengesellschaft (AG) und der Gesellschaft mit beschränkter Haftung (GmbH) in Frage.
  Beide sind dadurch gekennzeichnet, dass das gezeichnete Kapital in Höhe der Haftsumme starr gehalten werden muss. Bei der AG heißt es Grundkapital, bei der GmbH Stammkapital. Gewinne, die nicht an die Gesellschafter (Aktionäre bzw. Stammanteilseigner) ausgeschüttet werden sollen, dürfen das feste Stamm- oder Grundkapital ebenso wenig erhöhen, wie Verluste es mindern dürfen. Solche Gewinne sind entweder in eine Rücklage einzustellen, wenn sie langfristig im Unternehmen verbleiben sollen, oder als Gewinnvortrag bis zur weiteren Verwendung zu buchen.

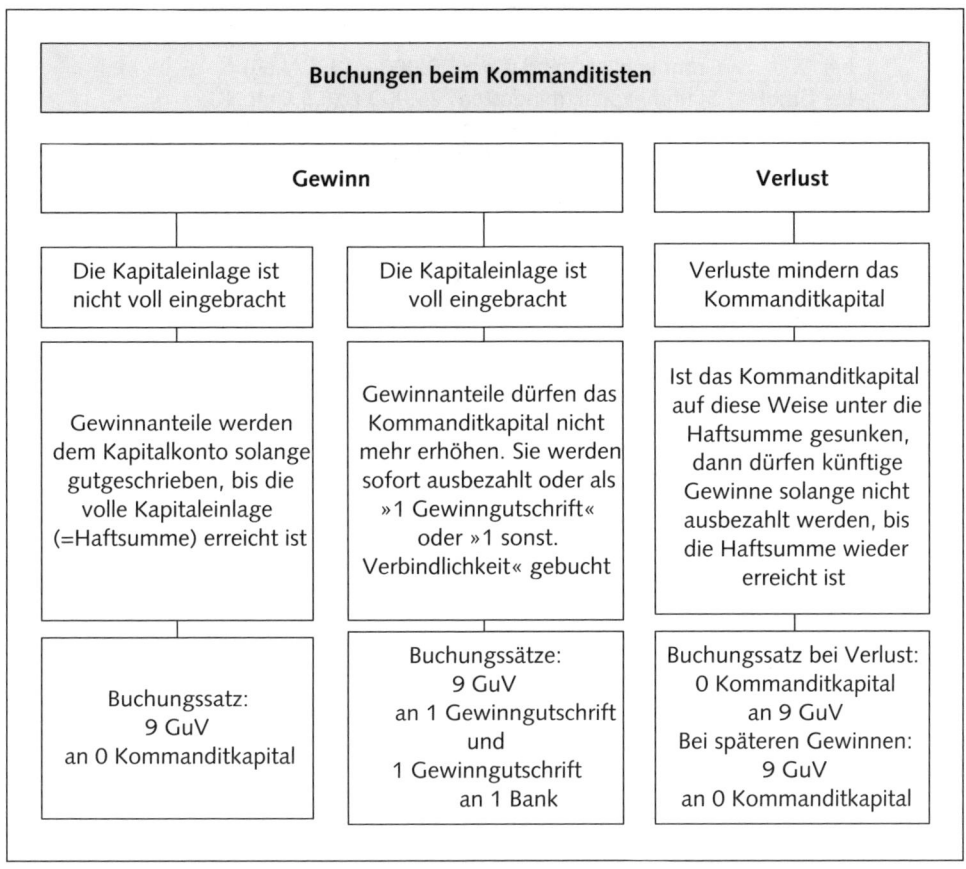

Abb. 24.2: Die Buchung von Gewinn-/Verlustanteilen beim Kommanditisten

Verluste mindern zunächst den Gewinnvortrag aus dem Vorjahr, dann die Rücklagen. Das Grund- bzw. Stammkapital darf im Allgemeinen nicht durch Verluste vermindert werden. Verluste können auch kurzfristig als Verlustvortrag in der Bilanz in das nächste Jahr übertragen werden.

In die gesetzliche Rücklage der AG müssen 5 % des Jahresüberschusses solange eingebracht werden, bis die gesetzliche Rücklage und die Kapitalrücklage zusammen den zehnten oder den in der Satzung bestimmten höheren Teil des Grundkapitals erreichen (§ 150 AktG). Für die GmbH gibt es keine derartige Vorschrift.

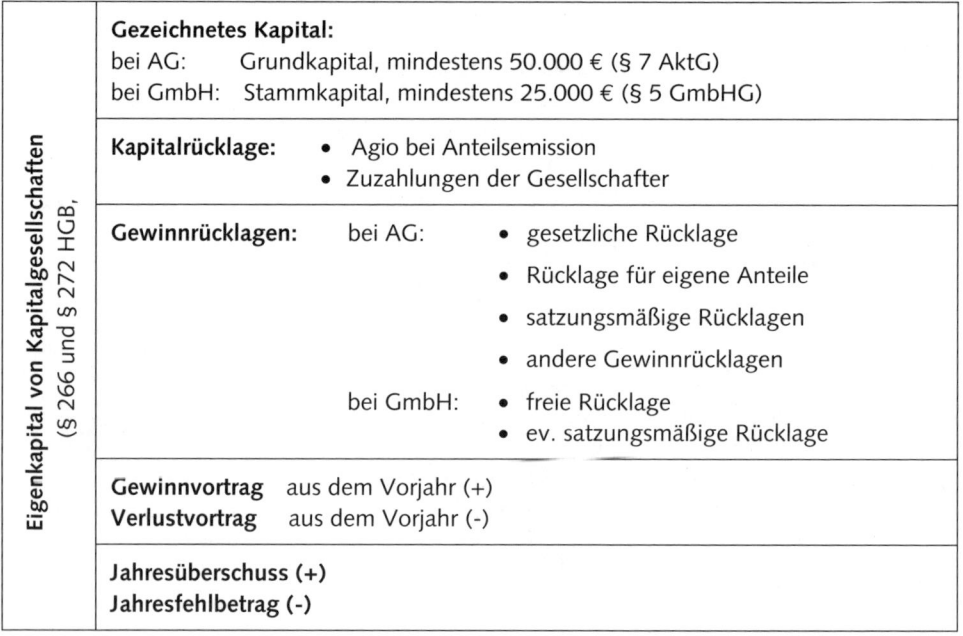

Abb. 24.3: Das Eigenkapital von Kapitalgesellschaften

Bei gesetzlichen und satzungsmäßigen Rücklagen erfolgt die Einstellung in die Rücklage meist direkt aus dem GuV-Konto mit dem Buchungssatz:

9 GuV   an   0 gesetzliche Rücklage.

Ein verbleibender Gewinn wird häufig auf ein Gewinnverteilungskonto (Kontenklasse 9) übernommen mit dem Buchungssatz:

9 GuV   an   9 Gewinnverteilungskonto.

Das GuV-Konto ist damit abgeschlossen.

Die Verteilung des verbleibenden Gewinns erfolgt mit dem Buchungssatz:

9 Gewinnverteilungskonto
                  an   1 Tantiemen Vorstand
                  an   1 Tantiemen Aufsichtsrat
                  an   1 Dividenden
                  an   0 Rücklage
                  an   0 Gewinnvortrag

Verluste werden direkt dem Verlustvortragskonto belastet mit dem Buchungssatz:

0 Verlustvortrag   an   9 GuV.

Aufgaben

Eine Gesellschaft besteht aus zwei Gesellschaftern A und B. Der vorläufige Jahresüberschuss laut GuV-Konto (vor Berücksichtigung einer etwaigen stillen Beteiligung) beträgt 400.000,-- €. Die Kapitalanteile von A und B belaufen sich auf je 2.000.000,-- €.

1) Zu buchen ist die Gewinnverteilung, wenn B ein typischer stiller Gesellschafter des Einzelunternehmers A ist und ihm laut Vertrag neben einer 5%igen Kapitalverzinsung noch 20% des Jahresüberschusses vor Abzug der Kapitalverzinsung zustehen. Geben Sie die Buchungssätze an und skizzieren Sie die Bilanz und GuV-Rechnung.

2) Wie ist zu buchen, wenn eine KG vorliegt und A als Komplementär für Geschäftsführung und erhöhtes Haftungsrisiko bis zu maximal 200.000,-- € vom Gewinn vorab erhält? Ein Restgewinn ist nach Köpfen zu verteilen.
Erstellen Sie die Gewinnverteilungstabelle und geben Sie die Buchungssätze an.

3) Die Gesellschaft sei eine GmbH. Laut Beschluss der Gesellschafterversammlung soll der Gewinn wie folgt verwendet werden:
   - 100.000,-- € Tantieme für die Geschäftsführer (die nicht Gesellschafter sind)
   - 150.000,-- € Tantieme für die Aufsichtsratsmitglieder,
   - je 50.000,-- € für jeden Gesellschafter,
   - 50.000,-- € Einstellung in die freie Rücklage.

   Wie lauten die Buchungssätze, wie sieht die Bilanz nach der Gewinnverteilung aus?

Lösungen

1) Einzelunternehmer A mit stillem Gesellschafter B:

Buchung der Gewinnbeteiligung des Stillen:
     2 Zinsaufwand   an   1 sonst. Verbindlichkeit 180.000

Buchung des Gewinns des Einzelunternehmens A:
     9 GuV   an   0 Eigenkapital 220.000

Bilanz der Einzelunternehmung A

	Kapital A	2.200.000
	Langfr. Verbindlichkeiten	2.000.000
	Sonstige Verbindlichkeiten	180.000

GuV

Zinsaufwand (= Gewinnanteil B)	180.000	
Gewinn	220.000	

2) A und B – KG:

Gewinnverteilungstabelle der A & B – KG

	Komplementär A	Kommanditist B	Gewinnrest
Kapital zu Jahresbeginn	2.000.000	2.000.000	–
Vorabgewinn für A	200.000	–	200.000
Restgewinn 1 : 1	100.000	100.000	0
Gewinnanteil	300.000	100.000	–
Neues Eigenkapital	2.300.000	2.000.000	–
Sonst. Verbindlichkeit	–	100.000	–

Buchungssatz: 9 GuV 400.000,--

                        an   0 Kapital A 300.000,--

                        an   1 sonst. Verbindlichkeit 100.000,--

3) A und B – GmbH:

Buchungssätze:

          9 GuV   an 9 Gewinnverteilungskonto 400.000

          9 Gewinnverteilungskonto 400.000

                        an 0 Gewinnrücklage 50.000

                        an 1 Tantiemen 250.000

                        an 1 Dividende A 50.000

                        an 1 Dividende B 50.000

Bilanz der A & B – GmbH

Gezeichnetes Kapital (Stammkapital)	4.000.000
Gewinnrücklage	50.000
Sonstige Verbindlichkeiten	
1. Tantiemen	250.000
2. Dividenden	100.000

Anhang 1:
Die Grundsätze ordnungsmäßiger Buchführung und Bilanzierung – GoB

Die Grundsätze ordnungsmäßiger Buchführung und Bilanzierung (GoB) stellen die allgemeinste, rechtsformunabhängige Buchführungs- und Bilanzierungsnorm für alle Unternehmen dar. Sie kommen insbesondere dann zum Tragen, wenn im Gesetz keine oder keine ausreichenden Regelungen getroffen sind. Ihrem Wesen nach können die GoB folglich nicht in einem Gesetz festgeschrieben werden. Die einschlägigen Gesetze (HGB, AktG, EStG) geben keinerlei Definition des Begriffes GoB, noch führen sie die Grundsätze vollständig auf. Allerdings sind im Laufe der jüngeren Bilanzrechtsreformen viele der vorher nicht kodifizierten Grundsätze in die gesetzlichen Regelungen des HGB eingegangen.

Während man früher davon ausging, dass sich die GoB auf induktivem Wege aus der Praxis ordentlicher und ehrenwerter Kaufleute ableiten lassen, gilt inzwischen als herrschende Meinung, dass die GoB vor allem nach der deduktiven Methode aus den Zwecken der handelsrechtlichen Rechnungslegung hergeleitet werden müssen (als Bilanzzwecke werden in der Literatur u.a. angeführt: Dokumentationsfunktion, Informationsfunktion, Gläubigerschutzfunktion, Ausschüttungsbemessungsfunktion). Unterstützende Funktion bei der ständigen Fortentwicklung der GoB haben u.a. die einschlägigen Gesetze, die Rechtsprechung (insbesondere die Rechtsprechung des Bundesfinanzhofes, BFH, als höchster steuergerichtlicher Instanz), die Fachverlautbarungen des Instituts der Wirtschaftsprüfer, der Steuerberaterkammer, der Wirtschaftsverbände, die Erkenntnisse der Betriebswirtschaftslehre und selbstverständlich auch – aber nicht dominierend – die Praxis ordentlicher Kaufleute. Seit 1998 besteht in Deutschland außerdem ein privates Rechnungslegungsgremium, das »Deutsche Rechnungslegungs Standards Committee« (DRSC). Legitimiert durch § 342 HGB obliegt dem DRSC die Aufgabe, das Bundesjustizministerium in allen Belangen der Rechnungslegung zu beraten und entsprechende Empfehlungen zu entwickeln – auch in der Frage der Weiterentwicklung der GoB. Zentrales Gremium des DRSC ist der »Deutsche Standardisierungsrat« (DSR). Seine Hauptaufgabe ist die Entwicklung von »Deutschen Rechnungslegungsstandards« (DRS), insbesondere unter Berücksichtigung internationaler Rechnungslegungsgepflogenheiten wie den »International Financial Reporting Standards« (IFRS) und den US-amerikanischen »Generally Accepted Accounting Principles » (US-GAAP).

Die übergeordnete Gültigkeit der GoB und die Forderung nach ihrer Anwendung und Einhaltung wird in allen einschlägigen Gesetzen festgestellt (so z.B. in den §§ 238, 241, 243, 256, 264 HGB, § 5 EStG).

Im Einzelnen handelt es sich bei den GoB um folgende Grundsätze:

1) Der Grundsatz der Klarheit und Übersichtlichkeit

Hierzu gehören vor allem die Forderungen

- nach Anwendung eines Kontenrahmens und Kontenplanes,
- nach Anwendung eines ausreichend detaillierten Gliederungsschemas für Bilanz und Gewinn- und Verlustrechnung,
- nach Anwendung des Bruttoprinzips (Verbot von Saldierungen zwischen Aktiv- und Passivposten bzw. Aufwands- und Ertragsposten, kodifiziert in § 246 Abs. 2 HGB).

Vom letzten Punkt (Verrechnungsverbot) gibt es zwei Ausnahmen:

§ 246 Abs. 2 HGB sieht vor, dass Vermögensgegenstände, die ausschließlich der Erfüllung von Schulden dienen, mit Zeitwerten zu bewerten und mit den zugehörigen Schulden zu verrechnen sind.

§ 254 HGB schreibt die Bildung von Bewertungseinheiten vor, also die Saldierung von Grund- und Sicherheitsgeschäft, z. B. wenn Kurs- oder Preisrisiken in Kauf- oder Lieferverträgen durch gegenläufige Finanztransaktionen ausgeschlossen werden sollen (Zins-, Währungstermingeschäfte).

Die meisten Einzelvorschriften zur formellen Gestaltung der Buchführung, so wie sie in den Gesetzen geregelt sind, können als Unterprinzipien dieses Grundsatzes aufgestellt werden (z. B. Verwendung eindeutiger Abkürzungen, Verbot nachträglicher Änderungen, § 239 HGB).

2) Der Grundsatz der Vollständigkeit

Er gewährleistet, dass alle Vermögens- und Kapitalpositionen vollständig erfasst werden (vgl. auch § 246 Abs. 1 HGB) und dass alle Informationen, die bei der Bilanzierung und Bewertung zu berücksichtigen sind, auch tatsächlich berücksichtigt werden.

3) Der Grundsatz der Bilanzkontinuität

- Schlussbilanz des alten Jahres und Eröffnungsbilanz des neuen Jahres müssen identisch sein (Bilanzidentität).
- Form und Gliederung der Bilanz und GuV-Rechnung müssen beibehalten werden (formelle Bilanzkontinuität).
- Gleichmäßigkeit der Bewertungsmethoden und Fortführung der Wertansätze müssen gewährleistet sein, nur in begründeten Ausnahmefällen darf davon abgewichen werden (materielle Bilanzkontinuität, § 252 Abs. 1 Nr. 6, Abs. 2 HGB).

4) Der Grundsatz der Bilanzwahrheit

Die Positionen in Bilanz und Gewinn- und Verlustrechnung sind mit den Werten anzusetzen, die den Bilanzzwecken und Bilanzzielen am besten entsprechen. Selbstverständlich ist hier auch das Verbot von wissentlich falschen Bilanzansätzen enthalten (Willkürfreiheit).

5) Der Grundsatz der kaufmännischen Vorsicht

Er fordert die Berücksichtigung von Risiken in der Buchführung und Bilanzierung mit dem Ziel, in der Bilanz nur Vermögenswerte und Gewinne auszuweisen, die selbst bei vorsichtiger Beurteilung der Vermögens- und Ertragslage des Unternehmens als relativ sicher angesehen werden können.

Dieser Grundsatz umfasst vier Unterprinzipien:
- Das **Realisationsprinzip:** Gewinne (und Vermögenswertsteigerungen) dürfen in der Bilanz nur ausgewiesen werden, wenn sie realisiert sind (§ 252 Abs. 1 Nr. 4 HGB).
- Das **Imparitätsprinzip**: Verluste bzw. Vermögenswertminderungen müssen jedoch bereits dann gebucht werden, wenn sie noch nicht realisiert, sondern nur wahrscheinlich sind (§ 252 Abs. 1 Nr. 4 HGB).
- Das **Niederstwertprinzip**: Sind für eine Vermögensposition verschiedene Wertansätze möglich (z.B. Anschaffungswert und Tageswert), dann ist aus Vorsichtsgründen der niedrigere Wert zu aktivieren (§ 253 Abs. 3 HGB).
- Das **Höchstwertprinzip**: Sind für eine Schuldenposition mehrere Wertansätze möglich (z.B. Verfügungsbetrag und Rückzahlungsbetrag), dann ist aus Vorsichtsgründen der höhere Wert zu passivieren.

Vor allem der letzte Grundsatz der kaufmännischen Vorsicht führt in Verbindung mit den Bewertungsvorschriften des HGB und des EStG (vgl. Anhang 2) meist dazu, dass in der Bilanz stille Reserven gebildet werden, die jedoch in Höhe und Art nicht aus der Bilanz erkennbar sind. So stellt sich z.B. erst beim Verkauf einer zu schnell abgeschriebenen Maschine heraus, wie groß in diesem Falle die stillen Reserven waren.

Anhang 2:
Bilanzierungs- und Bewertungsvorschriften
für die Handels- und die Steuerbilanz
in übersichtlicher Gesamtdarstellung

Grundsätzlich ist jedes Unternehmen, sofern es Kaufmann im Sinne des Handelsgesetzbuches ist, verpflichtet, eine sog. Handelsbilanz zu erstellen. Das ist eine Bilanz, die sich ausschließlich an den Vorschriften des Handelsrechts orientiert. Für die Besteuerung ist hieraus eine Steuerbilanz abzuleiten, in der die handelsrechtlichen Bilanzansätze immer dann geändert werden müssen, wenn die steuerlichen Vorschriften von den gewählten handelsrechtlichen Ansätzen abweichen. Um Doppelarbeiten zu vermeiden, sind die Unternehmen häufig bestrebt, die Bilanzierungsansätze so zu wählen, dass sie den handels- und den steuerrechtlichen Vorschriften gleichzeitig entsprechen, so dass nur eine Bilanz erstellt werden muss. Dies ist in den meisten Fällen deshalb möglich, weil die steuerrechtlichen Bilanzierungsvorschriften auch handelsrechtlich zulässig sind (vgl. die nachfolgenden Übersichten).

Darüber hinaus sind manche Unternehmen verpflichtet, ihre Handelsbilanz zu veröffentlichen, so etwa die Kapitalgesellschaften gemäß § 325 Abs. 1 HGB. Große Kapitalgesellschaften müssen ihren Jahresabschluss (= Bilanz, Gewinn- und Verlustrechnung und Anhang) zum Handelsregister einreichen und ihn zusätzlich im vollen Umfang im Bundesanzeiger veröffentlichen (§ 236 HGB). Mittelgroße und kleine Kapitalgesellschaften brauchen den Jahresabschluss nicht im Bundesanzeiger zu veröffentlichen. Auch sie müssen ihn aber zum Handelsregister einreichen. Zu den Bestimmungsmerkmalen für große, mittelgroße und kleine Kapitalgesellschaften siehe § 267 HGB in Anhang 3 dieses Buches. Unabhängig von der Rechtsform ist jedes Unternehmen zur Veröffentlichung seines Jahresabschlusses verpflichtet, sofern es zwei der Grenzwerte des § 1 Publizitätsgesetzes (PublG) erreicht:

- Umsatz   > 130 Millionen €
- Bilanzsumme   > 65 Millionen €
- Beschäftigtenzahl > 5.000 Arbeitnehmer.

Vor allem bei publizitätspflichtigen Unternehmen liegen der Handelsbilanz oft erheblich andere Ziele zugrunde als der Steuerbilanz. Während in der traditionellen deutschen Handelsbilanz der Gläubigerschutz, die Information unternehmensinterner und externer Adressaten und die Bemessung des ausschüttbaren Gewinns im Vordergrund stehen, ist das Hauptziel einer Steuerbilanz in der Ermittlung eines objektivierten Gewinns zu sehen.

Für alle Unternehmen gilt der Grundsatz der **Maßgeblichkeit der Handelsbilanz für die Steuerbilanz**. Dieser ist in § 5 Abs. 1 des Einkommensteuergesetzes (EStG) kodifiziert. Hiernach gilt:

- Alle Bestandteile der Handelsbilanz sind für die Steuerbilanz maßgeblich und müssen in diese übernommen werden, sofern sie nicht gegen spezielle Vorschriften des EStG verstoßen. Gegebenenfalls müssen sie für die Steuerbilanz korrigiert werden.
- Lässt das Steuerrecht aber einen Ermessensspielraum zu (z. B. bei Sonderabschreibungen), dann darf der Wertansatz der Handelsbilanz von dem in der Steuerbilanz abweichen.

Unternehmen, die nicht zur Veröffentlichung der Handelsbilanz gesetzlich gezwungen sind, versuchen, möglichst nur eine Bilanz zu erstellen (sog. Einheitsbilanz), die gleichermaßen nach Handels- und nach Steuerrecht zulässig ist. Durch die jüngste Bilanzrechtsänderung (BilMoG) wird dies aber deutlich erschwert.

Ansatzstetigkeit

Die auf den vorhergehenden Jahresabschluss angewandten Ansatzmethoden müssen beibehalten werden (§ 246 Abs. 3 HGB). Besteht für einen Vermögensgegenstand ein Ansatzwahlrecht und wurde er im Jahr der Anschaffung bzw. Herstellung aktiviert, dann muss er auch in den Folgebilanzen aktiviert bleiben. Dies gilt analog auch für die Steuerbilanz.

Wertbegriffe

Handels- und Steuerrecht sehen im Wesentlichen die folgenden Wertbegriffe vor, mit denen die Wirtschaftsgüter eines Unternehmens zu bewerten sind:

Anschaffungskosten (AK)

Gemäß § 255 Abs. 1 HGB zählen zu den Anschaffungskosten alle Aufwendungen, die geleistet werden, um einen Vermögensgegenstand zu erwerben und ihn in einen betrieblichen Zustand zu versetzen.

Kaufpreis des Vermögensgegenstandes
+ Anschaffungsnebenkosten (z. B. Fracht, Montage, vgl. S. 74 und 84)
./. Zahlungsabzüge (z. B. Skonti, Rabatte, vgl. S. 74 ff.)
= Anschaffungskosten

Zu den Anschaffungskosten zählen auch die nachträglichen Anschaffungskosten. Sie können entstehen, wenn sich der Beschaffungspreis nachträglich erhöht, z. B. wenn Preisabzüge, die wegen vermeintlicher Mängel vorgenommen worden sind, durch ein Gerichtsurteil für nicht zulässig erklärt werden, z. B. wenn aufgrund einer steuerlichen Betriebsprüfung bestimmte Aufwandsbuchungen nicht anerkannt werden.

Herstellungskosten (HK)

Es handelt sich hierbei um Aufwendungen, die bei der Herstellung eines Vermögensgegenstandes entstehen (z. B. unfertige und fertige Erzeugnisse, vgl. S. 142, selbst erstellte Anlagen, vgl. S. 92).

Antwort auf die Frage, welche Aufwandsarten im Einzelnen in die Herstellungskosten eingehen, geben das HGB in § 255 Abs. 2 HGB und die Einkommensteuerrichtlinien in R 6.3 EStR. Durch das 2009 verabschiedete Bilanzrechtsmodernisierungsgesetz (BilMoG) erfolgte eine völlige Angleichung von Handels- und Steuerbilanz (Siehe die folgende Tabelle):

Bestandteile der Herstellungskosten	Handelsbilanz (§255 Abs. 2 HGB)	Steuerbilanz (R 6.3 EStR)
Fertigungsmaterial	Aktivierungs-**pflicht**	Aktivierungs-**pflicht**
Materialgemeinkosten	Aktivierungs-**pflicht**	Aktivierungs-**pflicht**
Fertigungslöhne	Aktivierungs-**pflicht**	Aktivierungs-**pflicht**
Fertigungsgemeinkosten	Aktivierungs-**pflicht**	Aktivierungs-**pflicht**
Angemessene Teile des Werteverzehrs des Anlagevermögens (soweit dieser durch die Fertigung veranlasst ist)	Aktivierungs-**pflicht**	Aktivierungs-**pflicht**
Sondereinzelkosten der Fertigung	Aktivierungs-**pflicht**	Aktivierungs-**pflicht**
Anteilige Verwaltungsgemeinkosten	Aktivierungs-**wahlrecht**	Aktivierungs-**wahlrecht**
Angemessene Aufwendungen für soziale Einrichtungen, soziale Leistungen und betriebl. Altersversorgung	Aktivierungs-**wahlrecht**	Aktivierungs-**wahlrecht**
Forschungskosten	Aktivierungs-**verbot**	Aktivierungs-**verbot**
Vertriebskosten	Aktivierungs-**verbot**	Aktivierungs-**verbot**

Die in § 255 Abs. 2 HGB zusätzlich aufgezählten Bestandteile der Herstellungskosten (Wertverzehr des Anlagevermögens, Aufwendungen für soziale Einrichtungen, für freiwillige soziale Leistungen und für betriebliche Altersversorgung) gehören aus betriebswirtschaftlicher Sicht zu den Gemeinkosten, so dass die gesonderte Erwähnung im Gesetz an sich überflüssig ist.

Teilwert

Teilwert ist der Wert, den ein Erwerber des ganzen Betriebs im Rahmen des Gesamtkaufpreises für das einzelne Wirtschaftsgut aufwenden würde, wobei davon auszugehen ist, dass der Erwerber den Betrieb fortführen wird (§ 6 Abs. 1 EStG).

Der Teilwert ist ein rein steuerrechtlicher Begriff, und somit nicht für die Handelsbilanz relevant. Er kann bei den meisten Vermögensposten in der Steuerbilanz angesetzt werden, wenn er dauerhaft niedriger als die evtl. um Abschreibungen geminderten Anschaffungs- bzw. Herstellungskosten ist.

Das Handelsrecht verwendet für die Bewertung des Umlaufvermögens noch die Wertbegriffe **Börsenkurs, Marktpreis** bzw. **beizulegender Wert**, die dann anzusetzen sind, wenn sie niedriger als die Anschaffungskosten oder Herstellungskosten sind (§ 253 Abs. 4 HGB). Die beiden ersten Wertbegriffe brauchen keine weiteren Erläuterungen. Der sog. beizulegende Wert oder Zeitwert ist dann anzusetzen, wenn ein Börsen- oder Marktpreis nicht existiert. Bei Gütern, die vom Beschaffungsmarkt abhängen (z. B. Roh-, Hilfs- und Betriebsstoffe) ist als beizulegender Wert der Wiederbeschaffungswert (bzw. Reproduktionswert) anzusetzen. Richtet sich die Bewertung nach dem Absatzmarkt (z. B. bei fertigen Erzeugnissen), dann ist der Verkaufspreis abzüglich Gewinnspanne, Vertriebskosten, Erlösschmälerungen u.dgl. anzusetzen. Handelt es sich um unfertige Erzeugnisse, dann müssen auch die noch anfallenden Produktionskosten vom Verkaufspreis abgezogen werden.

Allgemeine Bewertungsprinzipien

Bei der Bewertung des Vermögens gelten unterschiedliche Grundsätze, je nach dem welche Vermögensart betroffen ist. Man unterscheidet:

Das strenge Niederstwertprinzip

Bei mehreren möglichen Werten muss der niedrigste Wert angesetzt werden. Dieses Prinzip gilt für das Umlaufvermögen immer, d. h. unabhängig davon, ob die Wertminderung nur vorübergehend oder von Dauer ist. (§ 253 Abs. 4 HGB). Für das Anlagevermögen gilt es nur, wenn die Wertminderung voraussichtlich von Dauer ist (§ 253 Abs. 3 HGB).

Das gemilderte Niederstwertprinzip

Grundsätzlich gilt dieses Prinzip nur bei Wertminderungen im Finanzanlagevermögen, die voraussichtlich nicht von Dauer sind (§ 253 Abs. 3 Satz 4 HGB). Es besteht dann ein Wahlrecht, den niedrigeren Börsen-, Markt- oder beizulegenden Wert anzusetzen. Es kann aber auch der letzte Bilanzwert weitergeführt oder ein Zwischenwert angesetzt werden. Für andere Vermögensgegenstände des Anlagevermögens besteht bei nicht dauernder Wertminderung ein Abwertungsverbot.

Handelsrechtliches und steuerliches Wertaufholungsgebot

Nach § 253 Abs. 5 HGB darf ein niedrigerer Wert nicht beibehalten werden, wenn der dem Gegenstand am Abschlussstichtag beizulegende Wert (steuerlich: der Teilwert) höher ist. Dasselbe gilt für die Steuerbilanz: Frühere Abwertungen auf den Teilwert sind in dem Ausmaß wieder rückgängig zu machen, in dem der Teilwert wieder gestiegen ist (§ 6 Abs. 1 Nr. 1 Satz 4 EStG). Bewertungsobergrenze sind aber stets dieAnschaffungs- oder Herstellungskosten, abzüglich der planmäßigen Abschreibungen, Sonderabschreibungen oder erhöhten Absetzungen.

Das Anschaffungswertprinzip

Vermögensgegenstände sind höchstens mit ihren Anschaffungs- oder Herstellungskosten anzusetzen (§ 253 Abs. 1 HGB). Steigt der Börsen-, Markt- oder beizulegende Wert (bzw. der steuerliche Teilwert) über diese Wertobergrenze hinaus, dann muss diese Wertsteigerung in der Bilanz unberücksichtigt bleiben.

Weitere allgemeine Bewertungsgrundsätze sind in § 252 HGB zusammengefasst. Es handelt sich hierbei um Grundsätze, die als Grundsätze ordnungsmäßiger Buchführung schon immer allgemeine Gültigkeit hatten. Durch das Bilanzrichtliniengesetz wurden sie mit Wirkung vom 1.1.1987 in das Handelsgesetzbuch übernommen. Es handelt sich hierbei um folgende Einzelgrundsätze, von denen nur in begründeten Ausnahmefällen abgewichen werden darf:

Grundsatz der Bilanzidentität: Die Wertansätze in der Eröffnungsbilanz eines Geschäftsjahres müssen mit denen der Schlussbilanz des Vorjahres übereinstimmen.

Going-Concern-Grundsatz: Bei der Bewertung ist von der Fortführung der Unternehmenstätigkeit auszugehen. Sog. Zerschlagungswerte (Einzelveräußerungswerte) dürfen nicht angesetzt werden, es sei denn rechtliche oder tatsächliche Gegebenheiten machen dies erforderlich (z. B. Eröffnung eines Insolvenzverfahrens).

Grundsatz der Einzelbewertung: Vermögensgegenstände und Schulden sind einzeln zu bewerten. Ausnahme: Soweit es den Grundsätzen ordnungsmäßiger Buchführung entspricht, sehen § 240 Abs. 3 und 4 sowie § 256 HGB für bestimmte Gruppen von Vermögensgegenständen die Möglichkeit der Gruppen- oder Sammelbewertung vor.

Grundsatz der Vorsicht: Es ist vorsichtig zu bewerten. Insbesondere wird die Beachtung des Imparitätsprinzips (Vorwegnahme künftiger Risiken und Verluste) und des Realisationsprinzips im Gesetz ausdrücklich gefordert.

Grundsatz der Periodenabgrenzung: Aufwendungen und Erträge sind unabhängig vom Zeitpunkt der entsprechenden Zahlungsvorgänge zu berücksichtigen.

Grundsatz der Bewertungsstetigkeit: Die Bewertungsmethoden (z. B. Abschreibungsmethoden) des Vorjahres müssen beibehalten werden.

Die wichtigsten Bilanzierungs- und Bewertungsvorschriften im Überblick

Bilanzposition	Beispiele	Handelsbilanz	Steuerbilanz
ANLAGEVERMÖGEN (AV)			
IMMATERIELLES AV			
Entgeltlich erworben:	Patente, Lizenzen, andere Schutzrechte u.dgl. und Lizenzen an solchen Rechten	Aktivierungspflicht (§ 246 II. 1) Bewertung: Anschaffungskosten (AK) § 255 I	Akt.Pflicht. (§ 5 II EStG) Bewertung: AK (§ 6 I 1)
Selbst erstellt		Aktivierungswahlrecht (§ 248 II) Bewertung: Herstellungskosten (HK) § 255 II	Aktivierungsverbot (§ 5 II)
	Marken, Drucktitel, Verlagsrechte u.ä.	Aktivierungsverbot (§ 248 II S.2)	Aktivierungsverbot (§ 5 II)
Geschäfts- oder Firmenwert	Wert der Organisation, d. Fertigungstechniken, d. Kundenstamms		
Entgeltlich erworben (derivativ)		Aktivierungspflicht (§ 246 I S. 4) Bewertung: AK (§ 255 I)	Aktivierungspflicht (§ 5 II) Bewertung: AK (§ 6 I 1)
Selbst geschaffen (originär)		Aktivierungsverbot (§ 248 II)	Aktivierungsverbot § 5 II
SACHANLAGEVERMÖGEN			
Nicht abnutzbares Sach-AV	Grundstücke, grundstücksgleiche Rechte	Aktivierungspflicht (§ 246 I S. 4) Bewertung: AK bzw. HK (§ 253. § 255)	Aktivierungspflicht (Maßgeblichkeit der HB) Bewertung: AK bzw. HK (§ 6 I)
Dauernde Wertminderung		Abwertungspflicht (§ 253 III)	Abwertungswahlrecht (»kann«, § 6 I.2 S.2) keine Maßgeblichkeit, da steuerliches Wahlrecht § 5 I S. 1 letzter Halbsatz)

Die wichtigsten Bilanzierungs- und Bewertungsvorschriften im Überblick

Bilanzposition	Beispiele	Handelsbilanz	Steuerbilanz
Noch: Sachanlagevermögen			
Vorübergehende Wertminderung		Abwertungsverbot (253 III)	Abwertungsverbot (§ 6 I 2 S.3)
Abnutzbares Sach-AV	Maschinen, Gebäude, Geschäftsausstattung		
Planmäßige Abschreibungen		Kein bestimmtes Abschreibungsverfahren vorgeschrieben (§ 253 III)	AfA (Absetzung für Abnutzung, § 7 EStG) Erhöhte Absetzungen, (z.B. §§ 7c, 7d Sonderabschreibungen (z.B. § 7g) Abzüge nach § 6b
Zusätzlich zur planmäßigen Abschreibung:			
Bei voraussichtlich dauernder Wertminderung		Außerplanmäßige Abschreibung, Abwertungspflicht (§ 253 III)	Abwertungswahlrecht (Teilwertabschreibung), § 6 I S. 2 (keine Maßgeblichkeit)
Bei vorübergehender Wertminderung		Abwertungsverbot (§ 253 III)	Abwertungsverbot (§ 6 I S.4)
FINANZANLAGEN	Aktien, Stammanteile, Anteile an Personengesellschaften, Obligationen, langfr. Ausleihungen	Aktivierungspflicht (§ 246 I) Bewertung: AK (§ 253 I)	Aktivierungspflicht (Maßgeblichkeit der HB)
Dauernde Wertminderung		Abwertungspflicht (§ 253 III)	Abwertungswahlrecht (§ 6 I 2)
Vorübergehende Wertminderung		Abwertungswahlrecht (§ 253 III S.4)	Abwertungsverbot (§ 6 I 2 S. 3)
BEWERTUNGSVEREINFACHUNGEN BEIM ANLAGEVERMÖGEN	z.B. bei Gerüstteilen, Hotelgeschirr, Hotelbettwäsche, Gleisanlagen	Festwertansatz in best. Fällen (§ 240 III), und Gruppenbewertung mit gewogenen Durchschnittswerten sind erlaubt (§ 240 IV)	Festwertansatz erlaubt (R 5.4 III EStR) und Gruppenbewertung mit gewogenen Durchschnittswerten (analog R 6.8 und R 6.9 EStR) sind erlaubt

Die wichtigsten Bilanzierungs- und Bewertungsvorschriften im Überblick

Bilanzposition	Beispiele	Handelsbilanz	Steuerbilanz
UMLAUFVERMÖGEN (UV)			
	Roh-, Hilfs- und Betriebsstoffe, fertige, unfertige Erzeugnisse, Waren, geleistete Anzahlungen, Forderungen aus Lieferungen und Leistungen, Wertpapiere d. UV, Kasse, Bank, Wechsel	Aktivierungspflicht (§ 246 I) Bewertung: AK, HK (§ 253 I) Bei dauernder oder vorübergehender Wertminderung (§ 253 IV): Strenges Niederstwertprinzip): Abwertungspflicht auf: • -den niedr. Marktpreis oder • -Börsenkurs oder • -beizulegenden Wert	Aktivierungspflicht (Maßgeblichkeit) Bewertung: AK, HK (§ 6 I Nr. 2) bei dauernder Wertminderung: Abwertungswahlrecht auf niedrigeren Teilwert bei vorübergehender Wertminderung: Abwertungsverbot (§ 6 I 2)
Bewertungsvereinfachung beim Umlaufvermögen	Roh-, Hilfs-, Betriebsstoffe, fertige und unfertige Erzeugnisse, Waren	Zulässig sind nach § 256: • FIFO (First in first out.) • LIFO (Last in first out) • Bewertung mit Festwert (§ 240 III) • Gruppenbewertung mit gewogenen Durchschnittspreisen (§ 240 IV)	Generell erlaubt sind nur: LIFO (§ 6 I Nr. 2a) und Ansatz von Durchschnittswerten (R 6.8, R 6.9 EStR). Andere Verfahren nur bei Nachweis des tats. Lagerdurchgangs erlaubt (R 6.9 I).
Sonderregelung für zu Handelszwecken erworbene Finanzinstrumente		§ 340 e III HGB Finanzinstrumente des Handelsbestands sind zum beizulegenden Zeitwert abzüglich eines Risikoabschlags zu bewerten.	§ 6 I Nr. 2b EStG: »Steuerpflichtige, die in den Anwendungsbereich des § 340 des Handelsgesetzbuchs fallen, haben die zu Handelszwecken erworbenen Finanzinstrumente, …, mit dem beizulegenden Zeitwert abzüglich eines Risikoabschlages (§ 340e Abs. 3 des Handelsgesetzbuchs) zu bewerten. Nummer 2 Satz 2 ist nicht anzuwenden« (d.h. keine Teilwertabschreibung)

Die wichtigsten Bilanzierungs- und Bewertungsvorschriften im Überblick

Bilanzposition	Beispiele	Handelsbilanz	Steuerbilanz
Noch: Umlaufvermögen			
Für Anlage- und Umlaufvermögen gilt:		Strenges Wertaufholungsgebot, wenn die Gründe für eine außerplanmäßige Abschreibung entfallen (§ 253 V). Einzige Ausnahme: Ein niedrigerer Wertansatz des Firmenwertes muss beibehalten werden (§ 253 V S. 2).	Strenges Wertaufholungsgebot, wenn die Gründe für eine Teilwertabschreibung entfallen (§ 6 I 1 und 2). Zuschreibung nur bis zu den AK/HK, abzüglich AfA, steuerlicher Sonderabschreibungen und erhöhter Absetzungen (§ 6 Abs. 1 Nr. 1 und 2)
AKTIVE RECHNUNGSABGRENZUNGS-POSTEN			
	Vorausbezahlte Aufwendungen	Aktivierungspflicht (§ 250 I), Bewertung: ausgegebener Betrag	Aktivierungspflicht (§ 5 V 1)
	Als Aufwand berücksichtigte Umsatzsteuer	Aktivierungsverbot (§ 250 I)	Aktivierungspflicht (§ 5 V S. 2 Nr.1)
	Als Aufwand berücksichtigte Zölle und Verbrauchsteuern, soweit sie auf Anzahlungen entfallen	Aktivierungsverbot (§ 250 I)	Aktivierungspflicht (§ 5 V S. 2 Nr.2)
	Disagio, Damnum oder Darlehensabgeld	Aktivierungswahlrecht (§ 250 III), Abschreibung max. über die Darlehenslaufzeit	Aktivierungspflicht, Abschreibung genau über die Darlehenslaufzeit (H 6.10 EStR)

Die wichtigsten Bilanzierungs- und Bewertungsvorschriften im Überblick

Bilanzposition	Beispiele	Handelsbilanz	Steuerbilanz
EIGENKAPITAL			
Gezeichnetes Kapital	Grund- / Stammkapital	Passivierungspflicht zum Nennbetrag (§ 272 I)	Steuerrechtlich ist die Untergliederung des Eigenkapitals bedeutungslos. Für die Besteuerung kommt es lediglich auf die Veränderung des Eigenkapitals (steuerlich: Betriebsvermögens, § 4 I) durch Erträge (steuerlich: Betriebseinnahmen) und Aufwendungen (steuerlich: Betriebsausgaben, § 4 IV) an
Kapitalrücklagen	Agio bei Kapitalerhöhungen, Zuzahlungen der Gesellschafter	Passivierungspflicht zum Differenzbetrag von Emissionskurs und Nennwert bzw. Wert der Zuzahlung (§ 272 II)	
Gewinnrücklagen	Durch Gesetz, Satzung oder Gesellschafterversammlung/Hauptversammlung der Rücklage zugewiesener Gewinn	Beträge lt. GuV-Rechnung	
Gewinnvortrag/Verlustvortrag	Gewinne bzw. Verluste, über deren Verwendung die HV noch nicht beschlossen hat		
Jahresüberschuss/Jahresfehlbetrag	Erträge – Aufwendungen lt. GuV-Rechnung		

Die wichtigsten Bilanzierungs- und Bewertungsvorschriften im Überblick

Bilanzposition	Beispiele	Handelsbilanz	Steuerbilanz
RÜCKSTELLUNGEN	Rückstellungen für Steuern, Schadensersatz, Gewährleistung, Umweltschutzverpflichtungen, Substanzerhaltungsverpflichtung des Mieters, Barabgeltung von nicht genommenem Urlaub, Kosten der Jahresabschlussprüfung, vertraglich zugesagte Gratifikationen an Arbeitnehmer, zugesagte Provisionen und Tantiemen, Sozialplanverpflichtungen, Prozessrisiken, Patent- und andere Rechtsverletzungen, Inanspruchnahme aus dem Wechselobligo, drohende Verluste aus Beschaffungsgeschäften, aus Absatzgeschäften	Passivierungspflicht für Rückstellungen für (§ 249 I) • ungewisse Verbindlichkeiten • drohende Verluste aus schwebenden Geschäften • unterlassene Instandhaltung, bei Nachholung innerhalb 3 Monaten • unterlass. Abraumbeseitigung bei Nachholung innerhalb 1 Jahres • Gewährleistungen ohne rechtliche Verpflichtung • latente Steuern (§ 274) Bewertung: in Höhe des nach vernünftiger kfm. Beurteilung erforderlichen Erfüllungsbetrags (§ 253 I), Abzinsung mit durchschnittl. Marktzinssatzes der letzten 7 Jahre (§ 253 II)	Passivierungspflicht, grundsätzlich Maßgeblichkeit, aber: Passivierungsverbot für • Drohverlust-RS (§ 5 IVa) • RS für latente Steuern (R 31c1) Bewertung: Grundsätzlich wie in Handelsbilanz, aber mit einigen stl. Abweichungen, insbes. Abzinsung mit 5,5% (§ 6 I Nr. 3e)
	Rückstellungen für Altersvorsorge, Pensionsrückstellungen	Passivierungspflicht (§ 249 I), Bewertung: Abzinsung mit dem voraussichtlichen durchschn. Marktzinssatz der nächsten 15 Jahre (§ 253 II S. 2)	Grundsätzlich Passivierungspflicht (Maßgeblichkeit), aber strengere Voraussetzungen für eine Passivierung (§ 6a EStG), Teilwertverfahren, Abzinsung mit 6 % (§ 6a II S. 3)

Die wichtigsten Bilanzierungs- und Bewertungsvorschriften im Überblick

Bilanzposition	Beispiele	Handelsbilanz	Steuerbilanz
VERBINDLICHKEITEN			
	Anleihen, Verbindlichkeiten gegenüber Banken, Erhaltene Anzahlungen, Verbindlichkeiten aus Lieferungen und Leistungen	Passivierungspflicht (§ 246 I)	Passivierungspflicht (§ 6 I 3)
		Bewertung: Erfüllungsbetrag (§ 253 I)	Bewertung: Grundsätzlich Höchstwertprinzip wie in der Handelsbilanz, aber:
		Strenges Höchstwertprinzip (insbes. bei Fremdwährungsverbindlich.)	Abzinsungsgebot mit 5,5 % (§ 6 I 3)
		i.d.R. keine Abzinsung	Ausnahmen von der Abzinsung: • kurzfristige VB (< 12 Monate) • verzinsliche VB • erhaltene Anzahlungen
PASSIVE RECHNUNGSABGRENZUNGSPOSTEN			
	Im Voraus vereinnahmte Erträge (z.B. Mieten, Zinsen)	Passivierungspflicht für sog. transitorische Passiva (§ 250 II)	Passivierungspflicht für transitorische Passiva (§ 5 V)
		Bewertung: Vereinnahmter Betrag	Bewertung: Vereinnahmter Betrag

Die Abschreibungsverfahren im Einkommensteuerrecht

Abschreibungsverfahren / Wirtschaftsgut	Lineare AfA (Absetzung für Abnutzung in gleich bleibenden Jahresbeträgen) § 7 I S. 1 EStG $$\text{Abschr.Betrag} = \frac{\text{AK bzw HK}}{\text{Nutzungsdauer}}$$	Degressive AfA (in fallenden Jahresbeträgen) § 7 II EStG Abschr.Betrag = p % des letzten Buchwerts (sog. Buchwertabschr.)	Absetzung nach Leistung § 7 I S.6 EStG $$\text{Abschr.Betrag} = \frac{\text{Jahresistleistung}}{\text{Gesamtleistung}} \times \text{AK bzw.HK}$$	Absetzung für außergewöhnl. technische oder wirtsch. Abnutzung § 7 I S. 7 Ohne Formel, nach geschätzter Wertminderung	Teilwertabschreibung § 6 I Nr. 1 u.2 Ansatz des niedrigeren Teilwerts
Alle abnutzbaren Wirtschaftsgüter (ohne Gebäude)	Zulässig	✕	✕	• Zulässig falls sonst lineare AfA • Zuschreibung, wenn Grund für Abschreibung entfällt	Zulässig, wenn Wertminderung von Dauer ist
Bewegliche WG d. Anlagevermögens	Zulässig	Nach derzeitiger Rechtslage nur noch bis Ende 2010 zulässig, und nur, wenn: p ≤25 % und ≤ 2,5-facher linearer AfA-Satz. Einmaliger Wechsel zu linearen AfA erlaubt	Zulässig, wenn der Verbrauch nachweisbar ist (z. B. Fahrtenschreiber oder Betriebsstundenzähler)	✕	Zulässig, wenn Wertminderung von Dauer ist
Gebäude	Zulässig (§ 7 IV) AfA-Satz je nach Art und Baujahr des Gebäudes: 3 %, 2,5 % od.2 %	Für Neubauten nicht mehr zulässig, nur für Altbauten, Näheres siehe § 7 V	✕	Grundsätzlich zulässig R 7.4 XI EStR	Zulässig, wenn Wertminderung von Dauer ist

Anhang 3:
Gesetzestexte zur Buchführung und Bilanzierung

Im Folgenden werden die wichtigsten Stellen derjenigen Gesetze angeführt, die Vorschriften zur Buchführung und Bilanzierung enthalten. Es sind dies vor allem das Handelsgesetzbuch (HGB) und das Einkommensteuergesetz (EStG).

Das Handelsgesetzbuch (HGB)

In diesem Gesetzt finden sich im Dritten Buch »Handelsbücher« sehr ausführlich alle Buchführungs- und Bilanzierungsvorschriften, die von Unternehmen befolgt werden müssen. Der erste Abschnitt gilt für alle Kaufleute und regelt die grundsätzlichen Fragen zur Buchführungsorganisation, zu Ansatz- und Bewertung in der Bilanz. Da er für alle Kaufleute gilt, also auch für sehr kleine Unternehmen und Einzelkaufleute, sind die Vorschriften hier nicht so detailliert, streng und restriktiv wie im zweiten Abschnitt. Dieser gilt nur für Kapitalgesellschaften (insbesondere für GmbH, AG, KGaA). Er konkretisiert die allgemeiner gehaltenen Regelungen des ersten Abschnittes durch detaillierte Gliederungs-, Bewertungs-, Prüfungs- und Veröffentlichungsvorschriften.

Die Abgabenordnung (AO)

Die AO ist ein Steuergesetz, im dem grundsätzliche steuerliche Probleme behandelt werden. Sie weist in den §§ 145-147 Ordnungsvorschriften für Buchführung und Aufzeichnungen auf. Weiterhin sind in einigen Sondervorschriften die Erweiterung des Kreises der Buchführungspflichtigen über die im HGB vorgesehenen Kaufleute hinaus (§ 141 AO) sowie genaue Vorschriften über die Führung eines Wareneingangs- und Warenausgangsbuches festgelegt (§§ 143 und 144 AO).

Das Einkommensteuergesetz (EStG)

Es regelt neben der Definition des Gewinns (§ 4 Abs. 1 EStG), der steuerlich anzuerkennenden Aufwendungen (sog. Betriebsausgaben, § 4 Abs. 4 und 5 EStG) und der Gewinnermittlung (§ 5 EStG) vor allem die Frage, mit welchen Werten die einzelnen Bilanzpositionen zum Zwecke der Besteuerung zu bewerten sind (§ 6 EStG) sowie die Zulässigkeit von Abschreibungsmethoden für einzelne Wirtschaftsgüter (§ 7 EStG).

Aus Raumgründen können hier nur Auszüge aus den entsprechenden Gesetzesteilen wiedergegeben werden. Für ein eingehendes Studium der Bilanzierungs- und Bewertungsprobleme in Handels- und Steuerbilanz ist das Arbeiten mit den vollständigen Gesetzestexten nebst zugehörigen Durchführungsverordnungen, Richtlinien und Kommentaren unerlässlich.

1. Die Vorschriften des Handelsgesetzbuches (HGB)

Drittes Buch: Handelsbücher

Erster Anschnitt: Vorschriften für alle Kaufleute

Erster Unterabschnitt: Buchführung. Inventar

§ 238 Buchführungspflicht

(1) [1]Jeder Kaufmann ist verpflichtet, Bücher zu führen und in diesen seine Handelsgeschäfte und die Lage seines Vermögens nach den Grundsätzen ordnungsmäßiger Buchführung ersichtlich zu machen. [2]Die Buchführung muß so beschaffen sein, daß sie einem sachverständigen Dritten innerhalb angemessener Zeit einen Überblick über die Geschäftsvorfälle und über die Lage des Unternehmens vermitteln kann. [3]Die Geschäftsvorfälle müssen sich in ihrer Entstehung und Abwicklung verfolgen lassen.

(2) Der Kaufmann ist verpflichtet, eine mit der Urschrift übereinstimmende Wiedergabe der abgesandten Handelsbriefe (Kopie, Abdruck, Abschrift oder sonstige Wiedergabe des Wortlauts auf einem Schrift-, Bild- oder anderen Datenträger) zurückzuhalten.

§ 239 Führung der Handelsbücher

(1) [1]Bei der Führung der Handelsbücher und bei den sonst erforderlichen Aufzeichnungen hat sich der Kaufmann einer lebenden Sprache zu bedienen. [2]Werden Abkürzungen, Ziffern, Buchstaben oder Symbole verwendet, muß im Einzelfall deren Bedeutung eindeutig festliegen.

(2) Die Eintragungen in Büchern und die sonst erforderlichen Aufzeichnungen müssen vollständig, richtig, zeitgerecht und geordnet vorgenommen werden.

(3) [1]Eine Eintragung oder eine Aufzeichnung darf nicht in einer Weise verändert werden, daß der ursprüngliche Inhalt nicht mehr feststellbar ist. [2]Auch solche Veränderungen dürfen nicht vorgenommen werden, deren Beschaffenheit es ungewiß läßt, ob sie ursprünglich oder erst später gemacht worden sind.

(4) [1]Die Handelsbücher und die sonst erforderlichen Aufzeichnungen können auch in der geordneten Ablage von Belegen bestehen oder auf Datenträgern geführt werden, soweit diese Formen der Buchführung einschließlich des dabei angewandten Verfahrens den Grundsätzen ordnungsmäßiger Buchführung entsprechen. [2]Bei der Führung der Handelsbücher und der sonst erforderlichen Aufzeichnungen auf Datenträgern muß insbesondere sichergestellt sein, daß die Daten während der Dauer der Aufbewahrungsfrist verfügbar sind und jederzeit innerhalb angemessener Frist lesbar gemacht werden können. [3]Absätze 1 bis 3 gelten sinngemäß.

§ 240 Inventar

(1) Jeder Kaufmann hat zu Beginn seines Handelsgewerbes seine Grundstücke, seine Forderungen und Schulden, den Betrag seines baren Geldes sowie seine sonstigen Vermögensgegenstände genau zu verzeichnen und dabei den Wert der einzelnen Vermögensgegenstände und Schulden anzugeben.

(2) [1]Er hat demnächst für den Schluß eines jeden Geschäftsjahrs ein solches Inventar aufzustellen. [2]Die Dauer des Geschäftsjahrs darf zwölf Monate nicht überschreiten. [3]Die Aufstellung des Inventars ist innerhalb der einem ordnungsmäßigen Geschäftsgang entsprechenden Zeit zu bewirken.

(3) [1]Vermögensgegenstände des Sachanlagevermögens sowie Roh-, Hilfs- und Betriebsstoffe können, wenn sie regelmäßig ersetzt werden und ihr Gesamtwert für das Unternehmen von nachrangiger Bedeutung ist, mit einer gleichbleibenden Menge und einem gleichbleibenden Wert angesetzt werden, sofern ihr Bestand in seiner Größe, seinem Wert und seiner Zusammensetzung nur geringen Veränderungen unterliegt. [2]Jedoch ist in der Regel alle drei Jahre eine körperliche Bestandsaufnahme durchzuführen.

(4) Gleichartige Vermögensgegenstände des Vorratsvermögens sowie andere gleichartige oder annähernd gleichwertige bewegliche Vermögensgegenstände und Schulden können jeweils zu einer Gruppe zusammengefaßt und mit dem gewogenen Durchschnittswert angesetzt werden.

§ 241 Inventurvereinfachungsverfahren

(1) [1]Bei der Aufstellung des Inventars darf der Bestand der Vermögensgegenstände nach Art, Menge und Wert auch mit Hilfe anerkannter mathematisch-statistischer Methoden auf Grund von Stichproben ermittelt werden. [2]Das Verfahren muß den Grundsätzen ordnungsmäßiger Buchführung entsprechen. [3]Der Aussagewert des auf diese Weise aufgestellten Inventars muß dem Aussagewert eines auf Grund einer körperlichen Bestandsaufnahme aufgestellten Inventars gleichkommen.

(2) Bei der Aufstellung des Inventars für den Schluß eines Geschäftsjahrs bedarf es einer körperlichen Bestandsaufnahme der Vermögensgegenstände für diesen Zeitpunkt nicht, soweit durch Anwendung eines den Grundsätzen ordnungsmäßiger Buchführung entsprechenden anderen Verfahrens gesichert ist, daß der Bestand der Vermögensgegenstände

nach Art, Menge und Wert auch ohne die körperliche Bestandsaufnahme für diesen Zeitpunkt festgestellt werden kann.

(3) In dem Inventar für den Schluß eines Geschäftsjahrs brauchen Vermögensgegenstände nicht verzeichnet zu werden, wenn

1. der Kaufmann ihren Bestand auf Grund einer körperlichen Bestandsaufnahme oder auf Grund eines nach Absatz 2 zulässigen anderen Verfahrens nach Art, Menge und Wert in einem besonderen Inventar verzeichnet hat, das für einen Tag innerhalb der letzten drei Monate vor oder der ersten beiden Monate nach dem Schluß des Geschäftsjahrs aufgestellt ist, und

2. auf Grund des besonderen Inventars durch Anwendung eines den Grundsätzen ordnungsmäßiger Buchführung entsprechenden Fortschreibungs- oder Rückrechnungsverfahrens gesichert ist, daß der am Schluß des Geschäftsjahrs vorhandene Bestand der Vermögensgegenstände für diesen Zeitpunkt ordnungsgemäß bewertet werden kann.

§ 241a Befreiung von der Pflicht zur Buchführung und Erstellung eines Inventars

[1]Einzelkaufleute, die an den Abschlussstichtagen von zwei aufeinander folgenden Geschäftsjahren nicht mehr als 500 000 Euro Umsatzerlöse und 50 000 Euro Jahresüberschuss aufweisen, brauchen die §§ 238 bis 241 nicht anzuwenden. [2]Im Fall der Neugründung treten die Rechtsfolgen schon ein, wenn die Werte des Satzes 1 am ersten Abschlussstichtag nach der Neugründung nicht überschritten werden.

Zweiter Unterabschnitt: Eröffnungsbilanz. Jahresabschluss

Erster Titel: Allgemeine Vorschriften

§ 242 Pflicht zur Aufstellung

(1) Der Kaufmann hat zu Beginn seines Handelsgewerbes und für den Schluss eines jeden Geschäftsjahrs einen das Verhältnis seines Vermögens und seiner Schulden darstellenden Abschluss (Eröffnungsbilanz, Bilanz) aufzustellen. Auf die Eröffnungsbilanz sind die für den Jahresabschluss geltenden Vorschriften entsprechend anzuwenden, soweit sie sich auf die Bilanz beziehen.

(2) Er hat für den Schluss eines jeden Geschäftsjahrs eine Gegenüberstellung der Aufwendungen und Erträge des Geschäftsjahrs (Gewinn- und Verlustrechnung) aufzustellen.

(3) Die Bilanz und die Gewinn- und Verlustrechnung bilden den Jahresabschluss.

(4) [1]Die Absätze 1 bis 3 sind auf Einzelkaufleute im Sinn des § 241a nicht anzuwenden. [2]Im Fall der Neugründung treten die Rechtsfolgen nach Satz 1 schon ein, wenn die Werte des § 241a Satz 1 am ersten Abschlussstichtag nach der Neugründung nicht überschritten werden.

§ 243 Aufstellungsgrundsatz

(1) Der Jahresabschluss ist nach den Grundsätzen ordnungsmäßiger Buchführung aufzustellen.

(2) Er muss klar und übersichtlich sein.

(3) Der Jahresabschluss ist innerhalb der einem ordnungsmäßigen Geschäftsgang entsprechenden Zeit aufzustellen.

§ 244 Sprache. Währungseinheit

Der Jahresabschluss ist in deutscher Sprache und in Euro aufzustellen.

§ 245 Unterzeichnung

Der Jahresabschluss ist vom Kaufmann unter Angabe des Datums zu unterzeichnen. Sind mehrere persönlich haftende Gesellschafter vorhanden, so haben sie alle zu unterzeichnen.

Zweiter Titel: Ansatzvorschriften

§ 246 Vollständigkeit. Verrechnungsverbot

(1) [1]Der Jahresabschluss hat sämtliche Vermögensgegenstände, Schulden, Rechnungsabgrenzungsposten sowie Aufwendungen und Erträge zu enthalten, soweit gesetzlich nichts anderes bestimmt ist. [2]Vermögensgegenstände sind in der Bilanz des Eigentümers aufzunehmen; ist ein Vermögensgegenstand nicht dem Eigentümer, sondern einem anderen wirtschaftlich zuzurechnen, hat dieser ihn in seiner Bilanz auszuweisen. [3]Schulden sind in die Bilanz des Schuldners aufzunehmen. [4]Der Unterschiedsbetrag, um den die für die Übernahme eines Unternehmens bewirkte Gegenleistung den Wert der einzelnen Vermögensgegenstände des Unternehmens abzüglich der Schulden im Zeitpunkt der Übernahme übersteigt (entgeltlich erworbener Geschäfts- oder Firmenwert), gilt als zeitlich begrenzt nutzbarer Vermögensgegenstand.

(2) [1]Posten der Aktivseite dürfen nicht mit Posten der Passivseite, Aufwendungen nicht mit Erträgen, Grundstücksrechte nicht mit Grundstückslasten verrechnet werden. [2]Vermögensgegenstände, die dem Zugriff aller übrigen Gläubiger entzogen sind und ausschließlich der Erfüllung von Schulden aus Altersversorgungsverpflichtungen oder vergleichbaren langfristig fälligen Verpflichtungen dienen, sind mit diesen Schulden zu verrechnen; entsprechend ist mit den zugehörigen Aufwendungen und Erträgen aus der Abzinsung und aus dem zu verrechnenden Vermögen zu verfahren. [3]Übersteigt der beizulegende Zeitwert der Vermögensgegenstände den Betrag der Schulden, ist der übersteigende Betrag unter einem gesonderten Posten zu aktivieren.

(3) [1]Die auf den vorhergehenden Jahresabschluss angewandten Ansatzmethoden sind beizubehalten. [2]§ 252 Abs. 2 ist entsprechend anzuwenden.

§ 247 Inhalt der Bilanz

(1) In der Bilanz sind das Anlage- und das Umlaufvermögen, das Eigenkapital, die Schulden sowie die Rechnungsabgrenzungsposten gesondert auszuweisen und hinreichend aufzugliedern.

(2) Beim Anlagevermögen sind nur die Gegenstände auszuweisen, die bestimmt sind, dauernd dem Geschäftsbetrieb zu dienen.

§ 248 Bilanzierungsverbote und -wahlrechte

(1) In die Bilanz dürfen nicht als Aktivposten aufgenommen werden:

1. Aufwendungen für die Gründung eines Unternehmens,

2. Aufwendungen für die Beschaffung des Eigenkapitals und

3. Aufwendungen für den Abschluss von Versicherungsverträgen.

(2) [1]Selbst geschaffene immaterielle Vermögensgegenstände des Anlagevermögens können als Aktivposten in die Bilanz aufgenommen werden. [2]Nicht aufgenommen werden dürfen selbst geschaffene Marken, Drucktitel, Verlagsrechte, Kundenlisten oder vergleichbare immaterielle Vermögensgegenstände des Anlagevermögens.

§ 249 Rückstellungen

(1) [1]Rückstellungen sind für ungewisse Verbindlichkeiten und für drohende Verluste aus schwebenden Geschäften zu bilden. [2]Ferner sind Rückstellungen zu bilden für

1. im Geschäftsjahr unterlassene Aufwendungen für Instandhaltung, die im folgenden Geschäftsjahr innerhalb von drei Monaten, oder für Abraumbeseitigung, die im folgenden Geschäftsjahr nachgeholt werden,

2. Gewährleistungen, die ohne rechtliche Verpflichtung erbracht werden.

(2) [1]Für andere als die in Absatz 1 bezeichneten Zwecke dürfen Rückstellungen nicht gebildet werden. [2]Rückstellungen dürfen nur aufgelöst werden, soweit der Grund hierfür entfallen ist.

§ 250 Rechnungsabgrenzungsposten

(1) Als Rechnungsabgrenzungsposten sind auf der Aktivseite Ausgaben vor dem Abschlußstichtag auszuweisen, soweit sie Aufwand für eine bestimmte Zeit nach diesem Tag darstellen.

(2) Auf der Passivseite sind als Rechnungsabgrenzungsposten Einnahmen vor dem Abschlußstichtag auszuweisen, soweit sie Ertrag für eine bestimmte Zeit nach diesem Tag darstellen.

(3) [1]Ist der Erfüllungsbetrag einer Verbindlichkeit höher als der Ausgabebetrag, so darf

der Unterschiedsbetrag in den Rechnungsabgrenzungsposten auf der Aktivseite aufgenommen werden. [2]Der Unterschiedsbetrag ist durch planmäßige jährliche Abschreibungen zu tilgen, die auf die gesamte Laufzeit der Verbindlichkeit verteilt werden können.

§ 251 Haftungsverhältnisse

Unter der Bilanz sind, sofern sie nicht auf der Passivseite auszuweisen sind, Verbindlichkeiten aus der Begebung und Übertragung von Wechseln, aus Bürgschaften, Wechsel- und Scheckbürgschaften und aus Gewährleistungsverträgen sowie Haftungsverhältnisse aus der Bestellung von Sicherheiten für fremde Verbindlichkeiten zu vermerken; sie dürfen in einem Betrag angegeben werden. Haftungsverhältnisse sind auch anzugeben, wenn ihnen gleichwertige Rückgriffsforderungen gegenüberstehen.

Dritter Titel: Bewertungsvorschriften

§ 252 Allgemeine Bewertungsgrundsätze

(1) Bei der Bewertung der im Jahresabschluß ausgewiesenen Vermögensgegenstände und Schulden gilt insbesondere folgendes:

1. Die Wertansätze in der Eröffnungsbilanz des Geschäftsjahrs müssen mit denen der Schlußbilanz des vorhergehenden Geschäftsjahrs übereinstimmen.

2. Bei der Bewertung ist von der Fortführung der Unternehmenstätigkeit auszugehen, sofern dem nicht tatsächliche oder rechtliche Gegebenheiten entgegenstehen.

3. Die Vermögensgegenstände und Schulden sind zum Abschlußstichtag einzeln zu bewerten.

4. Es ist vorsichtig zu bewerten, namentlich sind alle vorhersehbaren Risiken und Verluste, die bis zum Abschlußstichtag entstanden sind, zu berücksichtigen, selbst wenn diese erst zwischen dem Abschlußstichtag und dem Tag der Aufstellung des Jahresabschlusses bekanntgeworden sind; Gewinne sind nur zu berücksichtigen, wenn sie am Abschlußstichtag realisiert sind.

5. Aufwendungen und Erträge des Geschäftsjahrs sind unabhängig von den Zeitpunkten der entsprechenden Zahlungen im Jahresabschluß zu berücksichtigen.

6. Die auf den vorhergehenden Jahresabschluss angewandten Bewertungsmethoden sind beizubehalten.

(2) Von den Grundsätzen des Absatzes 1 darf nur in begründeten Ausnahmefällen abgewichen werden.

§ 253 Zugangs- und Folgebewertung

(1) [1]Vermögensgegenstände sind höchstens mit den Anschaffungs- oder Herstellungskosten, vermindert um die Abschreibungen nach den Absätzen 3 bis 5, anzusetzen. [2]Verbindlichkeiten sind zu ihrem Erfüllungsbetrag und Rückstellungen in Höhe des nach vernünftiger kaufmännischer Beurteilung notwendigen Erfüllungsbetrages anzusetzen. [3]Soweit sich die Höhe von Altersversorgungsverpflichtungen ausschließlich nach dem beizulegenden Zeitwert von Wertpapieren im Sinn des § 266 Abs. 2 A. III. 5 bestimmt, sind Rückstellungen hierfür zum beizulegenden Zeitwert dieser Wertpapiere anzusetzen, soweit er einen garantierten Mindestbetrag übersteigt. [4]Nach § 246 Abs. 2 Satz 2 zu verrechnende Vermögensgegenstände sind mit ihrem beizulegenden Zeitwert zu bewerten.

(2) [1]Rückstellungen mit einer Restlaufzeit von mehr als einem Jahr sind mit dem ihrer Restlaufzeit entsprechenden durchschnittlichen Marktzinssatz der vergangenen sieben Geschäftsjahre abzuzinsen. [2]Abweichend von Satz 1 dürfen Rückstellungen für Altersversorgungsverpflichtungen oder vergleichbare langfristig fällige Verpflichtungen pauschal mit dem durchschnittlichen Marktzinssatz abgezinst werden, der sich bei einer angenommenen Restlaufzeit von 15 Jahren ergibt. [3]Die Sätze 1 und 2 gelten entsprechend für auf Rentenverpflichtungen beruhende Verbindlichkeiten, für die eine Gegenleistung nicht mehr zu erwarten ist. [4]Der nach den Sätzen 1 und 2 anzuwendende Abzinsungszinssatz wird von der Deutschen Bundesbank nach Maßgabe einer Rechtsverordnung ermittelt und monatlich bekannt gegeben. [5]In der Rechtsverordnung nach Satz 4, die nicht der Zustimmung des Bundesrates bedarf, bestimmt das Bundesministerium der Justiz im Benehmen mit der Deutschen Bundesbank das Nähere zur Ermittlung der Abzinsungszinssätze, insbesondere die Ermittlungsmethodik und deren Grundlagen, sowie die Form der Bekanntgabe.

(3) [1]Bei Vermögensgegenständen des Anlagevermögens, deren Nutzung zeitlich begrenzt ist, sind die Anschaffungs- oder die Herstellungskosten um planmäßige Abschreibungen zu vermindern. [2]Der Plan muss die Anschaffungs- oder Herstellungskosten auf die Geschäftsjahre verteilen, in denen der Vermögensgegenstand voraussichtlich genutzt werden kann. [3]Ohne Rücksicht darauf, ob ihre Nutzung zeitlich begrenzt ist, sind bei Vermögensgegenständen des Anlagevermögens bei voraussichtlich dauernder Wertminderung außerplanmäßige Abschreibungen vorzunehmen, um diese mit dem niedrigeren Wert anzusetzen, der ihnen am Abschlussstichtag beizulegen ist. [4]Bei Finanzanlagen können außerplanmäßige Abschreibungen auch bei voraussichtlich nicht dauernder Wertminderung vorgenommen werden.

(4) [1]Bei Vermögensgegenständen des Umlaufvermögens sind Abschreibungen vorzunehmen, um diese mit einem niedrigeren Wert anzusetzen, der sich aus einem Börsen- oder Marktpreis am Abschlussstichtag ergibt. [2]Ist ein Börsen- oder Marktpreis nicht festzustellen und übersteigen die Anschaffungs- oder Herstellungskosten den Wert, der den Vermögensgegenständen am Abschlussstichtag beizulegen ist, so ist auf diesen Wert abzuschreiben.

(5) [1]Ein niedrigerer Wertansatz nach Absatz 3 Satz 3 oder 4 und Absatz 4 darf nicht beibehalten werden, wenn die Gründe dafür nicht mehr bestehen. [2]Ein niedrigerer Wertansatz eines entgeltlich erworbenen Geschäfts- oder Firmenwertes ist beizubehalten.

§ 254 Bildung von Bewertungseinheiten

[1]Werden Vermögensgegenstände, Schulden, schwebende Geschäfte oder mit hoher Wahrscheinlichkeit erwartete Transaktionen zum Ausgleich gegenläufiger Wertänderungen oder Zahlungsströme aus dem Eintritt vergleichbarer Risiken mit Finanzinstrumenten zusammengefasst (Bewertungseinheit), sind § 249 Abs. 1, § 252 Abs. 1 Nr. 3 und 4, § 253 Abs. 1 Satz 1 und § 256a in dem Umfang und für den Zeitraum nicht anzuwenden, in dem die gegenläufigen Wertänderungen oder Zahlungsströme sich ausgleichen. [2]Als Finanzinstrumente im Sinn des Satzes 1 gelten auch Termingeschäfte über den Erwerb oder die Veräußerung von Waren.

§ 255 Bewertungsmaßstäbe

(1) [1]Anschaffungskosten sind die Aufwendungen, die geleistet werden, um einen Vermögensgegenstand zu erwerben und ihn in einen betriebsbereiten Zustand zu versetzen, soweit sie dem Vermögensgegenstand einzeln zugeordnet werden können. [2]Zu den Anschaffungskosten gehören auch die Nebenkosten sowie die nachträglichen Anschaffungskosten. [3]Anschaffungspreisminderungen sind abzusetzen.

(2) [1]Herstellungskosten sind die Aufwendungen, die durch den Verbrauch von Gütern und die Inanspruchnahme von Diensten für die Herstellung eines Vermögensgegenstands, seine Erweiterung oder für eine über seinen ursprünglichen Zustand hinausgehende wesentliche Verbesserung entstehen. [2]Dazu gehören die Materialkosten, die Fertigungskosten und die Sonderkosten der Fertigung sowie angemessene Teile der Materialgemeinkosten, der Fertigungsgemeinkosten und des Werteverzehrs des Anlagevermögens, soweit dieser durch die Fertigung veranlasst ist. [3]Bei der Berechnung der Herstellungskosten dürfen angemessene Teile der Kosten der allgemeinen Verwaltung sowie angemessene Aufwendungen für soziale Einrichtungen des Betriebs, für freiwillige soziale Leistungen und für die betriebliche Altersversorgung einbezogen werden, soweit diese auf den Zeitraum der Herstellung entfallen. [4]Forschungs- und Vertriebskosten dürfen nicht einbezogen werden.

(2a) [1]Herstellungskosten eines selbst geschaffenen immateriellen Vermögensgegenstands des Anlagevermögens sind die bei dessen Entwicklung anfallenden Aufwendungen nach Absatz 2. [2]Entwicklung ist die Anwendung von Forschungsergebnissen oder von anderem Wissen für die Neuentwicklung von Gütern oder Verfahren oder die Weiterentwicklung von Gütern oder Verfahren mittels wesentlicher Änderungen. [3]Forschung ist die eigenständige und planmäßige Suche nach neuen wissenschaftlichen oder technischen Erkenntnissen oder Erfahrungen allgemeiner Art, über deren technische Verwertbarkeit und wirtschaftliche Erfolgsaussichten grundsätzlich keine Aussagen gemacht werden können. [4]Können Forschung und Entwicklung nicht verlässlich voneinander unterschieden werden, ist eine Aktivierung ausgeschlossen.

(3) [1]Zinsen für Fremdkapital gehören nicht zu den Herstellungskosten. [2]Zinsen für Fremdkapital, das zur Finanzierung der Herstellung eines Vermögensgegenstands verwendet wird, dürfen angesetzt werden, soweit sie auf den Zeitraum der Herstellung entfallen; in diesem Falle gelten sie als Herstellungskosten des Vermögensgegenstands.

(4) [1]Der beizulegende Zeitwert entspricht dem Marktpreis. [2]Soweit kein aktiver Markt besteht, anhand dessen sich der Marktpreis ermitteln lässt, ist der beizulegende Zeitwert mit Hilfe allgemein anerkannter Bewertungsmethoden zu bestimmen. [3]Lässt sich der beizulegende Zeitwert weder nach Satz 1 noch nach Satz 2 ermitteln, sind die Anschaffungs- oder Herstellungskosten gemäß § 253 Abs. 4 fortzuführen. [4]Der zuletzt nach Satz 1 oder 2 ermittelte beizulegende Zeitwert gilt als Anschaffungs- oder Herstellungskosten im Sinn des Satzes 3.

§ 256 Bewertungsvereinfachungsverfahren

Soweit es den Grundsätzen ordnungsmäßiger Buchführung entspricht, kann für den Wertansatz gleichartiger Vermögensgegenstände des Vorratsvermögens unterstellt werden, dass die zuerst oder dass die zuletzt angeschafften oder hergestellten Vermögensgegenstände zuerst oder verbraucht oder veräußert worden sind. § 240 Absatz 3 und 4 ist auch auf den Jahresabschluss anwendbar.

§ 256a Währungsumrechnung

[1]Auf fremde Währung lautende Vermögensgegenstände und Verbindlichkeiten sind zum Devisenkassamittelkurs am Abschlussstichtag umzurechnen. [2]Bei einer Restlaufzeit von einem Jahr oder weniger sind § 253 Abs. 1 Satz 1 und § 252 Abs. 1 Nr. 4 Halbsatz 2 nicht anzuwenden.

Dritter Unterabschnitt: Aufbewahrung und Vorlage

§ 257 Aufbewahrung von Unterlagen. Aufbewahrungsfristen

(1) Jeder Kaufmann ist verpflichtet, die folgenden Unterlagen geordnet aufzubewahren:

1. Handelsbücher, Inventare, Eröffnungsbilanzen, Jahresabschlüsse, Einzelabschlüsse nach § 325 Abs. 2a, Lageberichte, Konzernabschlüsse, Konzernlageberichte sowie die zu ihrem Verständnis erforderlichen Arbeitsanweisungen und sonstigen Organisationsunterlagen,

2. die empfangenen Handelsbriefe,

3. Wiedergaben der abgesandten Handelsbriefe,

4. Belege für Buchungen in den von ihm nach § 238 Abs. 1 zu führenden Büchern (Buchungsbelege).

(2) Handelsbriefe sind nur Schriftstücke, die ein Handelsgeschäft betreffen.

(3) [1]Mit Ausnahme der Eröffnungsbilanzen und Abschlüsse können die in Absatz 1 aufgeführten Unterlagen auch als Wiedergabe auf einem Bildträger oder auf anderen Datenträgern aufbewahrt werden, wenn dies den Grundsätzen ordnungsmäßiger Buchführung entspricht und sichergestellt ist, daß die Wiedergabe oder die Daten

1. mit den empfangenen Handelsbriefen und den Buchungsbelegen bildlich und mit den anderen Unterlagen inhaltlich übereinstimmen, wenn sie lesbar gemacht werden,

2. während der Dauer der Aufbewahrungsfrist verfügbar sind und jederzeit innerhalb angemessener Frist lesbar gemacht werden können.

[2]Sind Unterlagen auf Grund des § 239 Abs. 4 Satz 1 auf Datenträgern hergestellt worden, können statt des Datenträgers die Daten auch ausgedruckt aufbewahrt werden; die ausgedruckten Unterlagen können auch nach Satz 1 aufbewahrt werden.

(4) Die in Absatz 1 Nr. 1 und 4 aufgeführten Unterlagen sind zehn Jahre, die sonstigen in Absatz 1 aufgeführten Unterlagen sechs Jahre aufzubewahren.

(5) Die Aufbewahrungsfrist beginnt mit dem Schluß des Kalenderjahrs, in dem die letzte Eintragung in das Handelsbuch gemacht, das Inventar aufgestellt, die Eröffnungsbilanz oder der Jahresabschluß festgestellt, der Einzelabschluss nach § 325 Abs. 2a oder der Konzernabschluß aufgestellt, der Handelsbrief empfangen oder abgesandt worden oder der Buchungsbeleg entstanden ist.

§ 261 Vorlegung von Unterlagen auf Bild- oder Datenträgern

Wer aufzubewahrende Unterlagen nur in der Form einer Wiedergabe auf einem Bildträger oder auf anderen Datenträgern vorlegen kann, ist verpflichtet, auf seine Kosten diejenigen Hilfsmittel zur Verfügung zu stellen, die erforderlich sind, um die Unterlagen lesbar zu machen; soweit erforderlich, hat er die Unterlagen auf seine Kosten auszudrucken oder ohne Hilfsmittel lesbare Reproduktionen beizubringen.

Zweiter Abschnitt:

Ergänzende Vorschriften für Kapitalgesellschaften (Aktiengesellschaften, Kommanditgesellschaften auf Aktien und Gesellschaften mit beschränkter Haftung) sowie bestimmte Personenhandelsgesllschaften

Erster Unterabschnitt: Jahresabschluss der Kapitalgesellschaft und Lagebericht

Erster Titel: Allgemeine Vorschriften

§ 264 Pflicht zur Aufstellung

(1) [1]Die gesetzlichen Vertreter einer Kapitalgesellschaft haben den Jahresabschluß (§ 242) um einen Anhang zu erweitern, der mit der Bilanz und der Gewinn- und Verlustrechnung

eine Einheit bildet, sowie einen Lagebericht aufzustellen. [2]Die gesetzlichen Vertreter einer kapitalmarktorientierten Kapitalgesellschaft, die nicht zur Aufstellung eines Konzernabschlusses verpflichtet ist, haben den Jahresabschluss um eine Kapitalflussrechnung und einen Eigenkapitalspiegel zu erweitern, die mit der Bilanz, Gewinn- und Verlustrechnung und dem Anhang eine Einheit bilden; sie können den Jahresabschluss um eine Segmentberichterstattung erweitern. [3]Der Jahresabschluß und der Lagebericht sind von den gesetzlichen Vertretern in den ersten drei Monaten des Geschäftsjahrs für das vergangene Geschäftsjahr aufzustellen. [4]Kleine Kapitalgesellschaften (§ 267 Abs. 1) brauchen den Lagebericht nicht aufzustellen; sie dürfen den Jahresabschluß auch später aufstellen, wenn dies einem ordnungsgemäßen Geschäftsgang entspricht, jedoch innerhalb der ersten sechs Monate des Geschäftsjahres.

(2) [1]Der Jahresabschluß der Kapitalgesellschaft hat unter Beachtung der Grundsätze ordnungsmäßiger Buchführung ein den tatsächlichen Verhältnissen entsprechendes Bild der Vermögens-, Finanz- und Ertragslage der Kapitalgesellschaft zu vermitteln. [2]Führen besondere Umstände dazu, daß der Jahresabschluß ein den tatsächlichen Verhältnissen entsprechendes Bild im Sinne des Satzes 1 nicht vermittelt, so sind im Anhang zusätzliche Angaben zu machen. [3]Die gesetzlichen Vertreter einer Kapitalgesellschaft, die Inlandsemittent im Sinne des § 2 Abs. 7 des Wertpapierhandelsgesetzes und keine Kapitalgesellschaft im Sinne des § 327a ist, haben bei der Unterzeichnung schriftlich zu versichern, dass nach besten Wissen der Jahresabschluss ein den tatsächlichen Verhältnissen entsprechendes Bild im Sinne des Satzes 1 vermittelt oder der Anhang Angaben nach Satz 2 enthält.

(3) …

§ 264 a Anwendung auf bestimmte offene Handelsgesellschaften und Kommanditgesellschaften

(1) Die Vorschriften des Ersten bis Fünften Unterabschnitts des Zweiten Abschnitts sind auch anzuwenden auf offene Handelsgesellschaften und Kommanditgesellschaften, bei denen nicht wenigstens ein persönlich haftender Gesellschafter

1. eine natürliche Person oder

2. eine offene Handelsgesellschaft, Kommanditgesellschaft oder andere Personengesellschaft mit einer natürlichen Person als persönlich haftendem Gesellschafter

ist oder sich die Verbindung von Gesellschaften in dieser Art fortsetzt.

(2) …

§ 265 Allgemeine Grundsätze für die Gliederung

(1) Die Form der Darstellung, insbesondere die Gliederung der aufeinanderfolgenden Bilanzen und Gewinn- und Verlustrechnungen, ist beizubehalten, soweit nicht in Ausnahmefällen wegen besonderer Umstände Abweichungen erforderlich sind. Die Abweichungen sind im Anhang anzugeben und zu begründen.

(2) In der Bilanz sowie in der Gewinn- und Verlustrechnung ist zu jedem Posten der entsprechende Betrag des vorhergehenden Geschäftsjahrs anzugeben. Sind die Beträge nicht vergleichbar, so ist dies im Anhang anzugeben und zu erläutern. Wird der Vorjahresbetrag angepasst, so ist auch dies im Anhang anzugeben und zu erläutern.

(3) Fällt ein Vermögensgegenstand oder eine Schuld unter mehrere Posten der Bilanz, so ist die Mitzugehörigkeit zu anderen Posten bei dem Posten, unter dem der Ausweis erfolgt ist, zu vermerken oder im Anhang anzugeben, wenn dies zur Aufstellung eines klaren und übersichtlichen Jahresabschlusses erforderlich ist.

(4) Sind mehrere Geschäftszweige vorhanden und bedingt dies die Gliederung des Jahresabschlusses nach verschiedenen Gliederungsvorschriften, so ist der Jahresabschluss nach der für einen Geschäftszweig vorgeschriebenen Gliederung aufzustellen und nach der für die anderen Geschäftszweige vorgeschriebenen Gliederung zu ergänzen. Die Ergänzung ist im Anhang anzugeben und zu begründen.

(5) Eine weitere Untergliederung der Posten ist zulässig; dabei ist jedoch die vorgeschriebene Gliederung zu beachten. Neue Posten dürfen hinzugefügt werden, wenn ihr Inhalt nicht von einem vorgeschriebenen Posten gedeckt wird.

(6) Gliederung und Bezeichnung der mit arabischen Zahlen versehenen Posten der Bilanz und der Gewinn- und Verlustrechnung sind zu ändern, wenn dies wegen Besonderheiten der Kapitalgesellschaft zur Aufstellung eines klaren und übersichtlichen Jahresabschlusses erforderlich ist.

(7) Die mit arabischen Zahlen versehenen Posten der Bilanz und der Gewinn- und Verlustrechnung können, wenn nicht besondere Formblätter vorgeschrieben sind, zusammengefasst ausgewiesen werden, wenn

1. sie einen Betrag enthalten, der für die Vermittlung eines den tatsächlichen Verhältnissen entsprechenden Bildes im Sinne des § 264 Abs. 2 nicht erheblich ist, oder

2. dadurch die Klarheit der Darstellung vergrößert wird; in diesem Falle müssen die zusammengefassten Posten jedoch im Anhang gesondert ausgewiesen werden.

(8) Ein Posten der Bilanz oder der Gewinn- und Verlustrechnung, der keinen Betrag ausweist, braucht nicht aufgeführt zu werden, es sei denn, dass im vorhergehenden Geschäftsjahr unter diesem Posten ein Betrag ausgewiesen wurde.

Zweiter Titel: Bilanz

§ 266 Gliederung der Bilanz

(1) Die Bilanz ist in Kontoform aufzustellen. Dabei haben große und mittelgroße Kapitalgesellschaften (§ 267 Abs. 3, 2) auf der Aktivseite die in Absatz 2 und auf der Passivseite die in Absatz 3 bezeichneten Posten gesondert und in der vorgeschriebenen Reihenfolge

auszuweisen. Kleine Kapitalgesellschaften (§ 267 Abs. 1) brauchen nur eine verkürzte Bilanz aufzustellen, in die nur die in den Absätzen 2 und 3 mit Buchstaben und römischen Zahlen bezeichneten Posten gesondert und in der vorgeschriebenen Reihenfolge aufgenommen werden.

(2) Aktivseite

A. Anlagevermögen:

  I. Immaterielle Vermögensgegenstände:

    1. Selbst geschaffene gewerbliche Schutzrechte und ähnliche Rechte und Werte;

    2. entgeltlich erworbene Konzessionen, gewerbliche Schutzrechte und ähnliche Rechte und Werte sowie Lizenzen an solchen Rechten und Werten;

    3. Geschäfts- oder Firmenwert;

    4. geleistete Anzahlungen;

  II. Sachanlagen:

    1. Grundstücke, grundstücksgleiche Rechte und Bauten einschließlich der Bauten auf fremden Grundstücken;

    2. technische Anlagen und Maschinen;

    3. andere Anlagen, Betriebs- und Geschäftsausstattung;

    4. geleistete Anzahlungen und Anlagen im Bau;

  III. Finanzanlagen:

    1. Anteile an verbundenen Unternehmen;

    2. Ausleihungen an verbundene Unternehmen;

    3. Beteiligungen;

    4. Ausleihungen an Unternehmen, mit denen ein Beteiligungsverhältnis besteht;

    5. Wertpapiere des Anlagevermögens;

    6. sonstige Ausleihungen.

B. Umlaufvermögen:

  I. Vorräte:

    1. Roh-, Hilfs- und Betriebsstoffe;

    2. unfertige Erzeugnisse, unfertige Leistungen;

    3. fertige Erzeugnisse und Waren;

    4. geleistete Anzahlungen;

  II. Forderungen und sonstige Vermögensgegenstände:

    1. Forderungen aus Lieferungen und Leistungen;

    2. Forderungen gegen verbundene Unternehmen;

    3. Forderungen gegen Unternehmen, mit denen ein Beteiligungsverhältnis besteht;

    4. sonstige Vermögensgegenstände;

  III. Wertpapiere:

    1. Anteile an verbundenen Unternehmen;

    2. sonstige Wertpapiere;

  IV. Kassenbestand, Bundesbankguthaben, Guthaben bei Kreditinstituten und Schecks.

C. Rechnungsabgrenzungsposten.

D. Aktive latente Steuern.

E. Aktiver Unterschiedsbetrag aus der Vermögensverrechnung.

(3) Passivseite

A. Eigenkapital:

   I. Gezeichnetes Kapital;

  II. Kapitalrücklage;

 III.Gewinnrücklagen:

     1. gesetzliche Rücklage;

     2. Rücklage für Anteile an einem herrschenden oder mehrheitlich beteiligten Unternehmen;

     3. satzungsmäßige Rücklagen;

     4. andere Gewinnrücklagen;

  IV.Gewinnvortrag/Verlustvortrag;

   V. Jahresüberschuß/Jahresfehlbetrag.

B. Rückstellungen:

     1. Rückstellungen für Pensionen und ähnliche Verpflichtungen;

     2. Steuerrückstellungen;

     3. sonstige Rückstellungen.

C. Verbindlichkeiten:

     1. Anleihen, davon konvertibel;

     2. Verbindlichkeiten gegenüber Kreditinstituten;

     3. erhaltene Anzahlungen auf Bestellungen;

     4. Verbindlichkeiten aus Lieferungen und Leistungen;

     5. Verbindlichkeiten aus der Annahme gezogener Wechsel und der Ausstellung eigener Wechsel;

     6. Verbindlichkeiten gegenüber verbundenen Unternehmen;

     7. Verbindlichkeiten gegenüber Unternehmen, mit denen ein Beteiligungsverhältnis besteht;

     8. sonstige Verbindlichkeiten, davon aus Steuern, davon im Rahmen der sozialen Sicherheit.

D. Rechnungsabgrenzungsposten.

E. Passive latente Steuern.

§ 267 Umschreibung der Größenklassen

(1) Kleine Kapitalgesellschaften sind solche, die mindestens zwei der drei nachstehenden Merkmale nicht überschreiten:

1. 4 840 000 Euro Bilanzsumme nach Abzug eines auf der Aktivseite ausgewiesenen Fehlbetrags (§ 268 Abs. 3).

2. 9 680 000 Euro Umsatzerlöse in den zwölf Monaten vor dem Abschlußstichtag.

3. Im Jahresdurchschnitt fünfzig Arbeitnehmer.

(2) Mittelgroße Kapitalgesellschaften sind solche, die mindestens zwei der drei in Ab-

satz 1 bezeichneten Merkmale überschreiten und jeweils mindestens zwei der drei nachstehenden Merkmale nicht überschreiten:

1. 19 250 000 Euro Bilanzsumme nach Abzug eines auf der Aktivseite ausgewiesenen Fehlbetrags (§ 268 Abs. 3).

2. 38 500 000 Euro Umsatzerlöse in den zwölf Monaten vor dem Abschlußstichtag.

3. Im Jahresdurchschnitt zweihundertfünfzig Arbeitnehmer.

(3) [1]Große Kapitalgesellschaften sind solche, die mindestens zwei der drei in Absatz 2 bezeichneten Merkmale überschreiten. [2]Eine Kapitalgesellschaft im Sinn des 264d gilt stets als große

(4) [1]Die Rechtsfolgen der Merkmale nach den Absätzen 1 bis 3 Satz 1 treten nur ein, wenn sie an den Abschlußstichtagen von zwei aufeinanderfolgenden Geschäftsjahren über- oder unterschritten werden. [2]Im Falle der Umwandlung oder Neugründung treten die Rechtsfolgen schon ein, wenn die Voraussetzungen des Absatzes 1, 2 oder 3 am ersten Abschlußstichtag nach der Umwandlung oder Neugründung vorliegen.

(5) Als durchschnittliche Zahl der Arbeitnehmer gilt der vierte Teil der Summe aus den Zahlen der jeweils am 31. März, 30. Juni, 30. September und 31. Dezember beschäftigten Arbeitnehmer einschließlich der im Ausland beschäftigten Arbeitnehmer, jedoch ohne die zu ihrer Berufsausbildung Beschäftigten.

(6) Informations- und Auskunftsrechte der Arbeitnehmervertretungen nach anderen Gesetzen bleiben unberührt.

§ 268 Vorschriften zu einzelnen Posten der Bilanz; Bilanzvermerke

(1) Die Bilanz darf auch unter Berücksichtigung der vollständigen oder teilweisen Verwendung des Jahresergebnisses aufgestellt werden. Wird die Bilanz unter Berücksichtigung der teilweisen Verwendung des Jahresergebnisses aufgestellt, so tritt an die Stelle der Posten »Jahresüberschuss/Jahresfehlbetrag« und »Gewinnvortrag/Verlustvortrag« der Posten »Bilanzgewinn/Bilanzverlust«; ein vorhandener Gewinn- oder Verlustvortrag ist in den Posten »Bilanzgewinn/Bilanzverlust« einzubeziehen und in der Bilanz oder im Anhang gesondert anzugeben.

(2) In der Bilanz oder im Anhang ist die Entwicklung der einzelnen Posten des Anlagevermögens darzustellen. Dabei sind, ausgehend von den gesamten Anschaffungs- und Herstellungskosten, die Zugänge, Abgänge, Umbuchungen und Zuschreibungen des Geschäftsjahrs sowie die Abschreibungen in ihrer gesamten Höhe gesondert aufzuführen. Die Abschreibungen des Geschäftsjahrs sind entweder in der Bilanz bei dem betreffenden Posten zu vermerken oder im Anhang in einer der Gliederung des Anlagevermögens entsprechenden Aufgliederung anzugeben.

(3) Ist das Eigenkapital durch Verluste aufgebraucht und ergibt sich ein Überschuss der Passivposten über die Aktivposten, so ist dieser Betrag am Schluss der Bilanz auf der

Aktivseite gesondert unter der Bezeichnung »Nicht durch Eigenkapital gedeckter Fehlbetrag« auszuweisen.

(4) Der Betrag der Forderungen mit einer Restlaufzeit von mehr als einem Jahr ist bei jedem gesondert ausgewiesenen Posten zu vermerken. Werden unter dem Posten »sonstige Vermögensgegenstände« Beträge für Vermögensgegenstände ausgewiesen, die erst nach dem Abschlussstichtag rechtlich entstehen, so müssen Beträge, die einen größeren Umfang haben, im Anhang erläutert werden.

(5) Der Betrag der Verbindlichkeiten mit einer Restlaufzeit bis zu einem Jahr ist bei jedem gesondert ausgewiesenen Posten zu vermerken. Erhaltene Anzahlungen auf Bestellungen sind, soweit Anzahlungen auf Vorräte nicht von dem Posten »Vorräte« offen abgesetzt werden, unter den Verbindlichkeiten gesondert auszuweisen. Sind unter dem Posten »Verbindlichkeiten« Beträge für Verbindlichkeiten ausgewiesen, die erst nach dem Abschlussstichtag rechtlich entstehen, so müssen Beträge, die einen größeren Umfang haben, im Anhang erläutert werden.

(6) Ein nach § 250 Abs. 3 in den Rechnungsabgrenzungsposten auf der Aktivseite aufgenommener Unterschiedsbetrag ist in der Bilanz gesondert auszuweisen oder im Anhang anzugeben.

(7) Die in § 251 bezeichneten Haftungsverhältnisse sind jeweils gesondert unter der Bilanz oder im Anhang unter Angabe der gewährten Pfandrechte und sonstigen Sicherheiten anzugeben; bestehen solche Verpflichtungen gegenüber verbundenen Unternehmen, so sind sie gesondert anzugeben.

(8) [1]Werden selbst geschaffene immaterielle Vermögensgegenstände des Anlagevermögens in der Bilanz ausgewiesen, so dürfen Gewinne nur ausgeschüttet werden, wenn die nach der Ausschüttung verbleibenden frei verfügbaren Rücklagen zuzüglich eines Gewinnvortrags und abzüglich eines Verlustvortrags mindestens den insgesamt angesetzten Beträgen abzüglich der hierfür gebildeten passiven latenten Steuern entsprechen. [2]Werden aktive latente Steuern in der Bilanz ausgewiesen, ist Satz 1 auf den Betrag anzuwenden, um den die aktiven latenten Steuern die passiven latenten Steuern übersteigen. [3]Bei Vermögensgegenständen im Sinn des § 246 Abs. 2 Satz 2 ist Satz 1 auf den Betrag abzüglich der hierfür gebildeten passiven latenten Steuern anzuwenden, der die Anschaffungskosten übersteigt.

§ 270 Bildung bestimmter Posten

(1) Einstellungen in die Kapitalrücklage und deren Auflösung sind bereits bei der Aufstellung der Bilanz vorzunehmen.

(2) Wird die Bilanz unter Berücksichtigung der vollständigen oder teilweisen Verwendung des Jahresergebnisses aufgestellt, so sind Entnahmen aus Gewinnrücklagen sowie Einstellungen in Gewinnrücklagen, die nach Gesetz, Gesellschaftsvertrag oder Satzung vorzunehmen sind oder auf Grund solcher Vorschriften beschlossen worden sind, bereits bei der Aufstellung der Bilanz zu berücksichtigen.

§ 271 Beteiligungen; verbundene Unternehmen

(1) Beteiligungen sind Anteile an anderen Unternehmen, die bestimmt sind, dem eigenen Geschäftsbetrieb durch Herstellung einer dauernden Verbindung zu jenen Unternehmen zu dienen. Dabei ist es unerheblich, ob die Anteile in Wertpapieren verbrieft sind oder nicht. Als Beteiligung gelten im Zweifel Anteile an einer Kapitalgesellschaft, die insgesamt den fünften Teil des Nennkapitals dieser Gesellschaft überschreiten. Auf die Berechnung ist § 16 Abs. 2 und 4 des Aktiengesetzes entsprechend anzuwenden. Die Mitgliedschaft in einer eingetragenen Genossenschaft gilt nicht als Beteiligung im Sinne dieses Buches.

(2) Verbundene Unternehmen im Sinne dieses Buches sind solche Unternehmen, die als Mutter- oder Tochterunternehmen (§ 290) in den Konzernabschluss eines Mutterunternehmens nach den Vorschriften über die Vollkonsolidierung einzubeziehen sind, das als oberstes Mutterunternehmen den am weitestgehenden Konzernabschluss nach dem Zweiten Unterabschnitt aufzustellen hat, auch wenn die Aufstellung unterbleibt, oder das einen befreienden Konzernabschluss nach § 291 oder nach einer nach § 292 erlassenen Rechtsverordnung aufstellt oder aufstellen könnte; Tochterunternehmen, die nach § 296 nicht einbezogen werden, sind ebenfalls verbundene Unternehmen.

§ 272 Eigenkapital

(1) [1]Gezeichnetes Kapital ist das Kapital, auf das die Haftung der Gesellschafter für die Verbindlichkeiten der Kapitalgesellschaft gegenüber den Gläubigern beschränkt ist. [2]Es ist mit dem Nennbetrag anzusetzen. [3]Die nicht eingeforderten ausstehenden Einlagen auf das gezeichnete Kapital sind von dem Posten »Gezeichnetes Kapital« offen abzusetzen; der verbleibende Betrag ist als Posten »Eingefordertes Kapital« in der Hauptspalte der Passivseite auszuweisen; der eingeforderte, aber noch nicht eingezahlte Betrag ist unter den Forderungen gesondert auszuweisen und entsprechend zu bezeichnen.

(1a) [1]Der Nennbetrag oder, falls ein solcher nicht vorhanden ist, der rechnerische Wert von erworbenen eigenen Anteilen ist in der Vorspalte offen von dem Posten »Gezeichnetes Kapital« abzusetzen. [2]Der Unterschiedsbetrag zwischen dem Nennbetrag oder dem rechnerischen Wert und den Anschaffungskosten der eigenen Anteile ist mit den frei verfügbaren Rücklagen zu verrechnen. [3]Aufwendungen, die Anschaffungsnebenkosten sind, sind Aufwand des Geschäftsjahrs.

(1b) [1]Nach der Veräußerung der eigenen Anteile entfällt der Ausweis nach Absatz 1a Satz 1. [2]Ein den Nennbetrag oder den rechnerischen Wert übersteigender Differenzbetrag aus dem Veräußerungserlös ist bis zur Höhe des mit den frei verfügbaren Rücklagen verrechneten Betrages in die jeweiligen Rücklagen einzustellen. [3]Ein darüber hinausgehender Differenzbetrag ist in die Kapitalrücklage gemäß Absatz 2 Nr. 1 einzustellen. [4]Die Nebenkosten der Veräußerung sind Aufwand des Geschäftsjahrs.

(2) Als Kapitalrücklage sind auszuweisen

1. der Betrag, der bei der Ausgabe von Anteilen einschließlich von Bezugsanteilen über den Nennbetrag oder, falls ein Nennbetrag nicht vorhanden ist, über den rechnerischen Wert hinaus erzielt wird;

2. der Betrag, der bei der Ausgabe von Schuldverschreibungen für Wandlungsrechte und Optionsrechte zum Erwerb von Anteilen erzielt wird;

3. der Betrag von Zuzahlungen, die Gesellschafter gegen Gewährung eines Vorzugs für ihre Anteile leisten;

4. der Betrag von anderen Zuzahlungen, die Gesellschafter in das Eigenkapital leisten.

(3) ^{1}Als Gewinnrücklagen dürfen nur Beträge ausgewiesen werden, die im Geschäftsjahr oder in einem früheren Geschäftsjahr aus dem Ergebnis gebildet worden sind. ^{2}Dazu gehören aus dem Ergebnis zu bildende gesetzliche oder auf Gesellschaftsvertrag oder Satzung beruhende Rücklagen und andere Gewinnrücklagen.

(4) ^{1}Für Anteile an einem herrschenden oder mit Mehrheit beteiligten Unternehmen ist eine Rücklage zu bilden. ^{2}In die Rücklage ist ein Betrag einzustellen, der dem auf der Aktivseite der Bilanz für die Anteile an dem herrschenden oder mit Mehrheit beteiligten Unternehmen angesetzten Betrag entspricht. ^{3}Die Rücklage, die bereits bei der Aufstellung der Bilanz zu bilden ist, darf aus vorhandenen frei verfügbaren Rücklagen gebildet werden. ^{4}Die Rücklage ist aufzulösen, soweit die Anteile an dem herrschenden oder mit Mehrheit beteiligten Unternehmen veräußert, ausgegeben oder eingezogen werden oder auf der Aktivseite ein niedrigerer Betrag angesetzt wird.

§ 274 Latente Steuern

(1) ^{1}Bestehen zwischen den handelsrechtlichen Wertansätzen von Vermögensgegenständen, Schulden und Rechnungsabgrenzungsposten und ihren steuerlichen Wertansätzen Differenzen, die sich in späteren Geschäftsjahren voraussichtlich abbauen, so ist eine sich daraus insgesamt ergebende Steuerbelastung als passive latente Steuern (§ 266 Abs. 3 E.) in der Bilanz anzusetzen. ^{2}Eine sich daraus insgesamt ergebende Steuerentlastung kann als aktive latente Steuern (§ 266 Abs. 2 D.) in der Bilanz angesetzt werden. ^{3}Die sich ergebende Steuerbe- und die sich ergebende Steuerentlastung können auch unverrechnet angesetzt werden. ^{4}Steuerliche Verlustvorträge sind bei der Berechnung aktiver latenter Steuern in Höhe der innerhalb der nächsten fünf Jahre zu erwartenden Verlustverrechnung zu berücksichtigen.

(2) ^{1}Die Beträge der sich ergebenden Steuerbe- und -entlastung sind mit den unternehmensindividuellen Steuersätzen im Zeitpunkt des Abbaus der Differenzen zu bewerten und nicht abzuzinsen. ^{2}Die ausgewiesenen Posten sind aufzulösen, sobald die Steuerbe- oder -entlastung eintritt oder mit ihr nicht mehr zu rechnen ist. ^{3}Der Aufwand oder Ertrag aus der Veränderung bilanzierter latenter Steuern ist in der Gewinn- und Verlustrechnung gesondert unter dem Posten »Steuern vom Einkommen und vom Ertrag« auszuweisen.

§ 274a Größenabhängige Erleichterungen

Kleine Kapitalgesellschaften sind von der Anwendung der folgenden Vorschriften befreit:

1. § 268 Abs. 2 über die Aufstellung eines Anlagengitters,

2. § 268 Abs. 4 Satz 2 über die Pflicht zur Erläuterung bestimmter Forderungen im Anhang,

3. § 268 Abs. 5 Satz 3 über die Erläuterung bestimmter Verbindlichkeiten im Anhang,

4. § 268 Abs. 6 über den Rechnungsabgrenzungsposten nach § 250 Abs. 3,

5. § 274 über die Abgrenzung latenter Steuern.

Dritter Titel: Gewinn- und Verlustrechnung

§ 275 Gliederung

(1) Die Gewinn- und Verlustrechnung ist in Staffelform nach dem Gesamtkostenverfahren oder dem Umsatzkostenverfahren aufzustellen. Dabei sind die in Absatz 2 oder 3 bezeichneten Posten in der angegebenen Reihenfolge gesondert auszuweisen.

(2) Bei Anwendung des Gesamtkostenverfahrens sind auszuweisen:
1. Umsatzerlöse
2. Erhöhung oder Verminderung des Bestands an fertigen und unfertigen Erzeugnissen
3. andere aktivierte Eigenleistungen
4. sonstige betriebliche Erträge
5. Materialaufwand:
   a) Aufwendungen für Roh-, Hilfs- und Betriebsstoffe und für bezogene Waren
   b) Aufwendungen für bezogene Leistungen
6. Personalaufwand:
   a) Löhne und Gehälter
   b) soziale Abgaben und Aufwendungen für Altersversorgung und für Unterstützung, davon für Altersversorgung
7. Abschreibungen:
   a) auf immaterielle Vermögensgegenstände des Anlagevermögens und Sachanlagen
   b) auf Vermögensgegenstände des Umlaufvermögens, soweit diese die in der Kapitalgesellschaft üblichen Abschreibungen überschreiten
8. sonstige betriebliche Aufwendungen
9. Erträge aus Beteiligungen, davon aus verbundenen Unternehmen
10. Erträge aus anderen Wertpapieren und Ausleihungen des Finanzanlagevermögens, davon aus verbundenen Unternehmen
11. sonstige Zinsen und ähnliche Erträge, davon aus verbundenen Unternehmen

12. Abschreibungen auf Finanzanlagen und auf Wertpapiere des Umlaufvermögens

13. Zinsen und ähnliche Aufwendungen, davon an verbundene Unternehmen

14. Ergebnis der gewöhnlichen Geschäftstätigkeit

15. außerordentliche Erträge

16. außerordentliche Aufwendungen

17. außerordentliches Ergebnis

18. Steuern vom Einkommen und vom Ertrag

19. sonstige Steuern

20. Jahresüberschuss/Jahresfehlbetrag.

(3) Bei Anwendung des Umsatzkostenverfahrens sind auszuweisen:

1. Umsatzerlöse

2. Herstellungskosten der zur Erzielung der Umsatzerlöse erbrachten Leistungen

3. Bruttoergebnis vom Umsatz

4. Vertriebskosten

5. allgemeine Verwaltungskosten

6. sonstige betriebliche Erträge

7. sonstige betriebliche Aufwendungen

8. Erträge aus Beteiligungen, davon aus verbundenen Unternehmen

9. Erträge aus anderen Wertpapieren und Ausleihungen des Finanzanlagevermögens, davon aus verbundenen Unternehmen

10. sonstige Zinsen und ähnliche Erträge, davon aus verbundenen Unternehmen

11. Abschreibungen auf Finanzanlagen und auf Wertpapiere des Umlaufvermögens

12. Zinsen und ähnliche Aufwendungen, davon an verbundene Unternehmen

13. Ergebnis der gewöhnlichen Geschäftstätigkeit

14. außerordentliche Erträge

15. außerordentliche Aufwendungen

16. außerordentliches Ergebnis

17. Steuern vom Einkommen und vom Ertrag

18. sonstige Steuern

19. Jahresüberschuss/Jahresfehlbetrag.

(4) Veränderungen der Kapital- und Gewinnrücklagen dürfen in der Gewinn- und Verlustrechnung erst nach dem Posten »Jahresüberschuss/Jahresfehlbetrag« ausgewiesen werden.

§ 276 Größenabhängige Erleichterungen

Kleine und mittelgroße Kapitalgesellschaften (§ 267 Abs. 1, 2) dürfen die Posten § 275 Abs. 2 Nummer 1 bis 5 oder Abs. 3 Nr. 1 bis 3 und 6 zu einem Posten unter der Bezeichnung »Rohergebnis« zusammenfassen. Kleine Kapitalgesellschaften brauchen außerdem die in § 277 Abs. 4 Satz 2 und 3 verlangten Erläuterungen zu den Posten »außerordentliche Erträge« und »außerordentliche Aufwendungen« nicht zu machen.

§ 277 Vorschriften zu einzelnen Posten der Gewinn- und Verlustrechnung

(1) Als Umsatzerlöse sind die Erlöse aus dem Verkauf und der Vermietung oder Verpachtung von für die gewöhnliche Geschäftstätigkeit der Kapitalgesellschaft typischen Erzeugnissen und Waren sowie aus von für die gewöhnliche Geschäftstätigkeit der Kapitalgesellschaft typischen Dienstleistungen nach Abzug von Erlösschmälerungen und der Umsatzsteuer auszuweisen.

(2) Als Bestandsveränderungen sind sowohl Änderungen der Menge als auch solche des Wertes zu berücksichtigen; Abschreibungen jedoch nur, soweit diese die in der Kapitalgesellschaft sonst üblichen Abschreibungen nicht überschreiten.

(3) [1]Außerplanmäßige Abschreibungen nach § 253 Abs. 3 Satz 3 und 4 sind jeweils gesondert auszuweisen oder im Anhang anzugeben. [2]Erträge und Aufwendungen aus Verlustübernahme und auf Grund einer Gewinngemeinschaft, eines Gewinnabführungs- oder eines Teilgewinnabführungsvertrags erhaltene oder abgeführte Gewinne sind jeweils gesondert unter entsprechender Bezeichnung auszuweisen.

(4) [1]Unter den Posten »außerordentliche Erträge« und »außerordentliche Aufwendungen« sind Erträge und Aufwendungen auszuweisen, die außerhalb der gewöhnlichen Geschäftstätigkeit der Kapitalgesellschaft anfallen. [2]Die Posten sind hinsichtlich ihres Betrags und ihrer Art im Anhang zu erläutern, soweit die ausgewiesenen Beträge für die Beurteilung der Ertragslage nicht von untergeordneter Bedeutung sind. [3]Satz 2 gilt entsprechend für alle Aufwendungen und Erträge, die einem anderen Geschäftsjahr zuzurechnen sind.

(5) [1]Erträge aus der Abzinsung sind in der Gewinn- und Verlustrechnung gesondert unter dem Posten »Sonstige Zinsen und ähnliche Erträge« und Aufwendungen gesondert unter dem Posten »Zinsen und ähnliche Aufwendungen« auszuweisen. [2]Erträge aus der Währungsumrechnung sind in der Gewinn- und Verlustrechnung gesondert unter dem Posten »Sonstige betriebliche Erträge« und Aufwendungen aus der Währungsumrechnung gesondert unter dem Posten »Sonstige betriebliche Aufwendungen« auszuweisen.

§ 278 Steuern

(1) Die Steuern vom Einkommen und vom Ertrag sind auf der Grundlage des Beschlusses über die Verwendung des Ergebnisses zu berechnen; liegt ein solcher Beschluss im Zeitpunkt der Feststellung des Jahresabschlusses nicht vor, so ist vom Vorschlag über die Verwendung des Ergebnisses auszugehen. Weicht der Beschluss über die Verwendung des Ergebnisses vom Vorschlag ab, so braucht der Jahresabschluss nicht geändert zu werden.

2. Die Buchführungs- und Bilanzierungsvorschriften des Einkommensteuergesetzes (EStG)

§ 4 Gewinnbegriff im Allgemeinen

(1) [1]Gewinn ist der Unterschiedsbetrag zwischen dem Betriebsvermögen am Schluss des Wirtschaftsjahres und dem Betriebsvermögen am Schluss des vorangegangenen Wirtschaftsjahres, vermehrt um den Wert der Entnahmen und vermindert um den Wert der Einlagen. [2]Entnahmen sind alle Wirtschaftsgüter (Barentnahmen, Waren, Erzeugnisse, Nutzungen und Leistungen), die der Steuerpflichtige dem Betrieb für sich, für seinen Haushalt oder für andere betriebsfremde Zwecke im Laufe des Wirtschaftsjahres entnommen hat. [3]Einer Entnahme für betriebsfremde Zwecke steht der Ausschluss oder die Beschränkung des Besteuerungsrechts der Bundesrepublik Deutschland hinsichtlich des Gewinns aus der Veräußerung oder der Nutzung eines Wirtschaftsguts gleich. ⋯[7]Einlagen sind alle Wirtschaftsgüter (Bareinzahlungen und sonstige Wirtschaftsgüter), die der Steuerpflichtige dem Betrieb im Laufe des Wirtschaftsjahres zugeführt hat; einer Einlage steht die Begründung des Besteuerungsrechts der Bundesrepublik Deutschland hinsichtlich des Gewinns aus der Veräußerung eines Wirtschaftsguts gleich. [8]Bei der Ermittlung des Gewinns sind die Vorschriften über die Betriebsausgaben, über die Bewertung und über die Absetzung für Abnutzung oder Substanzverringerung zu befolgen.

(2) …

bis

(8) …

§ 5 Gewinn bei Kaufleuten und bei bestimmten anderen Gewerbetreibenden

(1) [1]Bei Gewerbetreibenden, die auf Grund gesetzlicher Vorschriften verpflichtet sind, Bücher zu führen und regelmäßig Abschlüsse zu machen, oder die ohne eine solche Verpflichtung Bücher führen und regelmäßig Abschlüsse machen, ist für den Schluss des Wirtschaftsjahres das Betriebsvermögen anzusetzen (§ 4 Absatz 1 Satz 1), das nach den handelsrechtlichen Grundsätzen ordnungsmäßiger Buchführung auszuweisen ist, es sei denn, im Rahmen der Ausübung eines steuerlichen Wahlrechts wird oder wurde ein anderer Ansatz gewählt. [2]Voraussetzung für die Ausübung steuerlicher Wahlrechte ist, dass die Wirtschaftsgüter, die nicht mit dem handelsrechtlich maßgeblichen Wert in der steuerlichen Gewinnermittlung ausgewiesen werden, in besondere, laufend zu führende Verzeichnisse aufgenommen werden. [3]In den Verzeichnissen sind der Tag der Anschaffung oder Herstellung, die Anschaffungs- oder Herstellungskosten, die Vorschrift des ausgeübten steuerlichen Wahlrechts und die vorgenommenen Abschreibungen nachzuweisen.

(1a) [1]Posten der Aktivseite dürfen nicht mit Posten der Passivseite verrechnet werden. [2]Die Ergebnisse der in der handelsrechtlichen Rechnungslegung zur Absicherung finanzwirtschaftlicher Risiken gebildeten Bewertungseinheiten sind auch für die steuerliche Gewinnermittlung maßgeblich.

(2) Für immaterielle Wirtschaftsgüter des Anlagevermögens ist ein Aktivposten nur anzusetzen, wenn sie entgeltlich erworben wurden.

(2a) Für Verpflichtungen, die nur zu erfüllen sind, soweit künftig Einnahmen oder Gewinne anfallen, sind Verbindlichkeiten oder Rückstellungen erst anzusetzen, wenn die Einnahmen oder Gewinne angefallen sind.

(3) [1]Rückstellungen wegen Verletzung fremder Patent-, Urheber- oder ähnlicher Schutzrechte dürfen erst gebildet werden, wenn

1. der Rechtsinhaber Ansprüche wegen der Rechtsverletzung geltend gemacht hat oder

2. mit einer Inanspruchnahme wegen der Rechtsverletzung ernsthaft zu rechnen ist.

[2]Eine nach Satz 1 Nummer 2 gebildete Rückstellung ist spätestens in der Bilanz des dritten auf ihre erstmalige Bildung folgenden Wirtschaftsjahres gewinnerhöhend aufzulösen, wenn Ansprüche nicht geltend gemacht worden sind.

(4) Rückstellungen für die Verpflichtung zu einer Zuwendung anlässlich eines Dienstjubiläums dürfen nur gebildet werden, wenn das Dienstverhältnis mindestens zehn Jahre bestanden hat, das Dienstjubiläum das Bestehen eines Dienstverhältnisses von mindestens 15 Jahren voraussetzt, die Zusage schriftlich erteilt ist und soweit der Zuwendungsberechtigte seine Anwartschaft nach dem 31. Dezember 1992 erwirbt.

(4a) [1]Rückstellungen für drohende Verluste aus schwebenden Geschäften dürfen nicht gebildet werden. [2]Das gilt nicht für Ergebnisse nach Absatz 1a Satz 2.

(4b) [1]Rückstellungen für Aufwendungen, die in künftigen Wirtschaftsjahren als Anschaffungs- oder Herstellungskosten eines Wirtschaftsguts zu aktivieren sind, dürfen nicht gebildet werden. [2]Rückstellungen für die Verpflichtung zur schadlosen Verwertung radioaktiver Reststoffe sowie ausgebauter oder abgebauter radioaktiver Anlagenteile dürfen nicht gebildet werden, soweit Aufwendungen im Zusammenhang mit der Bearbeitung oder Verarbeitung von Kernbrennstoffen stehen, die aus der Aufarbeitung bestrahlter Kernbrennstoffe gewonnen worden sind und keine radioaktiven Abfälle darstellen.

(5) [1]Als Rechnungsabgrenzungsposten sind nur anzusetzen

1. auf der Aktivseite Ausgaben vor dem Abschlussstichtag, soweit sie Aufwand für eine bestimmte Zeit nach diesem Tag darstellen;

2. auf der Passivseite Einnahmen vor dem Abschlussstichtag, soweit sie Ertrag für eine bestimmte Zeit nach diesem Tag darstellen.

[2]Auf der Aktivseite sind ferner anzusetzen

1. als Aufwand berücksichtigte Zölle und Verbrauchsteuern, soweit sie auf am Abschlussstichtag auszuweisende Wirtschaftsgüter des Vorratsvermögens entfallen,

2. als Aufwand berücksichtigte Umsatzsteuer auf am Abschlussstichtag auszuweisende Anzahlungen.

(6) Die Vorschriften über die Entnahmen und die Einlagen, über die Zulässigkeit der Bilanzänderung, über die Betriebsausgaben, über die Bewertung und über die Absetzung für Abnutzung oder Substanzverringerung sind zu befolgen.

§ 5b Elektronische Übermittlung von Bilanzen sowie Gewinn- und Verlustrechnungen

(1) [1]Wird der Gewinn nach § 4 Absatz 1, § 5 oder § 5a ermittelt, so ist der Inhalt der Bilanz sowie der Gewinn- und Verlustrechnung nach amtlich vorgeschriebenem Datensatz durch Datenfernübertragung zu übermitteln. [2]Enthält die Bilanz Ansätze oder Beträge, die den steuerlichen Vorschriften nicht entsprechen, so sind diese Ansätze oder Beträge durch Zusätze oder Anmerkungen den steuerlichen Vorschriften anzupassen und nach amtlich vorgeschriebenem Datensatz durch Datenfernübertragung zu übermitteln. [3]Der Steuerpflichtige kann auch eine den steuerlichen Vorschriften entsprechende Bilanz nach amtlich vorgeschriebenem Datensatz durch Datenfernübertragung übermitteln. .... [5]Im Fall der Eröffnung des Betriebs sind die Sätze 1 bis 4 für den Inhalt der Eröffnungsbilanz entsprechend anzuwenden.

(2) [1]Auf Antrag kann die Finanzbehörde zur Vermeidung unbilliger Härten auf eine elektronische Übermittlung verzichten. [2]...

§ 6 Bewertung

(1) Für die Bewertung der einzelnen Wirtschaftsgüter, die nach § 4 Absatz 1 oder nach § 5 als Betriebsvermögen anzusetzen sind, gilt das Folgende:

1. Wirtschaftsgüter des Anlagevermögens, die der Abnutzung unterliegen, sind mit den Anschaffungs- oder Herstellungskosten oder dem an deren Stelle tretenden Wert, vermindert um die Absetzungen für Abnutzung, erhöhte Absetzungen, Sonderabschreibungen, Abzüge nach § 6b und ähnliche Abzüge, anzusetzen. [2]Ist der Teilwert auf Grund einer voraussichtlich dauernden Wertminderung niedriger, so kann dieser angesetzt werden. [3]Teilwert ist der Betrag, den ein Erwerber des ganzen Betriebs im Rahmen des Gesamtkaufpreises für das einzelne Wirtschaftsgut ansetzen würde; dabei ist davon auszugehen, dass der Erwerber den Betrieb fortführt. [4]Wirtschaftsgüter, die bereits am Schluss des vorangegangenen Wirtschaftsjahres zum Anlagevermögen des Steuerpflichtigen gehört haben, sind in den folgenden Wirtschaftsjahren gemäß Satz 1 anzusetzen, es sei denn, der Steuerpflichtige weist nach, dass ein niedrigerer Teilwert nach Satz 2 angesetzt werden kann.

1a. Zu den Herstellungskosten eines Gebäudes gehören auch Aufwendungen für Instandsetzungs- und Modernisierungsmaßnahmen, die innerhalb von drei Jahren nach der Anschaffung des Gebäudes durchgeführt werden, wenn die Aufwendungen ohne die Umsatzsteuer 15 Prozent der Anschaffungskosten des Gebäudes übersteigen (anschaffungsnahe Herstellungskosten). [2]Zu diesen Aufwendungen gehören nicht die Aufwendungen für Erweiterungen im Sinne des § 255 Absatz 2 Satz 1 des Handelsgesetzbuchs sowie Aufwendungen für Erhaltungsarbeiten, die jährlich üblicherweise anfallen.

2. Andere als die in Nummer 1 bezeichneten Wirtschaftsgüter des Betriebs (Grund und Boden, Beteiligungen, Umlaufvermögen) sind mit den Anschaffungs- oder Herstellungskosten oder dem an deren Stelle tretenden Wert, vermindert um Abzüge nach § 6b und ähnliche Abzüge, anzusetzen. [2]Ist der Teilwert (Nummer 1 Satz 3) auf Grund einer voraussichtlich dauernden Wertminderung niedriger, so kann dieser angesetzt werden. [3]Nummer 1 Satz 4 gilt entsprechend.

2a. Steuerpflichtige, die den Gewinn nach § 5 ermitteln, können für den Wertansatz gleichartiger Wirtschaftsgüter des Vorratsvermögens unterstellen, dass die zuletzt angeschafften oder hergestellten Wirtschaftsgüter zuerst verbraucht oder veräußert worden sind, soweit dies den handelsrechtlichen Grundsätzen ordnungsmäßiger Buchführung entspricht. [2]Der Vorratsbestand am Schluss des Wirtschaftsjahres, das der erstmaligen Anwendung der Bewertung nach Satz 1 vorangeht, gilt mit seinem Bilanzansatz als erster Zugang des neuen Wirtschaftsjahres. [3]Von der Verbrauchs- oder Veräußerungsfolge nach Satz 1 kann in den folgenden Wirtschaftsjahren nur mit Zustimmung des Finanzamts abgewichen werden.

2b. Steuerpflichtige, die in den Anwendungsbereich des § 340 des Handelsgesetzbuchs fallen, haben die zu Handelszwecken erworbenen Finanzinstrumente, die nicht in einer Bewertungseinheit im Sinne des § 5 Absatz 1a Satz 2 abgebildet werden, mit dem beizulegenden Zeitwert abzüglich eines Risikoabschlages (§ 340e Absatz 3 des Handelsgesetzbuchs) zu bewerten. [2]Nummer 2 Satz 2 ist nicht anzuwenden.

3. Verbindlichkeiten sind unter sinngemäßer Anwendung der Vorschriften der Nummer 2 anzusetzen und mit einem Zinssatz von 5,5 Prozent abzuzinsen. [2]Ausgenommen von der Abzinsung sind Verbindlichkeiten, deren Laufzeit am Bilanzstichtag weniger als zwölf Monate beträgt, und Verbindlichkeiten, die verzinslich sind oder auf einer Anzahlung oder Vorausleistung beruhen.

3a. Rückstellungen sind höchstens insbesondere unter Berücksichtigung folgender Grundsätze anzusetzen:

a) bei Rückstellungen für gleichartige Verpflichtungen ist auf der Grundlage der Erfahrungen in der Vergangenheit aus der Abwicklung solcher Verpflichtungen die Wahrscheinlichkeit zu berücksichtigen, dass der Steuerpflichtige nur zu einem Teil der Summe dieser Verpflichtungen in Anspruch genommen wird;

b) Rückstellungen für Sachleistungsverpflichtungen sind mit den Einzelkosten und den angemessenen Teilen der notwendigen Gemeinkosten zu bewerten;

c) künftige Vorteile, die mit der Erfüllung der Verpflichtung voraussichtlich verbunden sein werden, sind, soweit sie nicht als Forderung zu aktivieren sind, bei ihrer Bewertung wertmindernd zu berücksichtigen;

d) Rückstellungen für Verpflichtungen, für deren Entstehen im wirtschaftlichen Sinne der laufende Betrieb ursächlich ist, sind zeitanteilig in gleichen Raten anzusammeln. [2]Rückstellungen für gesetzliche Verpflichtungen zur Rücknahme und

Verwertung von Erzeugnissen, die vor Inkrafttreten entsprechender gesetzlicher Verpflichtungen in Verkehr gebracht worden sind, sind zeitanteilig in gleichen Raten bis zum Beginn der jeweiligen Erfüllung anzusammeln; Buchstabe e ist insoweit nicht anzuwenden. [3]Rückstellungen für die Verpflichtung, ein Kernkraftwerk stillzulegen, sind ab dem Zeitpunkt der erstmaligen Nutzung bis zum Zeitpunkt, in dem mit der Stilllegung begonnen werden muss, zeitanteilig in gleichen Raten anzusammeln; steht der Zeitpunkt der Stilllegung nicht fest, beträgt der Zeitraum für die Ansammlung 25 Jahre;

e) Rückstellungen für Verpflichtungen sind mit einem Zinssatz von 5,5 Prozent abzuzinsen; Nummer 3 Satz 2 ist entsprechend anzuwenden. [2]Für die Abzinsung von Rückstellungen für Sachleistungsverpflichtungen ist der Zeitraum bis zum Beginn der Erfüllung maßgebend. [3]Für die Abzinsung von Rückstellungen für die Verpflichtung, ein Kernkraftwerk stillzulegen, ist der sich aus Buchstabe d Satz 3 ergebende Zeitraum maßgebend; und

f) bei der Bewertung sind die Wertverhältnisse am Bilanzstichtag maßgebend; künftige Preis- und Kostensteigerungen dürfen nicht berücksichtigt werden.

4. Entnahmen des Steuerpflichtigen für sich, für seinen Haushalt oder für andere betriebsfremde Zwecke sind mit dem Teilwert anzusetzen; in den Fällen des § 4 Absatz 1 Satz 3 ist die Entnahme mit dem gemeinen Wert anzusetzen. [2]Die private Nutzung eines Kraftfahrzeugs, das zu mehr als 50 Prozent ist für jeden Kalendermonat mit 1 Prozent des inländischen Listenpreises im Zeitpunkt der Erstzulassung zuzüglich der Kosten für Sonderausstattung einschließlich Umsatzsteuer anzusetzen. [3]Die private Nutzung kann abweichend von Satz 2 mit den auf die Privatfahrten entfallenden Aufwendungen angesetzt werden, wenn die für das Kraftfahrzeug insgesamt entstehenden Aufwendungen durch Belege und das Verhältnis der privaten zu den übrigen Fahrten durch ein ordnungsgemäßes Fahrtenbuch nachgewiesen werden.

5. [1]Einlagen sind mit dem Teilwert für den Zeitpunkt der Zuführung anzusetzen; sie sind jedoch höchstens mit den Anschaffungs- oder Herstellungskosten anzusetzen, wenn das zugeführte Wirtschaftsgut

a) innerhalb der letzten drei Jahre vor dem Zeitpunkt der Zuführung angeschafft oder hergestellt worden ist,

b) ein Anteil an einer Kapitalgesellschaft ist und der Steuerpflichtige an der Gesellschaft im Sinne des § 17 Absatz 1 oder Absatz 6 beteiligt ist; § 17 Absatz 2 Satz 5 gilt entsprechend, oder

c) ein Wirtschaftsgut im Sinne des § 20 Absatz 2 ist.
[2]Ist die Einlage ein abnutzbares Wirtschaftsgut, so sind die Anschaffungs- oder Herstellungskosten um Absetzungen für Abnutzung zu kürzen, die auf den Zeitraum zwischen der Anschaffung oder Herstellung des Wirtschaftsguts und der Einlage entfallen. [3]Ist die Einlage ein Wirtschaftsgut, das vor der Zuführung aus

einem Betriebsvermögen des Steuerpflichtigen entnommen worden ist, so tritt an die Stelle der Anschaffungs- oder Herstellungskosten der Wert, mit dem die Entnahme angesetzt worden ist, und an die Stelle des Zeitpunkts der Anschaffung oder Herstellung der Zeitpunkt der Entnahme.

5a. In den Fällen des § 4 Absatz 1 Satz 7 zweiter Halbsatz ist das Wirtschaftsgut mit dem gemeinen Wert anzusetzen.

6. Bei Eröffnung eines Betriebs ist Nummer 5 entsprechend anzuwenden.

7. Bei entgeltlichem Erwerb eines Betriebs sind die Wirtschaftsgüter mit dem Teilwert, höchstens jedoch mit den Anschaffungs- oder Herstellungskosten anzusetzen.

(2) [1]Die Anschaffungs- oder Herstellungskosten oder der nach Absatz 1 Nummer 5 bis 6 an deren Stelle tretende Wert von abnutzbaren beweglichen Wirtschaftsgütern des Anlagevermögens, die einer selbständigen Nutzung fähig sind, sind im Wirtschaftsjahr der Anschaffung, Herstellung oder Einlage des Wirtschaftsguts oder der Eröffnung des Betriebs in voller Höhe als Betriebsausgaben abzusetzen, wenn die Anschaffungs- oder Herstellungskosten, vermindert um einen darin enthaltenen Vorsteuerbetrag (§ 9b Absatz 1), oder der nach Absatz 1 Nummer 5 bis 6 an deren Stelle tretende Wert für das einzelne Wirtschaftsgut 150 Euro nicht übersteigen. [2]Ein Wirtschaftsgut ist einer selbständigen Nutzung nicht fähig, wenn es nach seiner betrieblichen Zweckbestimmung nur zusammen mit anderen Wirtschaftsgütern des Anlagevermögens genutzt werden kann und die in den Nutzungszusammenhang eingefügten Wirtschaftsgüter technisch aufeinander abgestimmt sind. [3]Das gilt auch, wenn das Wirtschaftsgut aus dem betrieblichen Nutzungszusammenhang gelöst und in einen anderen betrieblichen Nutzungszusammenhang eingefügt werden kann.

(2a) [1]Für abnutzbare bewegliche Wirtschaftsgüter des Anlagevermögens, die einer selbständigen Nutzung fähig sind, ist im Wirtschaftsjahr der Anschaffung, Herstellung oder Einlage des Wirtschaftsguts oder der Eröffnung des Betriebs ein Sammelposten zu bilden, wenn die Anschaffungs- oder Herstellungskosten, vermindert um einen darin enthaltenen Vorsteuerbetrag (§ 9b Absatz 1), oder der nach Absatz 1 Nummer 5 bis 6 an deren Stelle tretende Wert für das einzelne Wirtschaftsgut 150 Euro, aber nicht 1000 Euro übersteigen. [2]Der Sammelposten ist im Wirtschaftsjahr der Bildung und den folgenden vier Wirtschaftsjahren mit jeweils einem Fünftel gewinnmindernd aufzulösen. [3]Scheidet ein Wirtschaftsgut im Sinne des Satzes 1 aus dem Betriebsvermögen aus, wird der Sammelposten nicht vermindert.

(3) [1]Wird ein Betrieb, ein Teilbetrieb oder der Anteil eines Mitunternehmers an einem Betrieb unentgeltlich übertragen, so sind bei der Ermittlung des Gewinns des bisherigen Betriebsinhabers (Mitunternehmers) die Wirtschaftsgüter mit den Werten anzusetzen, die sich nach den Vorschriften über die Gewinnermittlung ergeben; dies gilt auch bei der unentgeltlichen Aufnahme einer natürlichen Person in ein bestehendes Einzelunternehmen sowie bei der unentgeltlichen Übertragung eines Teils eines Mitunternehmeranteils auf eine natürliche Person. [2]Satz 1 ist auch anzuwenden, wenn der bisherige Betriebsinhaber (Mitunternehmer) Wirtschaftsgüter, die weiterhin zum Betriebsvermögen derselben Mit-

unternehmerschaft gehören, nicht überträgt, sofern der Rechtsnachfolger den übernommenen Mitunternehmeranteil über einen Zeitraum von mindestens fünf Jahren nicht veräußert oder aufgibt. [3]Der Rechtsnachfolger ist an die in Satz 1 genannten Werte gebunden.

(4) Wird ein einzelnes Wirtschaftsgut außer in den Fällen der Einlage (§ 4 Absatz 1 Satz 7) unentgeltlich in das Betriebsvermögen eines anderen Steuerpflichtigen übertragen, gilt sein gemeiner Wert für das aufnehmende Betriebsvermögen als Anschaffungskosten.

(5) [1]Wird ein einzelnes Wirtschaftsgut von einem Betriebsvermögen in ein anderes Betriebsvermögen desselben Steuerpflichtigen überführt, ist bei der Überführung der Wert anzusetzen, der sich nach den Vorschriften über die Gewinnermittlung ergibt, sofern die Besteuerung der stillen Reserven sichergestellt ist. [2]Satz 1 gilt auch für die Überführung aus einem eigenen Betriebsvermögen des Steuerpflichtigen in dessen Sonderbetriebsvermögen bei einer Mitunternehmerschaft und umgekehrt sowie für die Überführung zwischen verschiedenen Sonderbetriebsvermögen desselben Steuerpflichtigen bei verschiedenen Mitunternehmerschaften. [3]Satz 1 gilt entsprechend, soweit ein Wirtschaftsgut

1. unentgeltlich oder gegen Gewährung oder Minderung von Gesellschaftsrechten aus einem Betriebsvermögen des Mitunternehmers in das Gesamthandsvermögen einer Mitunternehmerschaft und umgekehrt,

2. unentgeltlich oder gegen Gewährung oder Minderung von Gesellschaftsrechten aus dem Sonderbetriebsvermögen eines Mitunternehmers in das Gesamthandsvermögen derselben Mitunternehmerschaft oder einer anderen Mitunternehmerschaft, an der er beteiligt ist, und umgekehrt oder

3. unentgeltlich zwischen den jeweiligen Sonderbetriebsvermögen verschiedener Mitunternehmer derselben Mitunternehmerschaft übertragen wird. [4]Wird das nach Satz 3 übertragene Wirtschaftsgut innerhalb einer Sperrfrist veräußert oder entnommen, ist rückwirkend auf den Zeitpunkt der Übertragung der Teilwert anzusetzen, es sei denn, die bis zur Übertragung entstandenen stillen Reserven sind durch Erstellung einer Ergänzungsbilanz dem übertragenden Gesellschafter zugeordnet worden; diese Sperrfrist endet drei Jahre nach Abgabe der Steuererklärung des Übertragenden für den Veranlagungszeitraum, in dem die in Satz 3 bezeichnete Übertragung erfolgt ist. [5]Der Teilwert ist auch anzusetzen, soweit in den Fällen des Satzes 3 der Anteil einer Körperschaft, Personenvereinigung oder Vermögensmasse an dem Wirtschaftsgut unmittelbar oder mittelbar begründet wird oder dieser sich erhöht. [6]Soweit innerhalb von sieben Jahren nach der Übertragung des Wirtschaftsguts nach Satz 3 der Anteil einer Körperschaft, Personenvereinigung oder Vermögensmasse an dem übertragenen Wirtschaftsgut aus einem anderen Grund unmittelbar oder mittelbar begründet wird oder dieser sich erhöht, ist rückwirkend auf den Zeitpunkt der Übertragung ebenfalls der Teilwert anzusetzen.

(6) [1]Wird ein einzelnes Wirtschaftsgut im Wege des Tausches übertragen, bemessen sich die Anschaffungskosten nach dem gemeinen Wert des hingegebenen Wirtschaftsguts. [2]Erfolgt die Übertragung im Wege der verdeckten Einlage, erhöhen sich die Anschaffungskosten der Beteiligung an der Kapitalgesellschaft um den Teilwert des eingelegten Wirt-

schaftsguts. [3]In den Fällen des Absatzes 1 Nummer 5 Satz 1 Buchstabe a erhöhen sich die Anschaffungskosten im Sinne des Satzes 2 um den Einlagewert des Wirtschaftsguts. [4]Absatz 5 bleibt unberührt.

(7) Im Fall des § 4 Absatz 3 sind bei der Bemessung der Absetzungen für Abnutzung oder Substanzverringerung die sich bei Anwendung der Absätze 3 bis 6 ergebenden Werte als Anschaffungskosten zugrunde zu legen.

§ 6b Übertragung stiller Reserven bei der Veräußerung bestimmter Anlagegüter

(1) [1]Steuerpflichtige, die Grund und Boden, Aufwuchs auf Grund und Boden mit dem dazugehörigen Grund und Boden, wenn der Aufwuchs zu einem land- und forstwirtschaftlichen Betriebsvermögen gehört, oder Gebäude oder Binnenschiffe veräußern, können im Wirtschaftsjahr der Veräußerung von den Anschaffungs- oder Herstellungskosten der in Satz 2 bezeichneten Wirtschaftsgüter, die im Wirtschaftsjahr der Veräußerung oder im vorangegangenen Wirtschaftsjahr angeschafft oder hergestellt worden sind, einen Betrag bis zur Höhe des bei der Veräußerung entstandenen Gewinns abziehen. [2]Der Abzug ist zulässig bei den Anschaffungs- oder Herstellungskosten von

1. Grund und Boden, soweit der Gewinn bei der Veräußerung von Grund und Boden entstanden ist,

2. Aufwuchs auf Grund und Boden mit dem dazugehörigen Grund und Boden, wenn der Aufwuchs zu einem land- und forstwirtschaftlichen Betriebsvermögen gehört, soweit der Gewinn bei der Veräußerung von Grund und Boden oder der Veräußerung von Aufwuchs auf Grund und Boden mit dem dazugehörigen Grund und Boden entstanden ist, oder

3. Gebäuden, soweit der Gewinn bei der Veräußerung von Grund und Boden, von Aufwuchs auf Grund und Boden mit dem dazugehörigen Grund und Boden oder Gebäuden entstanden ist, oder

4. soweit der Gewinn bci der Veräußerung von Binnenschiffen entstanden ist.

[3]Der Anschaffung oder Herstellung von Gebäuden steht ihre Erweiterung, ihr Ausbau oder ihr Umbau gleich. [4]Der Abzug ist in diesem Fall nur von dem Aufwand für die Erweiterung, den Ausbau oder den Umbau der Gebäude zulässig.

(2) [1]Gewinn im Sinne des Absatzes 1 Satz 1 ist der Betrag, um den der Veräußerungspreis nach Abzug der Veräußerungskosten den Buchwert übersteigt, mit dem das veräußerte Wirtschaftsgut im Zeitpunkt der Veräußerung anzusetzen gewesen wäre. [2]Buchwert ist der Wert, mit dem ein Wirtschaftsgut nach § 6 anzusetzen ist.

(3) [1]Soweit Steuerpflichtige den Abzug nach Absatz 1 nicht vorgenommen haben, können sie im Wirtschaftsjahr der Veräußerung eine den steuerlichen Gewinn mindernde Rücklage bilden. [2]Bis zur Höhe dieser Rücklage können sie von den Anschaffungs- oder Herstellungskosten der in Absatz 1 Satz 2 bezeichneten Wirtschaftsgüter, die in den folgenden

vier Wirtschaftsjahren angeschafft oder hergestellt worden sind, im Wirtschaftsjahr ihrer Anschaffung oder Herstellung einen Betrag unter Berücksichtigung der Einschränkungen des Absatzes 1 Satz 2 bis 4 abziehen. [3]Die Frist von vier Jahren verlängert sich bei neu hergestellten Gebäuden auf sechs Jahre, wenn mit ihrer Herstellung vor dem Schluss des vierten auf die Bildung der Rücklage folgenden Wirtschaftsjahres begonnen worden ist. [4]Die Rücklage ist in Höhe des abgezogenen Betrags gewinnerhöhend aufzulösen. [5]Ist eine Rücklage am Schluss des vierten auf ihre Bildung folgenden Wirtschaftsjahres noch vorhanden, so ist sie in diesem Zeitpunkt gewinnerhöhend aufzulösen, soweit nicht ein Abzug von den Herstellungskosten von Gebäuden in Betracht kommt, mit deren Herstellung bis zu diesem Zeitpunkt begonnen worden ist; ist die Rücklage am Schluss des sechsten auf ihre Bildung folgenden Wirtschaftsjahres noch vorhanden, so ist sie in diesem Zeitpunkt gewinnerhöhend aufzulösen.

(4) …

(5) …

(6) [1]Ist ein Betrag nach Absatz 1 oder 3 abgezogen worden, so tritt für die Absetzungen für Abnutzung oder Substanzverringerung … im Wirtschaftsjahr des Abzugs der verbleibende Betrag an die Stelle der Anschaffungs- oder Herstellungskosten...

(7) Soweit eine nach Absatz 3 Satz 1 gebildete Rücklage gewinnerhöhend aufgelöst wird, ohne dass ein entsprechender Betrag nach Absatz 3 abgezogen wird, ist der Gewinn des Wirtschaftsjahres, in dem die Rücklage aufgelöst wird, für jedes volle Wirtschaftsjahr, in dem die Rücklage bestanden hat, um 6 Prozent des aufgelösten Rücklagenbetrags zu erhöhen.

(8) …

(9) …

(10) [1]Steuerpflichtige, die keine Körperschaften, Personenvereinigungen oder Vermögensmassen sind, können Gewinne aus der Veräußerung von Anteilen an Kapitalgesellschaften bis zu einem Betrag von 500 000 Euro auf die im Wirtschaftsjahr der Veräußerung oder in den folgenden zwei Wirtschaftsjahren angeschafften Anteile an Kapitalgesellschaften oder angeschafften oder hergestellten abnutzbaren beweglichen Wirtschaftsgüter oder auf die im Wirtschaftsjahr der Veräußerung oder in den folgenden vier Wirtschaftsjahren angeschafften oder hergestellten Gebäude nach Maßgabe der Sätze 2 bis 10 übertragen. …

§ 7 Absetzung für Abnutzung oder Substanzverringerung

(1) [1]Bei Wirtschaftsgütern, deren Verwendung oder Nutzung durch den Steuerpflichtigen zur Erzielung von Einkünften sich erfahrungsgemäß auf einen Zeitraum von mehr als einem Jahr erstreckt, ist jeweils für ein Jahr der Teil der Anschaffungs- oder Herstellungskosten abzusetzen, der bei gleichmäßiger Verteilung dieser Kosten auf die Gesamtdauer der Verwendung oder Nutzung auf ein Jahr entfällt (Absetzung für Abnutzung in gleichen Jahresbeträgen). [2]Die Absetzung bemisst sich hierbei nach der betriebsgewöhnli-

chen Nutzungsdauer des Wirtschaftsguts. [3]Als betriebsgewöhnliche Nutzungsdauer des Geschäfts- oder Firmenwerts eines Gewerbebetriebs oder eines Betriebs der Land- und Forstwirtschaft gilt ein Zeitraum von 15 Jahren. [4]Im Jahr der Anschaffung oder Herstellung des Wirtschaftsguts vermindert sich für dieses Jahr der Absetzungsbetrag nach Satz 1 um jeweils ein Zwölftel für jeden vollen Monat, der dem Monat der Anschaffung oder Herstellung vorangeht. [5]Bei Wirtschaftsgütern, die nach einer Verwendung zur Erzielung von Einkünften im Sinne des § 2 Absatz 1 Nummer 4 bis 7 in ein Betriebsvermögen eingelegt worden sind, mindern sich die Anschaffungs- oder Herstellungskosten um die Absetzungen für Abnutzung oder Substanzverringerung, Sonderabschreibungen oder erhöhte Absetzungen, die bis zum Zeitpunkt der Einlage vorgenommen worden sind. [6]Bei beweglichen Wirtschaftsgütern des Anlagevermögens, bei denen es wirtschaftlich begründet ist, die Absetzung für Abnutzung nach Maßgabe der Leistung des Wirtschaftsguts vorzunehmen, kann der Steuerpflichtige dieses Verfahren statt der Absetzung für Abnutzung in gleichen Jahresbeträgen anwenden, wenn er den auf das einzelne Jahr entfallenden Umfang der Leistung nachweist. [7]Absetzungen für außergewöhnliche technische oder wirtschaftliche Abnutzung sind zulässig; soweit der Grund hierfür in späteren Wirtschaftsjahren entfällt, ist in den Fällen der Gewinnermittlung nach § 4 Absatz 1 oder nach § 5 eine entsprechende Zuschreibung vorzunehmen.

(2) [1]Bei beweglichen Wirtschaftsgütern des Anlagevermögens, die nach dem 31. Dezember 2008 und vor dem 1. Januar 2011 angeschafft oder hergestellt worden sind, kann der Steuerpflichtige statt der Absetzung für Abnutzung in gleichen Jahresbeträgen die Absetzung für Abnutzung in fallenden Jahresbeträgen bemessen. [2]Die Absetzung für Abnutzung in fallenden Jahresbeträgen kann nach einem unveränderlichen Prozentsatz vom jeweiligen Buchwert (Restwert) vorgenommen werden; der dabei anzuwendende Prozentsatz darf höchstens das Zweieinhalbfache des bei der Absetzung für Abnutzung in gleichen Jahresbeträgen in Betracht kommenden Prozentsatzes betragen und 25 Prozent nicht übersteigen. [3]Absatz 1 Satz 4 und § 7a Absatz 8 gelten entsprechend. [4]Bei Wirtschaftsgütern, bei denen die Absetzung für Abnutzung in fallenden Jahresbeträgen bemessen wird, sind Absetzungen für außergewöhnliche technische oder wirtschaftliche Abnutzung nicht zulässig.

(3) [1]Der Übergang von der Absetzung für Abnutzung in fallenden Jahresbeträgen zur Absetzung für Abnutzung in gleichen Jahresbeträgen ist zulässig. [2]In diesem Fall bemisst sich die Absetzung für Abnutzung vom Zeitpunkt des Übergangs an nach dem dann noch vorhandenen Restwert und der Restnutzungsdauer des einzelnen Wirtschaftsguts. [3]Der Übergang von der Absetzung für Abnutzung in gleichen Jahresbeträgen zur Absetzung für Abnutzung in fallenden Jahresbeträgen ist nicht zulässig.

(4) [1]Bei Gebäuden sind abweichend von Absatz 1 als Absetzung für Abnutzung die folgenden Beträge bis zur vollen Absetzung abzuziehen:

1. bei Gebäuden, soweit sie zu einem Betriebsvermögen gehören und nicht Wohnzwecken dienen und für die der Bauantrag nach dem 31. März 1985 gestellt worden ist, jährlich 3 Prozent,

2. bei Gebäuden, soweit sie die Voraussetzungen der Nummer 1 nicht erfüllen und die

    a) nach dem 31. Dezember 1924 fertiggestellt worden sind, jährlich 2 Prozent,

    b) vor dem 1. Januar 1925 fertiggestellt worden sind, jährlich 2,5 Prozent der Anschaffungs- oder Herstellungskosten; Absatz 1 Satz 5 gilt entsprechend. [2]Beträgt die tatsächliche Nutzungsdauer eines Gebäudes in den Fällen des Satzes 1 Nummer 1 weniger als 33 Jahre, in den Fällen des Satzes 1 Nummer 2 Buchstabe a weniger als 50 Jahre, in den Fällen des Satzes 1 Nummer 2 Buchstabe b weniger als 40 Jahre, so können anstelle der Absetzungen nach Satz 1 die der tatsächlichen Nutzungsdauer entsprechenden Absetzungen für Abnutzung vorgenommen werden. [3]Absatz 1 letzter Satz bleibt unberührt. [4]Bei Gebäuden im Sinne der Nummer 2 rechtfertigt die für Gebäude im Sinne der Nummer 1 geltende Regelung weder die Anwendung des Absatzes 1 letzter Satz noch den Ansatz des niedrigeren Teilwerts (§ 6 Absatz 1 Nummer 1 Satz 2).

(5) …

(5a) Die Absätze 4 und 5 sind auf Gebäudeteile, die selbständige unbewegliche Wirtschaftsgüter sind, sowie auf Eigentumswohnungen und auf im Teileigentum stehende Räume entsprechend anzuwenden.

(6) Bei Bergbauunternehmen, Steinbrüchen und anderen Betrieben, die einen Verbrauch der Substanz mit sich bringen, ist Absatz 1 entsprechend anzuwenden; dabei sind Absetzungen nach Maßgabe des Substanzverzehrs zulässig (Absetzung für Substanzverringerung).

Literaturhinweise

Adler, H., Düring, W., Schmaltz, K., Rechnungslegung und Prüfung der Unternehmen, 6. Auflage, 8 Teilbände und Ergänzungsband, Stuttgart, 1995 ff.

Bähr, G., Fischer-Winkelmann, W. D., List, S., Buchführung und Jahresabschluss, 9. Auflage, Wiesbaden 2006, 622 Seiten.

Bieg, H., Buchführung: Eine systematische Anleitung mit umfangreichen Übungen und einer ausführlichen Erläuterung der GoB, Herne und Berlin 2008, 260 Seiten.

Blödtner, W., Bilke, K., Heining, R., Lehrbuch Buchführung und Bilanzsteuerrecht, 8. Auflage, Herne und Berlin, 2009, 645 Seiten.

Blödtner, W., Bilke, K., Buchführung und Bilanzsteuerrecht visuell, Zusammenhänge in Schaubildern, 3. Auflage, Herne und Berlin, 2009, 10 Seiten.

Bornhofen, M., Buchführung 1 – DATEV-Kontenrahmen 2009, Grundlagen der Buchführung und EDV-Kontierungsregeln für Industrie- und Handelsbetriebe, 21. Auflage, Stuttgart 2009, 457 Seiten.

Buchner, R., Buchführung und Jahresabschluss, 7. Auflage, München 2005, 483 Seiten.

Coenenberg, A. G., Mattner, G., Schultze, W., Einführung in das Rechnungswesen, Grundzüge der Buchführung und Bilanzierung, 3. Auflage Stuttgart, 2009, 573 Seiten.

Döring, U., Buchholz, R., Buchhaltung und Jahresabschluss, Mit Aufgaben und Lösungen, 11. Auflage, Berlin 2009, 444 Seiten.

Eisele, W., Knobloch, A., Technik des betrieblichen Rechnungswesens, 8. Auflage, München 2010, 1225 Seiten.

Engelhardt, W.H., Raffée, H., Wischermann, B., Grundzüge der doppelten Buchhaltung, mit Aufgaben und Lösungen, 8. Auflage, Wiesbaden 2010, 288 Seiten.

Falterbaum, H., Bolk, W., Reiß, W., Eberhart, R., Buchführung und Bilanz, 21. Auflage 2010, 1562 Seiten.

Falterbaum, H., Bolk, W., Reiß, W., Buchführung und Bilanz – Lösungsheft, 20. Auflage 2007, 92 Seiten.

Gabele, E., Mayer, H., Buchführung, 8. Auflage, München 2003, 320 Seiten.

Gabele, E., Mayer, H., Buchführung, Übungsaufgaben und Lösungen, 5. Auflage, München 2003, 233 Seiten.

Goldstein, E., Schnelleinstieg in die DATEV-Buchführung, 8. Auflage, Freiburg 2008, 350 Seiten.

Haase, K., D., Finanzbuchhaltung, 9. Auflage, Düsseldorf 2005, 226 Seiten.

Hahn, H., Wilkens, K, Buchhaltung und Bilanz, Teil A: Grundlagen der Buchhaltung. Einführung am Beispiel der Industriebuchführung, 7. Auflage, München 2007, 270 Seiten,

Hahn, H., Wilkens, K, Buchhaltung und Bilanz, Teil B: Bilanzierung, 2. Auflage, München 2000, 592 Seiten,

Hahn, H., Wilkens, K, Buchhaltung und Bilanz Teil C: Lösungen zu den Aufgaben und Fallstudien, 2. Auflage, München 2000, 179 Seiten.

Heinhold, M., Kosten- und Erfolgsrechnung in Fallbeispielen, 5. Auflage, Stuttgart 2010, 457 Seiten.

Heinhold; M., Obermann, V., Pasch, H., Buchführung, Musterklausuren und Lösungen, Stuttgart 1994, 196 Seiten.

Institut der Wirtschaftsprüfer (Hrsg.), Wirtschaftsprüfer-Handbuch 2006, Band 1, 13. Auflage, Düsseldorf 2007, 2.719 Seiten.

Korth, H., M., Kontierungshandbuch 2003, 4. Auflage, München 2003, 607 Seiten.

Rutschmann, R., Rutschmann, W., Kontierung nach den DATEV-Kontenrahmen SKR 03 und SKR 04, 12. Auflage, Ludwigshafen 2008, 242 Seiten.

Schiederer, D., Loidl, C., Grundkurs Buchführung – Grundlagen – Aufgaben – Lösungen, 10. Auflage, Stuttgart 2003, 352 Seiten.

Stasch, P., Finanzbuchführung mit Datev – mit Übungen und Musterklausuren, Stuttgart, 2010, 206 Seiten

Wöhe, G., Kussmaul, H., Grundzüge der Buchführung und Bilanztechnik (nach neuem HGB), 7. Auflage, München 2010, 375 Seiten.

Stichwortverzeichnis